纺织科学与工程高新科技译丛

碳纳米管纤维与纱线

生产、性能及其在智能纺织品中的应用

[澳] 苗孟河（Menghe Miao）◎ 编著

刘越 ◎ 译

中国纺织出版社有限公司

内 容 提 要

本书简要介绍了碳纳米管（carbon nanotube，CNT）及其应用前景，详细阐述了包括 CNT 簇法制备 CNT 纱线、熔融法直接纺制 CNT 纤维以及溶液法纺制 CNT 纤维等多种制备方法，并对 CNT 增强纳米复合纤维的相间结构与性能、CNT 纤维的后处理、CNT 纱线的结构与性能以及 CNT 纱线的力学建模等进行了全面的分析研究，同时系统地探讨了 CNT 纱线在传感器、超级电容器以及执行器等方面的应用实践。

本书可供高等院校高分子材料、纺织、服装等专业的师生及工程技术人员、设计人员、产品开发技术人员阅读。

著作权合同登记号：图字：01-2023-0348

图书在版编目（CIP）数据

碳纳米管纤维与纱线：生产、性能及其在智能纺织品中的应用／（澳）苗孟河编著；刘越译．--北京：中国纺织出版社有限公司，2023.11

（纺织科学与工程高新科技译丛）

书名原文：Carbon Nanotube Fibers and Yarns：Production，Properties and Applications in Smart Textiles

ISBN 978-7-5229-0247-0

Ⅰ．①碳… Ⅱ．①苗… ②刘… Ⅲ．①碳–纳米材料–纱线–研究 Ⅳ．①TS106.42

中国版本图书馆 CIP 数据核字（2022）第 249071 号

责任编辑：沈 靖 孔会云 责任校对：楼旭红
责任印制：王艳丽

中国纺织出版社有限公司出版发行
地址：北京市朝阳区百子湾东里 A407 号楼 邮政编码：100124
销售电话：010—67004422 传真：010—87155801
http://www.c-textilep.com
中国纺织出版社天猫旗舰店
官方微博 http://weibo.com/2119887771
三河市宏盛印务有限公司印刷 各地新华书店经销
2023 年 11 月第 1 版第 1 次印刷
开本：787×1092 1/16 印张：17.75
字数：288 千字 定价：168.00 元

译者序

    碳纳米管（carbon nanotube，CNT）具有超强的机械强度、独特的电学性能以及高导热性等特点，其在纳米技术、电子、光学、储能等领域具有广泛、潜在的用途，特别是在智能纺织品领域已逐步显示其优良的应用潜能。智能纺织品作为未来纺织产品发展的一个重要方向，也是当今纺织产品创新的热点，该类产品的研发应用无疑将会显著拓展消费者的穿戴空间，提升消费者的智能穿戴感受。

    目前国内已有一些关于智能纺织品研究与发展的文献报道，但是缺少基于 CNT 材料智能纺织品相关的系统专著。为使更多的消费者特别是纺织领域技术人员全面了解 CNT 制备相关技术及其在智能纺织品中的应用发展，绍兴文理学院纺织服装学院刘越教授翻译了 *Carbon Nanotube Fibers and Yarns：Production，Properties and Applications in Smart Textiles* 一书，从 CNT 簇法制备 CNT 纱线、熔融法直接纺制 CNT 纤维、溶液法纺制 CNT 纤维、CNT 增强纳米复合纤维的相间结构与性能、CNT 纤维的后处理、CNT 纱线的结构与性能、CNT 纱线的力学建模、基于 CNT 纱线的传感器、超级电容器、执行器等方面进行了系统的阐述。

    全书由刘越翻译、审核，刘嘉颖参与全书的修改。

    在本书的出版过程中得到了中国纺织出版社有限公司以及绍兴市科学技术协会的大力支持，在此一并致谢！

    由于译者水平有限，翻译不当之处还请广大读者多提宝贵意见和建议。

译者

2022 年 8 月

目　录

第 I 部分　制备方法

第II部分 结构与性能

第Ⅲ部分　应用

第1章 绪论

Menghe Miao

澳大利亚联邦科学与工业研究组织，吉朗，维多利亚州，澳大利亚

1.1 碳纳米管简介

纳米技术和纳米材料已成为我们日常生活中的常用词。碳纳米管（carbon nanotube，CNT）正是处于这一新纳米材料世界的中心舞台。CNT具有超强的机械强度和独特的电学性能，并且是热的高效导体。CNT独特的性能使CNT在纳米技术、电子、光学、储能以及其他科学领域具有广泛、潜在的应用。

CNT是碳的同素异形体和包括足球烯C_{60}在内的富勒烯结构家族成员。纳米管的名称源于其长而空心的形状，因为纳米管的直径约为几纳米到几十纳米（人头发丝的直径通常为$80\mu m$或80000nm），长度上最大可以达到几百毫米。CNT的壁是由称为石墨烯的单原子厚度的碳薄层构成的。该薄层以特定且离散的角度（手性）滚动，其滚动角和半径等参数对于纳米管性能至关重要。

图1.1（a）所示为无限石墨烯片。为了形成无缝管，必须满足某些特定的几何条件。纳米管是根据其手性载体的手性（n，m）来命名的。

$$C_h = na_1 + ma_2$$

其中，a_1和a_2为石墨烯的单位矢量。由于石墨烯中C—C键的长度为0.142nm，故单位矢量的长度为0.246nm。单壁碳纳米管的结构［图1.1（b）和（c）］完全取决于其手性。对于扶手型管，$n=m$；对于锯齿形管，$m=0$。对于给定（n，m）的纳米管，如果$n=m$，则纳米管为金属型碳纳米管；如果$n-m$是3的倍数，并且$n \neq m$和$nm \neq 0$，那么纳米管是具有很小带隙的准金属型，否则纳米管是半导体型碳纳米管[1]。

CNT分为单壁纳米管（SWNT）、双壁纳米管（DWNT）和多壁纳米管（MWNT）。MWNT由多层石墨烯卷制而成，如图1.1（d）所示的同心管。MWNT中的层间距离接近石墨中石墨烯层之间的距离，约为0.34nm（3.4Å）。

由于 CNT 在各个碳原子之间的 sp^2 共价键结构，CNT 是迄今为止所发现的在抗张强度和弹性模量方面最强和最坚硬的材料之一。批量生产的 CNT 由于含有一定的缺陷，导致其强度尽管明显低于理想石墨烯片所预测的强度，但仍远高于现有的商业材料。当前面临的挑战是如何将这些纳米管组织成宏观结构而又不引入其他结构缺陷，以使其能够表现出与纳米管相似的特性。

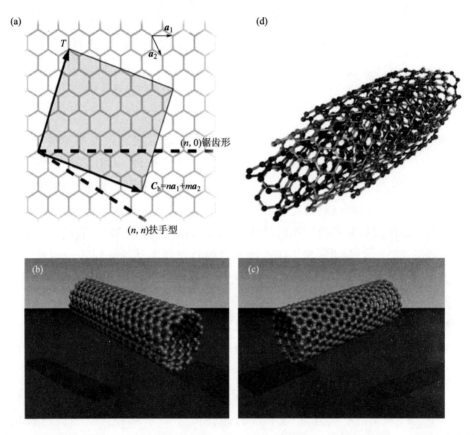

图 1.1　碳纳米管结构。（a）石墨烯片层"卷起"形成纳米管，T 为管的轴向，a_1 和 a_2 为实际空间中石墨烯的单位矢量；（b）扶手型管 (n, n)；（c）锯齿形管 $(n, 0)$；（d）三层壁扶手型。

若不考虑其原子结构，CNT 就是类似于棉花、羊毛般的植物和动物纳米纤维。相对于其直径而言，CNT 的长度非常长，其长径比较普通天然纺织纤维大一个数量级。因此，将 CNT 排列成纤维或纱线的形式理论上是可行的，且有望胜过传统的纺织纤维。本书探讨了由 CNT 制备纤维或纱线的各个方面。

1.2　CNT 纱线与传统纺织纱线的比较

如今，术语"CNT 纤维"和"CNT 纱线"的使用已变得相当普遍。术语"CNT 纱线"与垂直排列的 CNT 阵列的制造方法相关，这与传统纺织纱线纺纱所用的生产方法极为相似[2-3]（参见第 2 章）。相比较而言，CNT 的直接纺丝方法[4]（参见第 3 章）和溶液纺丝方法[5-6]（参见第 4 章）分别类似于合成纤维的反应法纺丝和湿法纺丝。但是，如今使用术语"纤维"或术语"纱线"则更多的是取决于个性化选择，而不是对其制造方法的描述，这两个术语在本书中可以互换使用。

在分析其结构和拉伸性能时，经常将 CNT 纱线，尤其是加捻的 CNT 纱线与纺织纱线进行比较[3]。对纺织纱线进行加捻而使单根纤维置于近似同轴的螺旋结构中，并且由于螺旋状排列纤维中的张力产生的向内压力使纤维压合在一起。在传统的纺织纱线中，纤维与纤维之间的互连关系依赖于纤维之间的压力所形成的摩擦，该压力随着施加到纱线上的外部拉伸载荷而增加[7]。在低捻度时，由于纤维之间的摩擦力较小，纱线破坏主要是纤维打滑所致。而高捻度时，纤维间的高摩擦可防止纤维打滑，因此纱线主要是由于纤维断裂而失效。但另外，由于纱线中纤维的倾斜，强捻反而会削减纤维强度对纱线强度的贡献。因此，如图 1.2（a）所示，最大的纱线比强度通常是在中等捻度下获得的。

加捻的 CNT 纱线具有与传统纺织纱线相似的捻度—捻强度关系[12]，但在纤维与纤维（CNT-CNT）间相互作用的机理上存在显著差异。由于碳纳米管具有纳米维度的尺寸，纳米管之间的范德瓦耳斯力（伦敦色散力）在 CNT 纱线中纳米管之间的载荷转移中起到重要的作用。

与传统纺织纱线不同，高强度的 CNT 纱线可以在不加捻的情况下制备出来。例如，无捻 CNT 纱线可通过无加捻的溶剂致密法来制备[13-14]。用极性乙二醇溶剂[13]致密化的 CNT 纱线强度为 1.45GPa，比文献［15］中报道的大多数干法纺纱法制备的有捻 CNT 具有更高的强度。机械摩擦法[10]也可以制备强度更高的无捻 CNT 纱线。

范德瓦耳斯力与粒子表面间距离的二次方成反比，因此，对无毛细作用力存在且尺寸非常小的纳米管而言，范德瓦耳斯力在纳米管间占据主导地位。因此，增加 CNT 的堆积密度是提高 CNT 纱线和纤维强度非常重要的方法。纳米管需要极为有序的排列以便将它们紧密地码放在一起。加捻是一个可逆的过程，即可以通

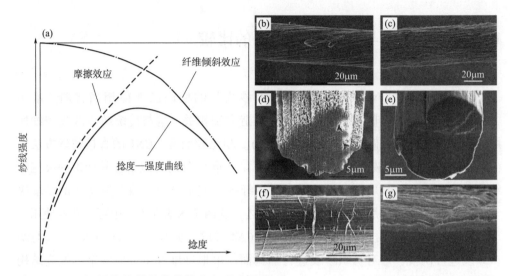

图 1.2 （a）短纤维纺制纱线的捻度与强度的关系；（b）由 CNT 簇加捻纺制 CNT 纱线；（c）由 CNT 簇假捻纺制 CNT 纱线[7]；（d）由浮动催化法纺制且经溶剂致密化的 CNT 纤维[8]；（e）由溶液法纺制 CNT 纤维[9]；（f）由 CNT 簇摩擦致密纺制 CNT 纱线[10]；（g）由浮动催化法罗拉加压纺制 CNT 纤维[11]。

过引入数量相同但方向相反的捻度来消除纱线中的捻度。当通过退捻除去短纤维纱线中的捻度时，纱线将回归到强度几乎为零的松散纤维束状态。另外，当加捻 CNT 纱线通过退捻除去其捻度时，所得目标纱线将会在很大程度上保持其结构完整性，并保持其主要的初始强度[7]。

1.3 高强度 CNT 纱线的发展前景

通常认为单层石墨烯（CNT 壳）的强度和模量分别约为 130GPa 和 1.0TPa[16]，该值可以作为 CNT 强度和模量的理论值。CNT 的超高强度和模量激发了人们早期对 CNT 在极端领域应用的研究热情，如用作太空电梯电缆[17]。实际上，最新的研究表明，精心制备的超长无缺陷 CNT 束的拉伸强度可超过 80GPa[18]。

然而所有批量生产的材料总是存在一些缺陷的，因此无法达到其理论强度。尽管据报道在 1mm 的标距长度下 CNT 纤维具有 9N/tex 的比强度[19]，但更多的研究表明 CNT 纤维的比强度约为 1N/tex，但这已高于诸如尼龙和聚酯纤维等普通合成纤维的比强度。图 1.3 所示为商用纺织纤维的比强度与其相应聚合物的理论比强度的关系图（详细信息见第 7 章）。图中使用比强度的原因是考虑到纤维中存在的空隙，这也是 CNT 纤维的关键特征。棉、聚酯纤维和尼龙等商用纺织纤维的比强度基本介于其理论值的 2.5%~5%，而诸如凯夫拉（Kevlar）纤维和碳纤维等经过极为精心制备、缺陷极少的高性能纤维，其比强度也仅为其理论比强度的 5%~10%，很少有达到其理论比强度 10% 以上的商用纤维。

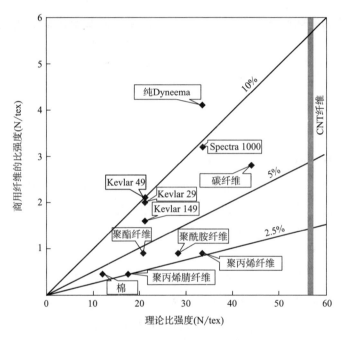

图 1.3　商用纤维的比强度与其对应聚合物的理论比强度的关系。

　　基于单层石墨烯的强度（130GPa）和密度（2.266g/cm³），CNT 的理论比强度（韧性）为 57.4N/tex。未来商用 CNT 纤维的比强度将取决于其结构能达到的完善程度，如图 1.3 右侧的垂直粗线条所标示的。例如，类似于商用合成纤维，当 CNT 纤维的理论比强度为 2.5% 时，CNT 纤维的比强度将达到 1.44N/tex，按照 1.3g/cm³ 的纤维密度其强度将折合为 1.87GPa。如果像 Dyneema、Spectra 以及 Kevlar 等高性能合成纤维一样，CNT 纤维的比强度可达到其理论比强度的 10% 时，按照 1.8g/cm³ 的纤维密度，CNT 纤维的比强度将高达 5.7N/tex 或 10.3GPa。

1.4　CNT 纱线的潜在应用

尽管实验室制备的 CNT 纤维和纱线仍达不到目前超高强纺织纤维的强度，但其多功能特性仍激发起一代研究人员致力于 CNT 基纤维和纱线的开发与应用。CNT 纱线在强度、柔韧性、导电性、电化学反应性以及孔隙度等多方面的融合优势，使其将成为诸如医疗保健、体育、军事、娱乐以及现代数字化生活等领域智能纺织品所需的微型传感器、执行器和能量存储器的极佳候选者。

1.5　本书框架

目前，围绕 CNT 纤维和纱线的科学研究及其制造技术仍在不断的发展中。本书旨在向学术界、CNT 材料研究人员以及对新兴高性能纺织材料的生产、深加工和应用感兴趣的产品设计师以及加工工程师提供此领域发展的概况。

本书第 I 部分涉及 CNT 纱线和纤维的生产，包括"纯"CNT 纤维和 CNT 增强纳米复合纤维。

第 2 章介绍可能最广为人知的 CNT 纱线的两步法制备方法。第一步，在基材上生长纳米管，通常是多壁碳纳米管（MWNT），即垂直排列的 CNT 阵列或 CNT 簇；第二步，将 CNT 簇中的 CNT 以连续纤维网的形式拉出，然后通过加捻、溶剂致密化、机械摩擦或者其他方法将其致密化为纱线。

CNT 纤维也可以直接由气态原料一步法制备而成，该过程与蜘蛛和蚕吐丝而成纤维以及合成纤维的反应纺丝相似，由于纤维是从高温炉中直接拉制而成的，因而通常简称为"直接纺丝"方法。此外，在基材上催化剂沉积的两步法与浮动催化剂法也将在第 2 章中讨论。从熔炉中连续制备 CNT 纤维是扩大生产规模的有效方法。直接纺丝方法将在第 3 章予以综述，包括 CNT 的合成、连续 CNT 网的组装以及最终纤维的成形。

第 4 章概述了从大量生长的 CNT 制备纯净或近乎纯净的 CNT 纤维的湿法纺丝方法。预制的 CNT 借助表面活性剂溶解在溶剂（通常是强酸）中或悬浮液中，然后通过湿法纺丝方法将其制成纤维，该方法类似于从聚合物中高通量挤出纺织纤维。由于 CNT 的合成与纤维的成形是分开的，因此，湿法纺丝方法可实现对两个过程进行单独优化。

与溶解在溶剂中不同，通常将少量批量生产的 CNT 分散在聚合物中，然后使用传统的纺织纤维纺丝方法进行挤出，该方法将在第 5 章中进行探讨。由于其优越的性能和一维（1D）圆柱几何形状，CNT 是增强聚合物纤维的理想填料。由于 CNT 与聚合物之间形成了中间相，因此其增强效果优于混合定律所得的效果。这样一种中间相的结构改善和性能增强将在本章中予以详细讨论。

关于改善纯净以及复合 CNT 纤维的机械、电学和热学性能的许多处理方法已有过报道，包括基于捻度引入、侧向压缩、摩擦、液体蒸发、纯化、通过辐照和聚合物渗透的交联处理，以及将上述处理方法中的两种或多种组合等方式进一步的致密化处理。第 6 章回顾了这些纺丝后处理的原理、步骤及其对 CNT 纤维性能的影响。

尽管在过去的二十年中取得了巨大的进步，但世界各地生产的 CNT 纤维和纱线的性能远远落后于其纳米管组分的性能。目前面临的挑战是如何将 CNT 组织成具有最佳性能的纱线。第 Ⅱ 部分探讨了在实验和计算力学基础上改善 CNT 纤维和纱线结构与性能的方法。

与常规纺织纱线不同，最终的 CNT 纤维和纱线的强度很少会与构成其纳米管的强度有相关性，这主要是由于单个纳米管直接测试的复杂性导致。碳纳米管纱线结构的几何形状，如纳米管排列和堆积密度，主要是通过调整纱线制造条件以及后纺处理来研究的。第 7 章讨论了用不同方法制备的 CNT 纤维和纱线的结构，以及纤维和纱线结构如何影响其最终的机械、电气和热性能。

第 8 章回顾了 CNT 纱线的力学模型。与传统纺织纱线的力学模型一样，一般的分析模型只能定性地预测纱线内部的应力分布以及与捻度有关的纱线性能趋势。CNT 间的滑动决定了纱线中干燥的 CNT 束的精确力学，可以使用分子动力学进行模拟。为了处理纱线中大量的纳米管，采用了粗粒度的分子动力学来研究 CNT 的微观结构演变。多尺度建模正在成为处理 CNT 纱线层次结构越来越重要的工具。

CNT 具有优异的机械、电气和热性能，但其纳米级尺寸限制了其应用。而 CNT 纱线是 CNT 的微观和连续集合体，这为其应用开发提供了巨大潜力。这些多功能特性使 CNT 纱线与传统纺织纤维及金属丝区别开来，从而开辟了制备各种智能纺织产品的可能性。第 Ⅲ 部分回顾了其中的一些应用，包括传感、能量存储和人造肌肉。

CNT 纱线具有压阻性，可用于应变测量、材料损坏检测、扭矩测量和运动监控，同样也可用于温度测量和各种化学物质的检测。第 9 章介绍了 CNT 纱线传感器的工作原理和实验结果。

具有高柔韧性、小体积以及优良性能的柔性线状超级电容器，因其在可穿戴电子产品和智能纺织品中的应用潜力，引起了广泛的关注。CNT 纱线具有高表面积、低质量密度、出色的化学稳定性以及优异的导电性，成为丝线状超级电容器应用的优良的电极材料。第 10 章讨论了电荷存储机制、活性材料、电解质、线状体系结构设计和自充电超级电容器的最新进展。

CNT 纱线也是柔性执行器的候选者，如用于人造肌肉。第 11 章简要介绍了近年来开发的 CNT 纱线基执行器的类型及其能量转换机制、性能指标和潜在应用。

参考文献

［1］ E. A. Laird, F. Kuemmeth, G. A. Steele, et al., Quantum transport in carbon nanotubes, Rev. Mod. Phys. 87（3）（2015）703.

［2］ K. Jiang, Q. Li, S. Fan, Spinning continuous carbon nanotube yarns, Nature 419（2002）801.

［3］ M. Zhang, K. Atkinson, R. H. Baughman, Multifunctional carbon nanotube yarns by downsizing an ancient technology, Science 306（5700）（2004）1358–1361.

［4］ Y. Li, I. Kinloch, A. Windle, Direct spinning of carbon nanotube fibers from chemical vapor deposition synthesis, Science 304（5668）（2004）276–278.

［5］ B. Vigolo, A. Penicaud, C. Coulon, et al., Macroscopic fibers and ribbons of oriented carbon nanotubes, Science 290（2000）1331–1334.

［6］ N. Behabtu, C. C. Young, D. E. Tsentalovich, et al., Strong, light, multifunctional fibers of carbon nanotubes with ultrahigh conductivity, Science 339（6116）（2013）182–186.

［7］ M. Miao, The role of twist in dry spun carbon nanotube yarns, Carbon 96（2016）819–826.

［8］ J. Qiu, J. Terrones, J. J. Vilatela, et al., Liquid infiltration into carbon nanotube fibers：effect on structure and electrical properties, ACS Nano 7（10）（2013）8412–8422.

［9］ D. E. Tsentalovich, R. J. Headrick, F. Mirri, et al., Influence of carbon nanotube characteristics on macroscopic fiber properties, ACS Appl. Mater. Interfaces 9（41）（2017）36189–36198.

［10］ M. Miao, Production, structure and properties of twistless carbon nanotube yarns with a high density sheath, Carbon 50 （13） （2012） 4973-4983.

［11］ J. Wang, X. Luo, T. Wu, et al. , High-strength carbon nanotube fibre-like ribbon with high ductility and high electrical conductivity, Nat. Commun. 5 （2014） 3848.

［12］ M. Miao, J. McDonnell, L. Vuckovic, et al. , Poisson's ratio and porosity of carbon nanotube dry-spun yarns, Carbon 48 （10） （2010） 2802-2811.

［13］ S. Li, X. Zhang, J. Zhao, et al. , Enhancement of carbon nanotube fibres u-sing different solvents and polymers, Compos. Sci. Technol. 72 （12） （2012） 1402-1407.

［14］ X. Zhang, K. Jiang, C. Feng, et al. , Spinning and processing continuous yarns from 4-Inch wafer scale super-aligned carbon nanotube arrays, Adv. Mater. 18 （12） （2006） 1505-1510.

［15］ M. Miao, Yarn spun from carbon nanotube forests: production, structure, properties and applications, Particuology 11 （4） （2013） 378-393.

［16］ C. Lee, X. Wei, J. W. Kysar, et al. , Measurement of the elastic properties and intrinsic strength of monolayer graphene, Science 321 （5887） （2008） 385-388.

［17］ B. C. Edwards, Design and development of a space elevator, Acta Astro-naut. 47 （10） （2000） 735-744.

［18］ Y. Bai, R. Zhang, X. Ye, et al. , Carbon nanotube bundles with tensile strength over 80 GPa, Nat. Nanotechnol. （2018） 1.

［19］ K. Koziol, J. Vilatela, A. Moisala, et al. , Highperformance carbon nano-tube fiber, Science 318 （5858） （2007） 1892-1895.

第1部分　制备方法

第 2 章　由碳纳米管簇制备碳纳米管纱线

Menghe Miao

澳大利亚联邦科学与工业研究组织，吉朗，维多利亚州，澳大利亚

2.1　垂直 CNT 阵列的合成

早在 20 世纪 90 年代中期就已有使用化学气相沉积（CVD）法在含有氧化铁纳米粒子的介孔性二氧化硅基质上合成 CNT 阵列的报道。Li 等[1] 将含 9%乙炔的氮气混合物以 110cm³/min 的流速引入合成室，通过在 700℃下乙炔分解获得的碳原子沉积，在基材上形成 CNT 阵列。Ren 等[2] 以乙炔气体为碳源，氨气为催化剂和稀释气体，通过等离子体增强的长丝 CVD 法在低于 666℃的温度下在镀镍玻璃上合成生长出 CNT 阵列。

Fan 等[3] 在多孔及平整硅基板上进行了自取向 CNT 阵列的制备，其制备过程简述如下：通过电子束蒸发的铁膜（5nm 厚）沉积在硅基板上，然后在 300℃的空气中退火过夜以完成硅和铁表面的氧化。将底物放置在一端密封的圆柱形石英舟中，然后插入置于管式炉中石英管反应器的中心，在流动的氩气中将炉加热到 700℃，然后将乙烯以 1000mL/min 的速度吹入，持续 15~60min，之后将炉子冷却至室温。在 CVD 的初始阶段，乙烯分子在氧化铁纳米粒子作用下催化分解。当达到过饱和状态时，纳米管会从紧密堆积的催化剂粒子（平均直径 16nm）中生长出来，并沿垂直于基材的方向向开放空间延伸。随着纳米管的延长，最外层壁通过范德瓦耳斯力与相邻纳米管壁相互作用，从而形成具有足够刚度的大束。这种刚性使纳米管能够沿原始方向继续生长。此后，全球众多研究者都在研究具有可调节的管径、管壁数量、长度、排列、覆盖面积以及生长速率等的 CNT 簇的制备方法。其中，生长促进剂（含氧分子，例如水、醇、醚、酯、酮、醛和二氧化碳）已用于提高 CNT 的生长效率、长度和排列[4-5]。

Bedewy 等[6] 提出了垂直排列的 CNT 簇的集体生长机制，认为 CNT 簇的生长始于对齐后的簇顶部且随机取向的纳米管"薄壳"形成之后，并假设 CNT 簇突然

终止生长是由于自支撑结构的损失所致。

Jiang 等[7] 研究发现垂直排列的 CNT 阵列或簇转变为连续长度的互连 CNT 纤维网的过程是偶然的。当他们试图从生长在硅基板上几百微米高的阵列中拉出一束 CNT 时，意外获得了一条连续丝带状的纯 CNT 网，其方式类似于从蚕茧上拉出丝线，如图 2.1 所示。

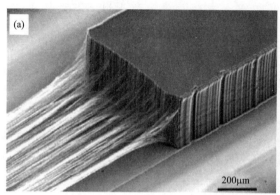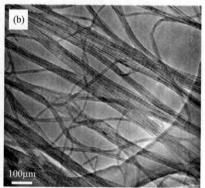

图 2.1 （a）多壁碳纳米管（MWNT）旋转 90°形成连续带状纤维网的 SEM 图；（b）CNT 束的 TEM 图[8]。

将 CNT 簇拉伸成连续的纤维网是形成连续 CNT 纱线的关键。所有已知的可纺 CNT 簇都是通过 CVD 法生产的，大多数可纺的 CNT 簇是通过热 CVD 法在平坦的基材上生长制备的。通常，CNT 阵列是在催化剂和流动的气态碳原料的作用下在反应炉中的硅基板上生长取向而成。铁催化剂纳米颗粒层是通过电子束蒸发或磁控溅射在硅晶片上沉积形成，在催化剂沉积之前引入 Al_2O_3 缓冲层，在反应时使用氩气等作为载气和乙炔[7,9-12] 或乙烯[11,13-14] 等作为碳源。在生长时间内通过改变催化剂层的厚度和纳米管的长度，可以在一定程度上控制 CNT 簇的直径分布及其管壁数量[15]，其中水蒸气可以延长 CNT 的生长，从而使 CNT 更长[11]。

Cui 等[16] 研究了在硅基板上以铁为催化剂、乙炔作为碳源、氢气作为碳质物质的抑制剂等反应条件对 CVD 法中 CNT 簇生长速率（CNT 长度）的影响。研究发现，最佳反应条件为温度 750℃、乙炔流量 60mL/min 和氢气流量 0.5L/min。10min 后，CNT 的生长速度变得非常慢。

Huyhn 等[18] 对可纺性 CNT 生长的硅基板进行了回收分析。研究发现，前四个循环中在 CNT 簇的高度和 CNT 的批量得率上都实现了 100%的重新生长，但是在第五个循环中，这些参数下降到约 20%，同时还可观测到纳米管直径的减小和面密度的增加。

浮动催化剂 CVD 法常用于通过两步合成工艺制备可纺性 CNT 簇。CNT 阵列是以二茂铁为催化剂前体，环己烷为溶剂和碳源，并在二氧化硅（石英片）上完成生长的[19-20]。浮动催化剂法的主要优点是其所需设备简单，并且省去了在基板上制备催化剂层的过程。

2.2　CNT 网的牵伸

2.2.1　从 CNT 簇中形成连续网

有研究者通过实验和建模技术研究了 CNT 簇的可拉伸性，并提出了一些成网机理。Zhang 等[21] 认为 CNT 簇中 CNT 的可拉伸性源于其非连续性束缚，其中单个纳米管从几束纳米管中的一束迁移到另一束中。同时将捆绑的纳米管从簇侧壁的不同高度拉出，以使其与到达簇顶部和底部的捆绑纳米管结合。簇顶部和底部的无序区域中一部分纳米管形成环状，这可能有助于保持其连续性。他们认为对于具有相似拓扑结构的簇，最高的簇最容易被拉成薄片，这可能是因为增加纳米管的长度会增加纤维网内原纤维间的机械耦合。

Kuznetsov 等[22] 针对从垂直定向的多壁纳米管簇中牵伸形成连续网提出了一种结构模型（图 2.2）。原始簇由垂直取向的簇树（大的 CNT 束）组成，而这些簇树通过较小的束或单个纳米管相互连接。CNT 网的形成有两个主要过程：①通过优先剥开簇中束之间的互连而实现解压缩；②在对束拉伸诱导的重新取向过程中，通过在簇顶部和底部进行致密化以增强这些互连。

Zhang 等[8] 认为，由于 CNT 之间强烈的范德瓦耳斯力的相互作用，来自高度有序排列、洁净表面的 CNT 阵列会形成致密的束结构。当把 CNT 从超高有序排列的阵列中拉出时，范德瓦耳斯力使 CNT 首尾相连，从而形成一根连续的纱线，这些端到端的连接通过 CNT 束的桥接连接而形成连续的带状网。

Falla Gilvaei 等[12] 测量了将 CNT 与母体可牵伸和不可牵伸簇间分离所需的力。可牵伸簇在簇顶部显示出较高的分离力；而在簇高程的中部位置则显示出较低的分离力，而在不可牵伸簇中，不同位置的分离力则无明显差异。研究表明，在束的拉伸过程中主要受三个因素的影响：端部结节、CNT 簇中部的缠

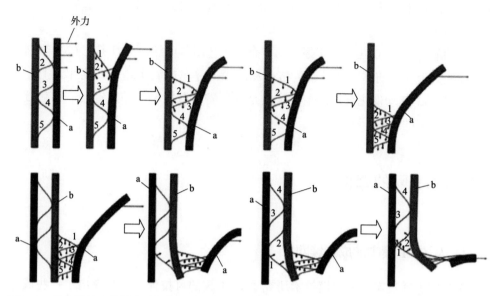

图 2.2　从多壁纳米管簇中牵伸形成连续网的过程示意图。a 和 b 分别代表 CNT 簇树或 CNT 束，
为清楚起见，增加了它们之间的距离[22]。

结以及簇中部相邻 CNT 之间的相互作用力。簇中的高密度 CNT 有助于在簇顶部形成缠结。尽管端部结节可维持簇顶部和底部等端部纤维的连续性，但簇中部的缠结和管间相互作用力会导致新的束结构的形成。簇中间的缠结起着相同的作用，但作用程度较小。当所有这些因素同时起作用时，就会具有优异的可拉伸性能。

尽管上述研究都把重点放在簇顶部的 CNT 缠结上，但 Zhu 等[17] 的研究表明，通过反应性离子蚀刻去除簇顶部的缠结层之后，可牵伸的 CNT 簇仍然可牵伸。如图 2.3 所示，当拉伸过程接近 CNT 阵列的底部和顶部时可形成缠结结构，这些缠结结构被认为是维持牵伸过程连续性的原因。

CNT 缠结对于源自 CNT 簇形态的纳米管（松散缠结）的可拉伸性需求改变至关重要的。Manchard 等[23] 观察到纳米管在合成过程中存在旋转。因此，在合成过程中，一组旋转的 CNT 可以形成松散缠结的束，其方式与传统纺织纤维的两根或多根捻合形成自捻纱相似[24]。在网束拉伸过程中，当松散缠结的捆束被拉成两部分或更多部分时，捆束中的扭曲或缠结部分则被推到一端并形成一个紧密的结[17]。

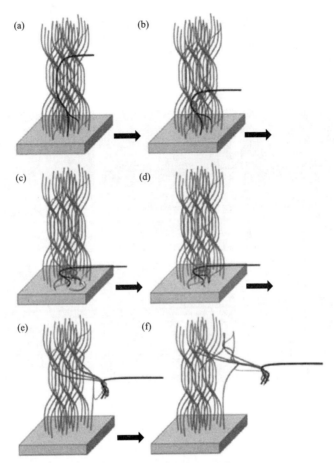

图 2.3　碳纳米管束连续牵伸的自缠结机理。CNT 阵列由交叉与分支 CNT 束组成。(a) 束首先被拉出并与其他束分离；(b) 前分支束的劈裂和交叉结构的移位；(c) 发生自缠结；(d) 扭转束将附近分支束缠绕在一起形成缠结结构；(e) 缠结结构会拉出更多束且在进一步拉动时，拔出束之间的连接会变得更牢固；(f) 在簇顶部[17] 形成类似的缠结结构。

2.2.2　可拉伸性的改善

通常认为，簇中 CNT 的高取向性是其可拉伸的前提条件[8-10,12,20-21,25-26]。图 2.4 (a) ~ (c) 所示为未拉伸、中度拉伸和全拉伸 CNT 簇的 SEM 图。CNT 簇和网的 SEM 图通常用于显示 CNT 的有序排列程度，只有在相同放大倍数下拍摄的 SEM 图才可用于纳米管排列的比较。图 2.4 (d) ~ (f)[28] 所示为不同放大倍数下拍摄的同一 CNT 簇的 SEM 图，其中较小放大倍数的图像 [图 2.4 (d)]

给人以非常高度的 CNT 有序性的印象，而较高放大倍数的图像［图 2.4（f）］则给人以较低的 CNT 有序性的印象。CNT 的有序性排列可以通过能谱[20]、小角 X 射线散射（SAXS）[30] 或根据单个碳纳米管的几何形状[19-20] 计算出的弯曲系数进行表征。

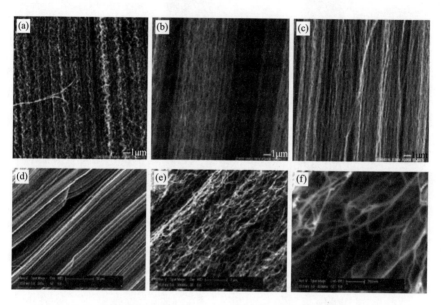

图 2.4　不同可拉伸性 CNT 簇的 SEM 图。(a) 低可纺性簇显示弯曲的 CNT；(b) 中等可拉伸簇；(c) 高可纺性簇显示高度 CNT 有序性[27]；(d) ～ (f) 不同放大倍数 CNT 簇的 SEM 图[28]。

良好的可拉伸性要求窄的催化剂粒度分布、高的成核密度以及具有非常干净的 CNT 表面[31]。CNT 簇的可拉伸性与 CNT 阵列的形态密切相关，例如，可以通过调整催化剂预处理时间[32] 或在 CVD 生长过程中引入少量氢气来改变 CNT 簇的可拉伸性[27]。最短的催化剂预处理时间有助于 CNT 阵列具有最佳的可拉伸性，而稍长的预处理时间则会导致催化剂颗粒变粗以及 CNT 簇的不可拉伸[32]。基于氢辅助生长可以获得排列良好的 CNT 阵列，而以氧辅助生长会获得波状的 CNT 阵列[27]。Huynh、Hawkins[10] 以及 Kim 等[25,33] 对催化剂沉积和合成条件对 CNT 簇可拉伸性的影响的研究表明，对于内径为 44mm 的反应器，工作温度为 670℃，通入氢气速度为 650mL/min、乙炔速度为 34mL/min，含 50nm 热氧化物的硅基板，2.3nm 厚的铁催化剂层，综合处理 20min，则可获得最优结果[10]。

2.3　CNT 纱线的成形

2.3.1　加捻致密法

Jiang 等[7] 从 CNT 簇中拉伸的纱线具有较低的机械强度。Zhang 等[9] 之后进行的研究表明，加捻可以将 CNT 纤维网转变为高密度纱线并且机械强度显著提高。图 2.5（a）所示为 CNT 纱线成形区域的 SEM 图。作为一个从 CNT 簇中拉制成的连续 CNT 网状扁平条带，它会逐渐聚集而成三角形［从图 2.5（a）中的位置 A 开始］。由于已经成形的纱线处（位置 D）从加捻元件传递出的扭矩的影响，条带在大约中线处（位置 B）开始脱离平面并形成波折，随着条带进一步向前移动，条带的中间部分进一步卷曲成束状（位置 C）。在该纱束中，来自两侧的相邻纳米管都按照加捻方向聚集并缠绕。最后，剩余的纳米管缠绕进正在形成的束中，并在三角形区域的顶点处形成圆形纱线（位置 D）。最终加捻纱线的 SEM 图如图 2.5（c）所示。

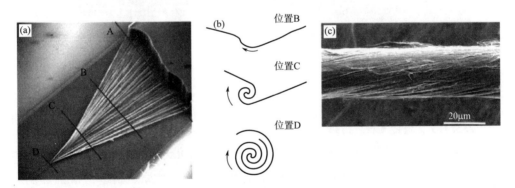

图 2.5　加捻 CNT 纱线的成形。（a）CNT 纱线成形区域的 SEM 图；（b）从扁平条带状到圆形纱线的演变；（c）加捻 CNT 纱线的 SEM 图[29]。

Zhang 等[9] 最初使用的纺纱方法是一个电动机辅助的手工纺纱方法。通过沿着桌面滑动将 CNT 纱线从 CNT 簇拉出时，借助电动机的转动实施加捻。该方法获得的纱线长度局限在 1m 之内或者是握持电动机人员手臂的长度。而纺制类似纱线长度的其他方法也已有过报道。Zhu[34] 的研究小组在一台改进的车床上制造了一台 CNT 纺纱机，其纺制的纱线长度局限于刀架的行进距离。辛辛那提大学[14] 和中国科学院[35] 分别建造了连续式 CNT 纺纱机，该设备的集纱梭芯与纺锭垂直设置，如图 2.6 所示，其加捻和卷绕组件由一台小型电动机、多个皮带轮和一个纱线卷绕梭芯组成。梭芯轴安装在纺锭上从而将捻度引入纱线中。纱线的通过量和捻度的引入速度由两个独立的电动机控制。加捻—卷绕组件的非平衡设计导致成形的 CNT 纱线并排移动，进而会破坏纺纱条件的稳定性并导致不规则纱线的形成[14]。由于此 CNT 纺纱机较为笨重，设备只能以相对较低的纺锭转速运行。

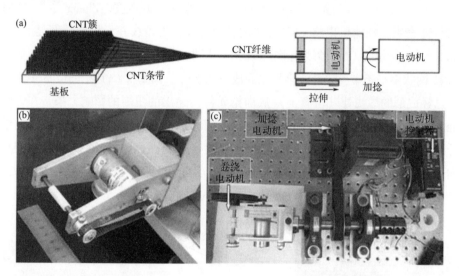

图 2.6　连续 CNT 纱线纺纱机。(a) 纺纱方法原理图[35]；(b) 纺纱机形貌[14]；(c) 加捻—卷绕组件构造[35]。

2.3.1.1　翼锭 CNT 纺纱

澳大利亚联邦科学与工业研究组织（CSIRO）研究开发了两套高速 CNT 纺纱机。第一台自动化连续 CNT 纺纱机是根据传统的翼锭纺纱原理制造，如图 2.7 所示，其加捻和卷绕操作是通过两个以不同速度旋转的同芯轴实现的，转速差异使纱线缠绕在安装于纺锭上的集纱梭芯上，同时纺锭通过线性运动将纱线有序地分布于梭芯上。通过计算机来协调上述运动，纺纱机可以实现最高 7000r/min 的加捻速度（锭子转速）。

在 CNT 簇和翼锭 CNT 纺纱设备上的锭子之间安装一系列摩擦销[37]，这些销钉通过两种方式影响纺纱过程，即增大纱线张力，并使捻度沿着由销钉分开的区域逐步施加到纱线中。张力的增大进一步增加了纱线的密度，从而使纱线结构更加紧凑，基于应力的强度和弹性模量更高，但断裂应变降低。

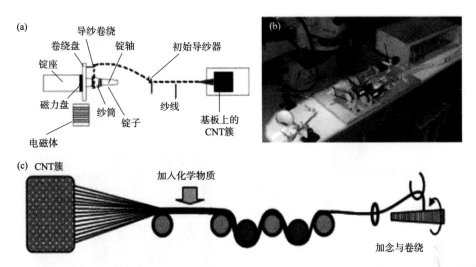

图 2.7　CSIRO 翼锭 CNT 纺纱机。(a) 翼锭 CNT 纺纱机原理图；(b) 翼锭 CNT 纺纱机实物图[29]；
(c) 纺纱过程中加入化学物质[36]。

在 CNT 纱线纺制过程中，翼锭 CNT 纺纱器还可用于添加溶剂、聚合物或其他添加剂[36]。这些添加剂可以方便地施加到 CNT 网上以及原料簇和导纱器之间的成型纱线上，如图 2.7（c）所示。

2.3.1.2　上旋纺纱

图 2.8 所示为 CSIRO 的上旋纺纱机主要操作部件[38]。CNT 簇连接到可以高速旋转的锭子上，从 CNT 簇中牵伸出的连续的 CNT 纤维网被向上拉伸（由此得名"上旋纺纱机"）到纱线梭芯上，与此同时其下方的锭子对纱线施加捻度。在上旋纺纱机上，两个连续纺纱的基本功能是独立执行的：加捻是通过快速旋转的垂直锭子施加的，锭子上载有原料（CNT 簇），而集纱则是通过缓慢旋转的水平纱线梭芯实施的。

另外，导纱器或梭芯本身沿纵向移动，以使纱线沿梭芯分布。上旋纺纱机的机械设计比翼锭 CNT 纺纱机简单得多。在高速锭子上承载的质量比翼锭纺纱法中锭子组件的质量小得多。上旋纺纱机上的纱道基本上是一条直线，因此在纺纱过程中纱线张力要低得多，由此可以将纤弱的 CNT 纤网在高速条件下纺制成纱线。对于高速运行，CNT 簇及其支架的质量必须达到一平衡状态。在导纱器旁边安装有液体喷射装置，用于在纺纱过程中施加溶剂、聚合物或其他添加剂。试验期间，该设备锭子转速高达 18000r/min。

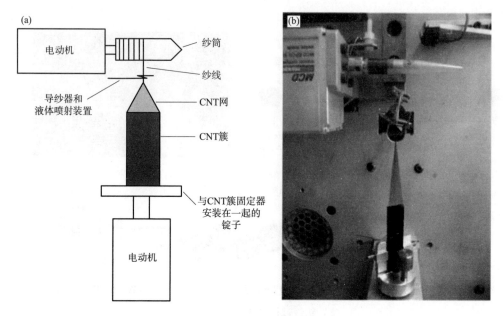

图 2.8　上旋纺纱机主要操作元件。

2.3.1.3　假捻纱

加捻是一个可逆的过程，也就是说，可以通过施加相同数量但方向相反的捻度来消除纱线中已经施加的捻度（即解捻）。对于常规纺织纱线而言，通过解捻去除纱线捻度后，纱线将回复到强度几乎为零的松散纤维束的状态。但是，当加捻的 CNT 纱线中的捻度通过解捻去除时，由于 CNT 之间的范德瓦耳斯力的存在，所得的无捻纱线在很大程度上仍然保持了其结构的完整性[39]。图 2.9 所示为加捻纱［图 2.9（a）］和通过将加捻纱解捻而获得的无捻纱线［图 2.9（b）］的 SEM 图。

加捻—解捻操作可以通过假捻装置的连续操作完成。在图 2.9（c）所示的假捻装置中，纱线只有在到达假捻装置[40] 前方时才会出现加捻转弯，当纱线通过假捻装置后，这种暂时的加捻将会消失。由于假捻是在没有厚纱筒或原料的情况下将假捻施加到纱线上，因此该方法常用于高速纺纱时，如用于袜子、紧身裤和绑腿等高机号尼龙弹性织物的假捻变形。

2.3.1.4　包芯纱

CNT 包芯纱包含一条细的金属丝芯和 CNT 鞘，这种结构适用于制备双层纱超级电容器（参见第 10 章），主要是因为其芯部金属丝具有高电导率且鞘部纳米管具有大的比表面积[41]。CNT 纱线的芯/鞘结构可以在翼锭 CNT 纺纱机上制备，工艺流程如图 2.10（a）所示。

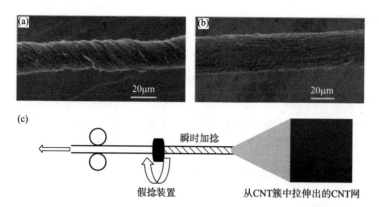

图 2.9   假捻 CNT 纱的制备。（a）5000 捻/m 加捻纱；（b）5000 捻/m 加捻—解捻纱[39]；（c）假捻 CNT 纱线纺纱示意图。

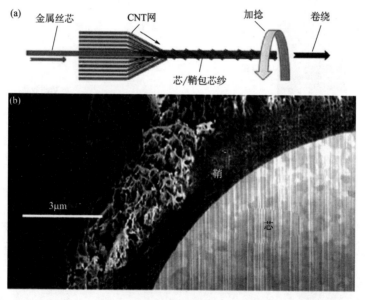

图 2.10   包芯纱。（a）包芯纱生产工艺流程；（b）包芯 CNT 纱横截面[41]。

形成鞘部的 CNT 是以连续纤维网的形式从 CNT 簇中拉伸形成的，芯材从供纱梭芯中拉出并与 CNT 纤维网在中心处汇合。位于右侧的锭子起加捻作用，使金属长丝和 CNT 纤维网一起旋转，从而使 CNT 纤维网缠绕在金属长丝周围并形成芯/鞘结构的纱线，如图 2.10（b）所示。由于 CNT 纤维网的宽度远大于金属长丝的直径，因此芯部被 CNT 鞘完全覆盖最后形成包芯纱。

2.3.2 摩擦致密法

机械摩擦法常用于生产高密度 CNT 纱，如图 2.11（a）所示[42]。设备的主要工作部分是一对摩擦罗拉，它们同时参与旋转和轴向振动，如图 2.11（b）所示。两个罗拉的旋转运动将从 CNT 簇中牵伸出来的 CNT 纤维网传输到纱线收集梭芯上，而两个罗拉在相反方向上的轴向振动所产生的摩擦力则将 CNT 纤维网压实成纱线。

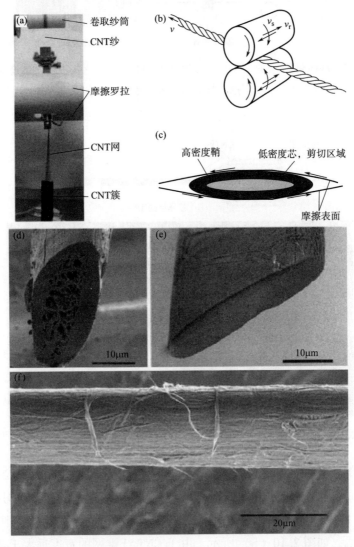

图 2.11 摩擦致密法生产 CNT 纱线。（a）设备工作元件；（b）往复运动摩擦罗拉交替加捻；
（c）纱线结构成形机理示意图；（d）～（f）摩擦致密 CNT 纱线的 SEM 图[42]。

在摩擦过程中，CNT 纱线在两个沿相反方向移动的弹性体压力下发生变形，如图 2.11（c）所示。移动弹性体表面的作用使纱线绕其轴线旋转，从而使纤维以"跑马场赛道"的方式运动。赛道中的 CNT 无法在纱线横截面中保持彼此之间的相对位置，而位置争夺导致纱线中 CNT 的相对运动。另外，强大的范德瓦耳斯力限制了各个 CNT 之间的自由相对运动，由摩擦作用引起的位置争夺导致 CNT 束之间的空隙被填充，从而形成紧密堆积的纱线结构。

如图 2.11（c）所示，纱线两侧的外层直接由两个摩擦表面驱动从而被迫沿相反的方向运动，由此在中间区域必定会产生大规模剪切运动，由此随着过程的进行，纱线芯中的 CNT 被反复撕裂。当纱线经过辊隙时，施加在纱线上的侧向压力被释放，由于弹性回复作用，扁平的纱线横截面扩张，从而在纱线芯中形成空隙。因此，所得到的纱线呈现高密度的鞘和低密度的芯式结构，如图 2.11（d）所示。另外，较高的罗拉压力会使纱线在辊隙处出现严重的扁平化，形成如图 2.11（e）所示的没有明显多孔芯的带状纱线结构。

尽管瞬时加捻的速率很高，但是由于轴向振动的影响，在摩擦罗拉作用下产生假捻的程度相对较低。在往复运动的前半个周期中施加到纱线上的捻度与后半个周期或中施加的捻度方向相反，因此，在同一区域中新施加的捻消除了在往复运动前半个周期中所施加的相反方向的捻。因此，CNT 在一个摩擦致密化 CNT 纱线中基本上笔直且彼此平行，并且与纱线轴向平齐，如图 2.11（f）所示。

由于纱线直径较小，加捻的 CNT 纱线每米有成千上万个捻度，但大量的捻度限制了纱线的生产速度，也限制了对高度工业化纺纱机械的需求。在摩擦设备中，纱线的旋转由摩擦罗拉驱动，因此较小的纱线直径意味着可以通过较低速的摩擦罗拉转速获得较高的纱线速度。因此，不需要高速的设备部件就可以实现高的生产率。

2.3.3 模具拉伸法

模具拉伸法首先用于从 SWNTs 以薄膜形式生产 CNT 纤维，该薄膜是从浮动催化剂法 CVD 的石英管内壁上剥离下来的[43]（参见第 3 章），其中用到一系列金属拉伸模具，该拉伸是通过 18 个直径从 0.2 ~ 1.2mm 的金属拉伸模具进行的。在拉伸过程中，SWNT 薄膜所形成的纱线直径与所用拉伸模具的直径相同。最初生长的纳米管纤维呈黑色，最终的 SWNT 纤维则为灰色并具有金属光泽，所制得的 SWNT 纤维高度致密且有序排列。模拉法适用于从 CNT 簇中拉伸制备致密化纤维网[44]。纱线中的纳米管在模具内壁的压缩下而实现致密化。从模具中出来后，纱线直径回弹约 10%。在最终的纱线中，纳米管间通过范德瓦耳斯力聚集在一起。

图 2.12 所示为 CNT 纱线的制备工艺和模具几何形状。对于相同的 CNT 纤维网（恒定单位质量的纤维网），使用较小直径的模具可制备出较高密度的纱线。但是与使用 30μm 的模具制备的纱线相比，使用 35μm 的模具制备的纱线具有更高的拉伸强度。尽管比典型的加捻纱（<1.0g/cm³）具有更高的密度（1.15g/cm³），但与前面已经介绍过的摩擦致密化 CNT 纱线相比，使用 35μm 的模具生产的 CNT 纱具有相似的高拉伸强度（1GPa）和高弹性模量（79GPa）。

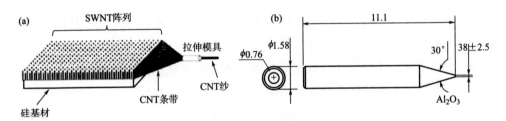

图 2.12　经由狭窄模具拉伸 CNT 纤维网制备干纺 CNT 纱线。（a）制备工艺示意图；（b）模具几何形状[44]。

2.3.4　溶剂致密法

湿的 CNT 阵列干燥后可以重组为多孔结构[45]。液体驱动的 CNT 致密化归因于 CNT 束中 10 ~ 100nm 范围内的管—管分离，该距离可形成较大的毛细作用力（$\Delta p = \gamma/r$，其中 γ 是液体的表面张力，r 是相邻管之间的距离）。这种毛细现象常用于通过乙醇或其他类型的挥发性液体将 CNT 纤维网致密化为横截面不规则的紧密纱，如图 2.13 所示[8]。规划的圆形纱线横截面可以通过加捻来实现[46-47]。也可以将液体加入翼锭 CNT 纺纱机和上旋纺纱机中的纱线形成点，以同时实现溶剂致密化和加捻致密化。

尽管 CNT 本身是疏水性的，但可以被多种溶剂润湿。当纱线离开溶剂弧形液面时，液面表面张力会将 CNT 束拉在一起，如图 2.13（b）和（c）所示，而当挥发性溶剂挥发后，留下干燥致密的 CNT 纱线。乙醇和丙酮等低沸点的溶剂通常用于 CNT 的致密化。

毛细作用力受到溶剂的挥发性（沸点）、表面张力以及 CNT 表面相互作用的影响[47]，研究发现溶剂的极性是实现有效渗透最重要的参数。尽管很多溶剂都具有

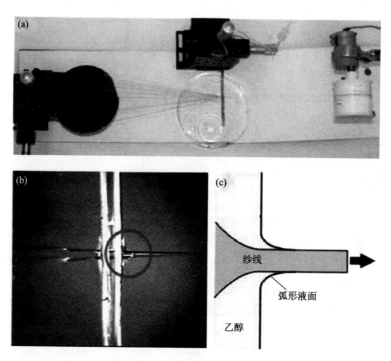

图 2.13 溶剂致密法制备 CNT 纱线。(a) 由垂直排列 CNT 阵列纺制连续纱线；(b) 通过乙醇小液滴后将两根纱线合并成一根紧密纤维；(c) 在乙醇中处理纱线示意图，表现出弧形液面收缩效果[8]。

高沸点和低挥发速率，相比较而言，二甲基甲酰胺（DMF）、二甲基亚砜（DMSO）以及 N-甲基-2-吡咯烷酮（NMP）具有比乙醇更好的渗透性，乙二醇由于具有两个—OH 基团而具有最好的渗透性。

2.4 CNT 纱线的规模化生产

CNT 网可以从 CNT 簇中以高达 10~16m/s（600~960m/min）的速率拉伸出来[48-49]，该速率达到了合成纤维挤出速率范围的下限（最高 10000m/min）。对于直径 30μm、加捻角 25°的典型 CNT 纱线而言，纱线需要每米 5000 个捻度。为了能够以 960m/min 的速度生产纱线，加捻速度需要达到 5000000r/min，这比纺织工业中任何加捻系统的加捻速度快数百倍。但是，其他致密化方法包括溶剂致密法、机械摩擦法以及模具拉伸法等可能与该生产速率相匹配。

从 CNT 簇进行商业规模的 CNT 纱线纺制面临的主要挑战是：由于炉子尺寸的限制，CNT 簇的尺寸较小，而大约每 1mm 长的 CNT 簇可制备出 1m 长的纤维网[7,9]。CNT 簇通常需要在炉子中的坚硬基材上生长，炉子尺寸限制了能够制备的的 CNT 簇大小，进而限制了在不补充原料簇的前提下所生产连续纱线的长度。频繁进行原料簇的补给和纱线的卷装会显著降低生产效率，并且纺后的纱线接头会影响纱线质量，如存在薄弱点或结构不规则等。目前已经提出了几种扩大 CNT 纱线生产规模的方法。

2.4.1　自动化纺纱

由于其工艺简单，CSIRO 上旋纺纱机的锭子可在高达 18000r/min 的速度下运行，并且接入新纱线或接断头操作也很便捷。这为使用较小尺寸的 CNT 簇进行高速自动化纺纱提供了可能性。为便于将从 CNT 簇中牵伸出的 CNT 纤维网接入现有纱线末端而设计的机械臂如图 2.14 所示。像传统的短纤维纱线生产一样，通过加捻可将纤维网的端部和现有纱线末端较好地连接在一起。

图 2.14　（a）由计算机控制的上旋纺纱机；（b）使 CNT 纤维网拉伸并连接而设计的机械臂。

2.4.2　从连接 CNT 网进行连续纺纱

Alvarez 等[48] 报道了一种可以从重叠 CNT 簇中生产连续纱线的工艺，如图 2.15 所示。首先，将 CNT 簇从其基底上剥离下来并转移到其他平坦的基板上，然后将来自不同簇的单层 CNT 纤维网连接在一起，从而生产任意长度的 CNT 纱线。

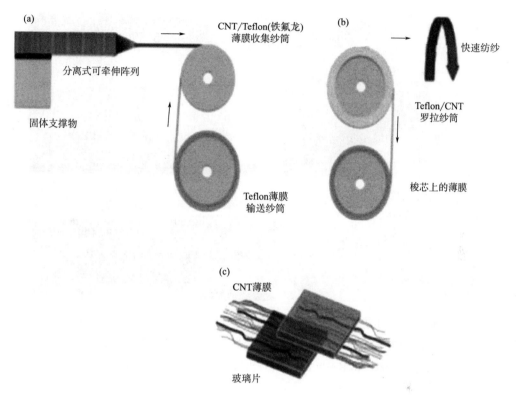

图 2.15　从重叠 CNT 簇中生产连续纱线的工艺过程。(a) 置于固体支撑物上可拉伸 CNT 阵列形成 CTN 条带，收集到的 CNT 纤维网夹持于 Teflon 薄膜上；(b) 将 CNT 条带从聚四氟乙烯薄膜中回收并纺成纱线；(c) 连接两个 CNT 纤维网制成连续纤网[48]。

2.4.3　在柔性基板上生长连续簇

生产商业化 CNT 簇基纱线的另一个方法，是用柔性薄板基板代替用于簇生长的刚性和脆性硅基板，这些柔性基板可以用作连续的传动带，位于传动带一端的 CNT 在熔炉中生长，而在传动带另一端的生长簇则被转化为 CNT 纱线。Lepró 等[50] 报道了可纺性 CNT 簇在高柔性不锈钢板上的生长情况，柔性 CNT 簇可以充当连续带基，为 CNT 纱线的连续生产奠定了基础。

通过合理选择缓冲层、碳前驱体以及合成条件，CNT 簇可以在 $50\mu m$ 厚的商用不锈钢（SS）箔上生长，SiO_x 缓冲层可以与乙炔一起用作碳前驱体。图 2.16 所示为生长 CNT 簇前后不锈钢基板的柔韧性。

图 2.16　热 CVD 法 CNT 簇生长前后不锈钢基板的柔韧性。（a）实施 CVD 热处理前反应室石英
管内表面（内径约 65mm）弯曲的不锈钢箔；（b）生长在不锈钢箔上簇片弹性弯曲；（c）由生长
于弯曲不锈钢基板上簇中拉伸出的 5cm 宽的 CNT 片照片[50]。

2.5　总结与结论

本章介绍了可拉伸 CNT 簇的各个方面以及将其转换为纯 CNT 纱线的方法。对
于 CNT 簇的合成研究主要集中在实现一致的可拉伸性和改善 CNT 管的性能上。连
续可拉伸的 CNT 簇对于生产具有可控结构和性能的纱线至关重要。几个研究小组
使用实验和建模研究了 CNT 簇的可拉伸性。通过对合成技术的改进，可拉伸的
CNT 现在可以达到几毫米长。从 CNT 簇中拉伸 CNT 纤维网的速度也就是瞬时纱线
生产率的速度上限非常高，最高可达接近 1000m/min。

从 CNT 簇中拉伸出的纤维网可以通过多种方法形成连续的纱线，包括加捻
（纺纱）、假捻、机械摩擦、模具拉伸和溶剂致密化等方法。纺纱操作的自动化、
连续簇以及 CNT 簇在柔性基板上的连续生长都为纱线商业化连续生产提供了方案。
CNT 纱线生产时的加捻速率通过使用特殊设计的纺纱机或改进的常规纺织机械将

提高到与先进的细支常规纺织纱线生产相当的水平。此外，探讨了更高速度的纱线致密化方法，包括机械摩擦、模具拉伸和溶剂致密化等方法。

参考文献

[1] W. Li, S. Xie, L. X. Qian, et al., Large－scale synthesis of aligned carbon nanotubes, Science 274 (5293) (1996) 1701-1703.

[2] Z. Ren, Z. Huang, J. Xu, et al., Synthesis of large arrays of well－aligned carbon nanotubes on glass, Science 282 (5391) (1998) 1105-1107.

[3] S. Fan, M. G. Chapline, N. R. Franklin, et al., Self－oriented regular arrays of carbon nanotubes and their field emission properties, Science 283 (5401) (1999) 512-514.

[4] D. N. Futaba, J. Goto, S. Yasuda, et al., General rules governing the highly efficient growth of carbon nanotubes, Adv. Mater. 21 (47) (2009) 4811-4815.

[5] K. Hata, D. N. Futaba, K. Mizuno, et al., Water－assisted highly efficient synthesis of impurity－free single－walled carbon nanotubes, Science 306 (5700) (2004) 1362-1364.

[6] M. Bedewy, E. R. Meshot, H. Guo, et al., Collective mechanism for the evolution and self－termination of vertically aligned carbon nanotube growth, J. Phys. Chem. C 113 (48) (2009) 20576-20582.

[7] K. Jiang, Q. Li, S. Fan, Spinning continuous carbon nanotube yarns, Nature 419 (2002) 801.

[8] X. Zhang, K. Jiang, C. Feng, et al., Spinning and processing continuous yarns from 4－inch wafer scale super－aligned carbon nanotube arrays, Adv. Mater. 18 (12) (2006) 1505-1510.

[9] M. Zhang, K. Atkinson, R. H. Baughman, Multifunctional carbon nanotube yarns by downsizing an ancient technology, Science 306 (5700) (2004) 1358-1361.

[10] C. P. Huynh, S. C. Hawkins, Understanding the synthesis of directly spinnable carbon nanotube forests, Carbon 48 (4) (2010) 1105-1115.

[11] Q. W. Li, X. F. Zhang, R. F. DePaula, et al., Sustained growth of ultralong carbon nanotube arrays for fiber spinning, Adv. Mater. 18 (23) (2006) 3160-3163.

[12] A. Fallah Gilvaei, K. Hirahara, Y. Nakayama, In－situ study of the carbon

nanotube yarn drawing process，Carbon 49（14）（2011）4928-4935.

［13］S. Zhang，L. Zhu，M. L. Minus，et al.，Solid-state spun fibers and yarns from 1-mm long carbon nanotube forests synthesized by water-assisted chemical vapor deposition，J. Mater. Sci. 43（13）（2008）4356-4362.

［14］C. Jayasinghe，S. Chakrabarti，M. J. Schulz，et al.，Spinning yarn from long carbon nanotube arrays，J. Mater. Res. 26（5）（2011）645-651.

［15］K. Liu，Y. Sun，L. Chen，et al.，Controlled growth of super-aligned carbon nanotube arrays for spinning continuous unidirectional sheets with tunable physical proper-ties，Nano Lett. 8（2）（2008）700-705.

［16］Y. Cui，B. Wang，M. Zhang，Optimizing reaction condition for synthesizing spinnable carbon nanotube arrays by chemical vapor deposition，J. Mater. Sci. 48（21）（2013）7749-7756.

［17］C. Zhu，C. Cheng，Y. H. He，et al.，A self-entanglement mechanism for continuous pulling of carbon nanotube yarns，Carbon 49（2011）4996- 5001.

［18］C. P. Huynh，S. C. Hawkins，M. Redrado，et al.，Evolution of directly-spin-nable carbon nanotube growth by recycling analysis，Carbon 49（6）（2011）1989-1997.

［19］Q. Zhang，W. P. Zhou，W. Z. Qian，et al.，Synchronous growth of vertically aligned carbon nanotubes with pristine stress in the heterogeneous catalysis process，J. Phys. Chem. C 111（40）（2007）14638-14643.

［20］Q. Zhang，D. -G. Wang，J. -Q. Huang，et al.，Dry spinning yarns from vertically aligned carbon nanotube arrays produced by an improved floating catalyst chemi-cal vapor deposition method，Carbon 48（10）（2010）2855-2861.

［21］M. Zhang，S. Fang，A. A. Zakhidov，et al.，Strong，transparent，multi-functional，carbon nanotube sheets，Science 309（5738）（2005）1215-1219.

［22］A. A. Kuznetsov，A. F. Fonseca，R. H. Baughman，et al.，Structural model for dry-drawing of sheets and yarns from carbon nanotube forests，ACS Nano 5（2）（2011）985-993.

［23］J. C. Marchand Ml，D. Guillot，J. -M. Benoit，et al.，Growing a carbon nano-tube atom by atom："and yet it does turn"，Nano Lett. 9（8）（2009）2961-2966.

［24］D. Henshow，Self-Twist Yarns，Merrow，Watford，1971.

［25］J. -H. Kim，H. -S. Jang，K. H. Lee，et al.，Tuning of Fe catalysts for growth of spin-capable carbon nanotubes，Carbon 48（2）（2010）538-547.

［26］ T. Iijima, H. Oshima, Y. Hayashi, et al. , Morphology control of a rapidly grown vertically aligned carbon−nanotube forest for fiber spinning, Phys. Status Solidi A 208 (10) (2011) 2332−2334.

［27］ L. Zheng, G. Sun, Z. Zhan, Tuning array morphology for high−strength carbon−nanotube fibers, Small 6 (2010) 132−137.

［28］ W. Cho, M. Schulz, V. Shanov, Growth and characterization of vertically aligned centimeter long CNT arrays, Carbon 72 (2014) 264−273.

［29］ M. Miao, Yarn spun from carbon nanotube forests: production, structure, properties and applications, Particuology 11 (4) (2013) 378−393.

［30］ U. Vainio, T. I. Schnoor, S. Koyiloth Vayalil, et al. , Orientation distribution of vertically aligned multiwalled carbon nanotubes, J. Phys. Chem. C 118 (18) (2014) 9507−9513.

［31］ K. Jiang, J. Wang, Q. Li, et al. , Superaligned carbon nanotube arrays, films, and yarns: a road to applications, Adv. Mater. 23 (9) (2011) 1154−1161.

［32］ Y. Zhang, G. Zou, S. K. Doorn, et al. , Tailoring the morphology of carbon nanotube arrays: from spinnable forests to undulating foams, ACS Nano 3 (8) (2009) 2157−2162.

［33］ J. −H. Kim, K. H. Lee, D. Burk, et al. , The effects of pre−annealing in either H_2 or He on the formation of Fe nanoparticles for growing spin−capable carbon nanotube forests, Carbon 48 (15) (2010) 4301−4308.

［34］ X. Zhang, Q. Li, T. G. Holesinger, et al. , Ultrastrong, stiff, and lightweight carbon−nanotube fibers, Adv. Mater. 19 (23) (2007) 4198−4201.

［35］ J. Zhao, X. Zhang, Y. Huang, et al. , A comparison of the twisted and untwisted structures for one − dimensional carbon nanotube assemblies, Mater. Des. 146 (2018) 20−27.

［36］ J. Y. Cai, J. Min, J. McDonnell, et al. , An improved method for functionalisation of carbon nanotube spun yarns with aryldiazonium compounds, Carbon 50 (12) (2012) 4655−4662.

［37］ C. D. Tran, W. Humphries, S. M. Smith, et al. , Improving the tensile strength of carbon nanotube spun yarns using a modified spinning process, Carbon 47 (11) (2009) 2662−2670.

［38］ M. Miao, J. McDonnell, L. Vuckovic, et al. , Poisson's ratio and porosity of carbon nanotube dry-spun yarns, Carbon 48 (10) (2010) 2802-2811.

[39] M. Miao, The role of twist in dry spun carbon nanotube yarns, Carbon 96 (2016) 819-826.

[40] M. Miao, R. Chen, Yarn twisting dynamics, Text. Res. J. 63 (1993) 150-158.

[41] D. Zhang, M. Miao, H. Niu, et al., Core-spun carbon nanotube yarn supercapacitors for wearable electronic textiles. ACS Nano 8 (5) (2014) 4571-4579, https: //doi. org/10. 1021/nn5001386.

[42] M. Miao, Production, structure and properties of twistless carbon nanotube yarns with a high density sheath, Carbon 50 (13) (2012) 4973-4983.

[43] G. Liu, Y. Zhao, K. Deng, et al., Highly dense and perfectly aligned single-walled carbon nanotubes fabricated by diamond wire drawing dies, Nano Lett. 8 (4) (2008) 1071-1075.

[44] K. Sugano, M. Kurata, H. Kawada, Evaluation of mechanical properties of untwisted carbon nanotube yarn for application to composite materials, Carbon 78 (2014) 356-365.

[45] Q. Li, R. DePaula, X. Zhang, et al., Drying induced upright sliding and reorganization of carbon nanotube arrays, Nanotechnology 17 (18) (2006) 4533.

[46] K. Liu, Y. Sun, R. Zhou, et al., Carbon nanotube yarns with high tensile strength made by a twisting and shrinking method, Nanotechnology 21 (4) (2010) 045708.

[47] S. Li, X. Zhang, J. Zhao, et al., Enhancement of carbon nanotube fibres using different solvents and polymers, Compos. Sci. Technol. 72 (12) (2012) 1402-1407.

[48] N. T. Alvarez, P. Miller, M. Haase, et al., Carbon nanotube assembly at near-industrial natural-fiber spinning rates, Carbon 86 (2015) 350-357.

[49] Y. Inoue, Y. Suzuki, Y. Minami, et al., Anisotropic carbon nanotube papers fabricated from multiwalled carbon nanotube webs, Carbon 49 (7) (2011) 2437-2443.

[50] X. Lepró, M. D. Lima, R. H. Baughman, Spinnable carbon nanotube forests grown on thin, flexible metallic substrates, Carbon 48 (12) (2010) 3621-3627.

第 3 章　熔融法直接纺制碳纳米管纤维

Guangfeng Hou，Mark J. Schulz
辛辛那提大学机械与材料工程系，辛辛那提，俄亥俄州，美国

3.1　引言

自 1991 年 Iijima 利用电弧放电法合成多壁碳纳米管（MWNT）无缝管状结构以来，人们对于 CNT 的合成及其基本结构和性能的理解有了长足的进步[1]。然而，CNT 最初是在 20 世纪 70 年代合成出来并被视为细小的碳丝[2-3]，一些早期的研究甚至可以追溯到 1952 年[4]。如今，对 CNT 结构—性能关系的深入理解和成功的大规模生产已使其在许多工程领域的应用成为可能，最初的面向应用的特性主要是基于其高的表面积、各种化学修饰作用以及与其他材料的功能集成等方面[5]。

CNT 可以使用多种方法来进行合成，包括电弧放电激光烧蚀、基底化学气相沉积（CVD）以及浮动催化剂合成等方法。这些方法都需要催化剂（通常是过渡金属）和外部能量才能催化分解碳源并使其有效地生长为 CNT，并且催化剂的类型、碳源以及实验条件都会影响 CNT 的类型、长度、纯度以及生产率。在浮动催化剂合成方法中，将原料引入炉式反应器中并在高温下热解，借助催化剂连续气相合成碳纳米材料。对催化剂动力学及 CNT 生长的研究表明，硫浓度的调节至关重要[6-10]，同时进料温度[6-11]、载气流速[12-13] 和碳氢化合物的类型[14-15] 等都对 CNT 的直径、质量以及纯度有重要影响。近年来，已有较多关于改善 CNT 纤维性能的深入研究[16-20]。

CNT 纤维可以通过基底 CVD 生长的 CNT 阵列（参见第 2 章）进行生产，也可以应用浮动催化剂法从气凝胶状 CNT 袜套中生产，浮动催化剂法可以连续生产 CNT 纤维，本章将重点介绍浮动催化剂制备 CNT 纤维的方法，包括基本合成参数、CNT 纤维纺纱工艺以及 CNT 纤维的结构与性能。

3.2 CNT 浮动催化剂合成方法

CNT 的合成先于 CNT 纤维的形成。浮动催化剂合成方法通常涉及几个子过程，如图 3.1 所示，包括原料注入、催化剂成核、CNT 生长以及 CNT 袜套的形成等。连续 CNT 袜套的形成对最终 CNT 纤维的稳定生产以及质量稳定性至关重要。在本节中，将讨论应用浮动催化剂方法进行 CNT 的合成，包括对关键参数的探讨，如催化剂、碳源、载气、生长促进剂和合成温度。

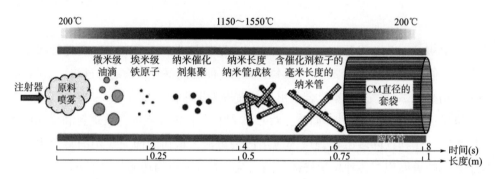

图 3.1　浮动催化剂合成方法基本过程。

3.2.1　催化剂与生长促进剂

合成用原料通常包括催化剂前驱体、碳源和生长促进剂。催化剂通常使用有机金属化合物如五羰基化合物、二茂铁和二茂镍，通常二茂铁最为常用。这些有机金属会在高温下分解，释放出金属原子，然后金属原子聚结成催化剂颗粒。铁粒子对合成过程具有复杂的影响，除在使 CNT 生长成核中发挥作用外，还对二茂铁、噻吩以及其他碳氢化合物气体的分解起到催化作用[21]。通常认为铁粒子的浓度会影响 CNT 的类型和直径，并且较低铁浓度会以 SWNT 为其主要产物，而较高铁浓度则会使其产物以 MWNT 为主[15,22-23]。但是，在另一研究中，Reguero 等[8]发现原料中铁浓度的差异并不会显著影响 CNT 的类型，多余的铁粒子都会作为多余的催化剂留在 CNT 束上。

在浮动催化剂合成方法中，醇被广泛用作碳源。尽管甲醇[20,28] 和丁醇[8,29-30] 等也在使用，但乙醇[12-13,24-27] 是通用的碳源。醇中 OH 基团中的少量氧可以去除无定形碳，并通过阻止碳包覆来活化催化剂，从而提高了产品的纯度[12-13]。不同的醇在反应中的行为不同，推测可能是由于不同的键能提供不同数量的碳所致[13]。有研究发现乙醇可以制备出高质量的 SWNT。像异丙醇和己醇这样的高级烷基醇会产生更多的无定形碳，而甲醇单独使用时不会产生任何碳，这可能是由于氧气阻止了小直径管的形成，导致乙醇和硫结合时 DWNT 不再占有优势[21]。Mas 等用丁醇作为碳源，由于其硬件设置的原因，反应器中前驱体的注入会更加均匀[29]。

　　有时也会使用包括甲烷[11,31-35]、一氧化碳[36]、丙酮[37]、甲苯[38] 以及十氢萘等在内的非醇碳源[39]。甲烷气体因其相对稳定并在相对较高的温度下才会分解而被广泛使用。在早期研究中人们发现，苯、正己烷以及均三甲苯不能合成足够的 CNT 并形成袜套，而是形成了较粗的纤维和杂质颗粒[12]。这些碳氢化合物必须与另一种含氧分子（如乙醇）混合才能够形成 CNT 袜套。后来的研究表明，甲苯可以成功制备 CNT[6,8,40-41]。甲苯的分解温度要稍低于甲烷，因此，原料注入速率必须降低至 1/20 以促进袜套的形成[11]。与丁醇相比，由于甲苯的热分解效率更高，因此甲苯可以生成更长的 CNT[29]。

　　浮动催化剂合成方法中，典型载气包括氢气、氦气、氩气和氮气，有时还会使用两种气体的组合[11]。氢气通常用于气相热解法[13,24,26,30,37]，与氮气或氩气相比[42]，使用氢气可显著提高得率，同时还观察到用氩气替代氢气会形成更多的无定形碳。此外，氢气可以还原氧化铁，并参与含碳气体的热分解。较高的载气流速可抑制杂质的形成并生成更高纯度的 CNT。氢气还会稀释催化剂，从而促进 SWNT 的形成[12-13,22]。然而，较高的载气流速会使 CNT 袜套的直接纺纱变得更加困难[14]。

　　浮动催化剂合成方法中通常使用硫诸如噻吩、CS_2 或纯硫等生长促进剂。硫的加入会影响催化剂凝结和碳扩散等反应动力学，这些都可能会增加 CNT 的得率，也可能控制 CNT 的管壁数量。通常认为，如果没有添加生长促进剂，将不可能进行稳定地 CNT 合成和袜套的形成[11,21,29,43]，反而形成含大量杂质的 CNT。然而，Paukner 等[6] 已经成功合成了 SWNT，并且可以在无须任何促进剂的条件下制备出 CNT 袜套及纤维。根据合成后的表征，FCC（面心立方）铁催化剂核被 $Fe_{1-x}S$ 壳包覆[29,44]。根据热力学计算，建议在高温（1250℃）下，首先将硫溶入铁中，然后在形成 FCC 铁时去除硫，从而在 FCC 铁芯上生成液态的 Fe—S 壳。

　　关于硫在碳扩散中的作用，Windle 研究小组认为，铁催化剂上的硫包覆层可加速碳表面的扩散，从而有助于长 CNT 的快速生长[6,45-46]。硫可能有助于降低熔融铁的表面张力[29]，若没有硫，大多数催化剂粒子将被碳包覆，并且几乎不能合成 CNT。他们还认为液体催化剂表面上的硫可能会制约碳的溶解度并将其局限在表面，换言之，限制整体扩散而促进表面扩散。这样首先可以稳定新生 CNT 的边缘，并由于其与 Fe-S-C 液态合金的高界面能而有助于随后的石墨层挤出[29,44]。然而，有研究已经表明痕量的硫可以降低液体催化剂的表面张力并有利于提高碳的溶解度[47]。

通常认为，较高的硫浓度会导致更多管壁量 CNT 的形成[7-8,11,48-49]。例如，在低浓度（0.1%~0.2%）、中等浓度（0.8%）以及高浓度（1.5%）等各种不同质量分数噻吩浓度下，可以分别合成 SWNT、DWNT 和 MWNT 等不同类型的 CNT[8,48]。从分裂的 G 峰、RBM 信号、二维峰降档以及更高 IG/ID 比（5~200）的拉曼光谱都可确定从 MWCT 到 SWNT 的过渡。Gspann 等[11] 提出硫可以降低催化剂颗粒的"黏性"，通过降低颗粒的碰撞速率来限制催化剂的尺寸，还可以防止铁沉积在高温反应区的反应壁上。有研究则提出了一种"固化—再活化"模型[21,33]，该模型解释了较高硫浓度下 MWNT 的形成，如图 3.2 所示。在较低的硫浓度下，部分硫包覆层提高了催化剂的活性并阻止了颗粒的聚集。但是，过量的硫最初会使铁粒子对于 CNT 的生长失去活性，而 CNT 由于碰撞作用而变得更大。当这些较大的催化剂颗粒进入高温生长区域时，可能会与氢气形成 H2S 而除去部分硫，这会重新活化较大的催化剂颗粒并促进 MWNT 的生长。基于这种分析，可以通过两种可能的途径来促进 SWNT 的合成。一种方法是降低硫的含量，这会产生小的 SWNTs 成核活性颗粒；另一种方法是在较早期催化剂颗粒仍较小时引入碳原子，这可能会促进 CNT 成核，从而阻止铁颗粒的进一步生长。

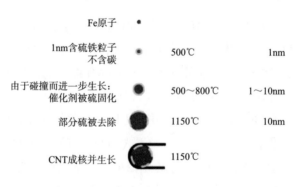

图 3.2　固化—再活化模型解释 MWNT 的增长[1]。

硫引入的时机也很重要。提前引入硫会限制碳在催化剂中的溶解度从而形成更多的活性催化剂，这阻止了石墨烯层的包覆并促进了碳的重建和边缘的生长[8]。这解释了为何在较低的碳浓度下硫的利用率较低导致活性铁颗粒百分比降低。有研究者提出，当铁颗粒仍然很小（1nm）时，碳和硫有助于 SWNT 的生长[21]。也有研究[33] 表明，CS_2 可以用于有效限制催化剂粒的尺寸，该催化剂颗粒可在比噻吩分解温度（800℃）更低的温度（650℃）下更早地分解。还有报道认为，由于铁颗粒的存在，噻吩可能会在约 400℃ 的温度下分解[11]。

硒和碲等 16 种元素组也已被用作 CNT 生长的促进剂[29]。与硫类似，低硒浓度（0.0018at% 或质量分数 2.1% 的硒酚）主要促进扶手型 SWNT 的生长，而高硒浓度导致合成 CNT 的直径和管壁数量的增加。

在特定条件下，生长促进剂有助于控制合成 CNT 的手性。Sundaram 等[33] 使用 CS_2 在催化剂尺寸可控的二茂铁分解早期阶段合成了具有主要金属手性的 CNT。在另一项研究中，Aleman[44] 等使用硫或硒的促进剂获得了高手性角度的金属 CNT，该类金属 CNT 与碳前驱体（甲苯、丁醇）或促进剂无关，他们认为，扶手型 CNT 的这种优势是 CNT 高温 CVD 生长的固有特征。控制 CNT 手性的难度很大，需要更多结果才能进一步了解其机理。

3.2.2　合成温度

合成温度对 CNT 的结构和性能有重大影响，高温可生产出质量更高的 CNT。在本节中，将讨论合成温度（1200~1500℃）对 CNT 的影响。

在浮动催化剂合成方法中，合成的 CNT 通常是 SWNT 和 MWNT 的组合。当提高合成温度时，会发生从 SWNT 到 MWNT 的转变，而在更高的温度下，CNT 的直径增加，表明形成了更多的 MWNTs，如图 3.3 所示。这种转变可以通过拉曼光谱中径向呼吸模（RBM）信号的减少进一步确认。在较高温度（>1300℃）下，RBM 信号显著减弱（图 3.4），这表明样品中的 SWNT 百分比降低。这种转变可能与较高温度下的较大催化剂颗粒有关。

CNT 样品的纯度随合成温度的不同会有很大差异，其含杂程度可以通过热重分析（TGA）方法进行评估。由图 3.5 所示 TGA 曲线可知，无定形杂质在低于 400℃ 的温度下首先燃烧，然后在 520℃ 和 660℃ 发生两次氧化，可能分别对应 SWNTs 和 MWNTs 的氧化。另一研究小组也观察到了这两种 CNT 的单独燃烧[22]。在较高的温度下无定形杂质的含量增加，这是由于碳氢化合物在高温下的非催化分解，从而无定形杂质增加。

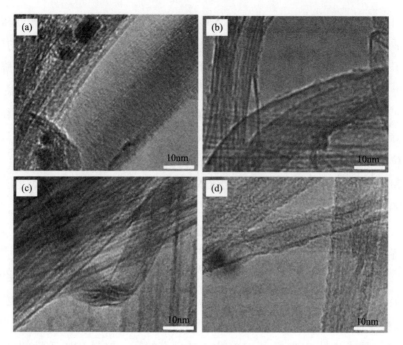

图 3.3　不同温度下合成 CNT 的 TEM 图[72]。（a）1200℃；（b）1300℃；（c）1400℃；（d）1500℃。

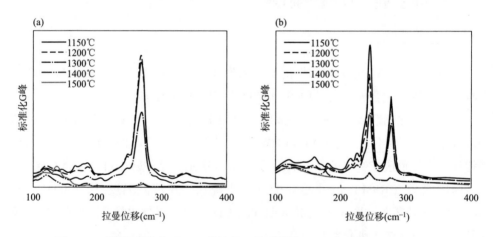

图 3.4　不同合成温度下 CNT 的拉曼 RBM 峰[72]。（a）514nm；（b）785nm。

　　从图 3.6 所示的拉曼光谱图可以看出，在较高合成温度下，D 峰有一明显的降低，这表明缺陷和石墨杂质的减少。考虑到高温下会生成大量的无定形杂质，应该显著提高 CNT 的质量以掩盖无定形杂质的影响。从 1150~1500℃，IG/ID 比值增加了 200% 以上，这表明在更高的温度下可以获得质量更好、缺陷更少的 CNT。

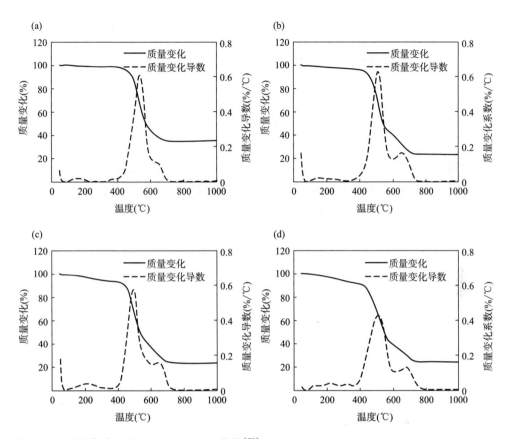

图 3.5　不同合成温度下 CNT 的 TGA 曲线[72]。（a）1200℃；（b）1300℃；（c）1400℃；
（d）1500℃。

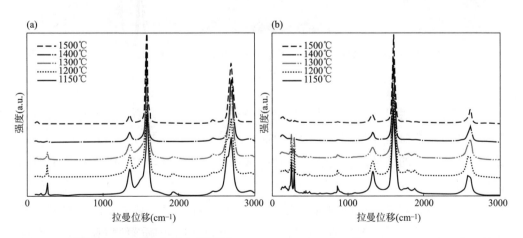

图 3.6　不同温度下样品的拉曼光谱图[72]。（a）514nm 归一化 G 峰；（b）785nm 归一化 G 峰。

3.3 CNT 的组装和纤维生产

通过浮动催化剂法合成的 CNT 可以转化为不同的宏观集合体，它们可以形成杂乱的实体，如在反应器壁或收集器上形成团簇或粉末[50]，或者由气溶胶形成的 CNT 以薄膜形式沉积在各种基板上[51]。与此同时，这些载气的 CNT 可以形成有组织的实体，如形成位于反应器内部基板上的 CNT 矩阵[23,38,40-41]。更重要的是，可以在相对较高的温度下形成气凝胶状的袜套结构，并可以轻松地将其制备成 CNT 纤维[37,52]。

3.3.1 CNT 袜套

CNT 袜套集合体是气凝胶状的多尺度分层结构，如图 3.7 所示。由于其高的长宽比，CNT 通过彼此接触而形成束。这些 CNT 束是袜套的基础，这些微米级的 CNT 网束如何缠结并形成厘米级的宏观结构是关键。

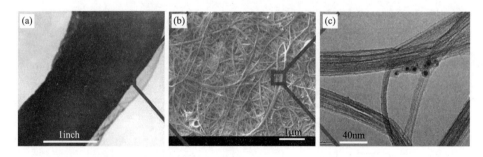

图 3.7　CNT 集合体的层级结构[13]。（a）厘米尺度袜套；（b）微米尺度 CNT 网；（c）纳米尺度束。

作用在 CNT 束上的一系列力使它们保持在一起。有研究者提出，袜套是由于热泳或惯性迁移而形成的，并且 CNT 可能在距管壁一定的距离处发生积聚[25]。热泳力是温度梯度的结果，并使 CNT 远离反应器壁。在空气动力学惯性迁移下的小颗粒可能会分离成环形区域，与 CNT 袜套的外壳非常相似[53]。其他的作用力如范德瓦耳斯力也可能提供一定的键合力[24,27,37]。Gspann 等[11] 认为，由于泊肃叶流动缓慢，靠近反应器的催化剂颗粒移动较慢，并可能因碰撞而使粒径变大。而且靠近反应器壁的催化剂颗粒因为有更长的滞留时间，因此该区域周围的 CNT 将会生长得更长。速度梯度将有助于部分 CNT 的连接和积聚，尤其是靠近反应器壁的 CNT 的连接和积聚。Blakrishnan 等[54] 研究发现，CNT 之间的机械耦合对于簇的自组装至关重要，并且还会导致 CNT 壁的形变和缺陷。我们通过控制原料类型、注入速率和载气流速研究了袜套的动力学特性，确定了对流涡流并建立了新的对流涡流驱动模型[55-56] 来解释袜套的形成，如图 3.8（a）所示。此外，我们还提出了一种用于研究袜套动力学的网壳结构模型，如图 3.8（b）所示，所提出的模型与实验结果很好地吻合。

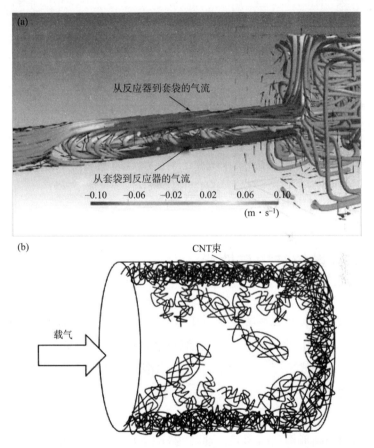

图 3.8　（a）对流涡流驱动的袜套成形模型；（b）袜套网壳结构模型[56]。

3.3.2　CNT 纤维

　　如图 3.9 所示，浮动催化剂方法制备的气凝胶状 CNT 袜套可以通过直接纺纱法[11,50]、水浴纺纱法[57] 或者旋转锚定纺纱法[26,58-59] 等形成 CNT 纤维。由于水不会润湿或渗透 CNT[31]，因此可在水浴中将袜套致密化为纤维，或者也将袜套直接缠绕在卷轴上来收集 CNT 薄片。

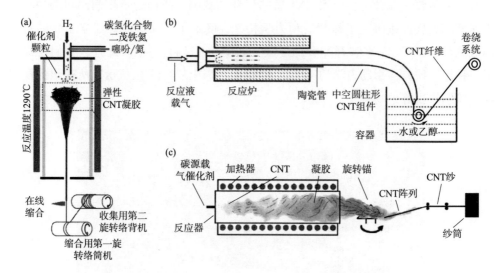

图 3.9　由袜套制备 CNT 纤维的方法。（a）直接纺纱法[11]；（b）水浴纺纱法[57]；（c）旋转锚定纺纱法[98]。

3.4　CNT 纤维的结构与性能

由于是快速卷绕，从直接纺纱技术中收集的 CNT 纤维具有更好的有序性、较小的直径和线密度（0.02~0.5tex），而通过旋转锚定法制得的 CNT 纱线具有最大且范围更广的直径和线密度（1~40tex）[60]，水浴纺纱法制备的 CNT 纤维具有中等的直径和线密度（0.1~1.0tex）。图 3.10 所示为三种纺纱方法制备的 CNT 纤维的代表性图片。

由于纤维的非圆形横截面形状，通过测量 CNT 纤维直径可能会引入高达五分之一的误差[22]。通过 FIB 切割进行横截面积测量并直接从 SEM 图进行计算可以提高测量精度，但会耗费大量的时间。鉴于这一困难，Windle 研究小组建议以 N/tex 表示的比应力作为轴向应力，这正好等于以 $GPa/(g/cm^3)$ 为单位的应力/密度之比[17]。断裂时的比应力在纺织工业中被称为纤维的韧性，该数据仅需要测量纤维的线密度（tex）和断裂载荷（N）即可。

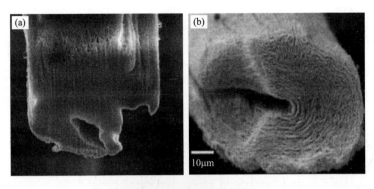

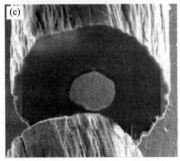

图 3.10　不同纺纱方法制备的 CNT 纤维。(a) 直接纺纱法[22]；(b) 水浴纺纱法[37]；(c) 旋转锚定纺纱法[71]。

　　纳米尺度的 CNT 通常可自组装成中尺度的 CNT 束，中尺度 CNT 束是用于形成宏观纤维和片材的桥接单元。直接将纳米尺度 CNT 的结构与宏观纤维和片材的性能关联是具有挑战性的。在一项研究中发现，CNT 纤维的拉伸强度并不取决于单个 CNT 的直径和管壁数量[48]，这可能是由于 CNT 束承受负载的能力主要受长度影响而不是受单个 CNT 的直径。因此，为了评估 CNT 宏观材料的性能，使用 CNT 束的特性来表征，而不是单个的 CNT。有研究者提出，较少管壁数量、较大直径的 CNT 在某些条件下会发生自塌陷，这将增加 CNT 之间的接触面积和载荷转移，从而提高 CNT 束的强度[52,61]。通常认为更长的 CNT 或者束结构可以增大断裂强度和断裂伸长率[61-62]。第 7 章和第 8 章详细讨论了 CNT 纤维的结构力学性能。

　　CNT 纤维中的轴向应力会受到通过界面剪切的相邻 CNT 束之间应力传递的限制[34,61]。CNT 纤维的强度通常也受到 CNT 网间相互作用力的影响。因此，CNT 纤维的强度会受到束长度、束之间的静摩擦系数以及表面接触面积等因素的影响[61]。在拉伸测试中，在较长标距下测得的纱线强度较低，有关纤维强度的变化将在第 7

章进行讨论。

　　纤维拉伸强度随纤维细度的降低而降低[60]，如图 3.11 所示，这与通过 CNT 簇干法纺纱是一致的（参见第 7 章）。如果继续最大限度地降低纤维的细度和直径，那么最终可得到具有极高强度的单个 CNT。因此，为使其有可比性，在报告纤维强度时应将细度因素包含在内。

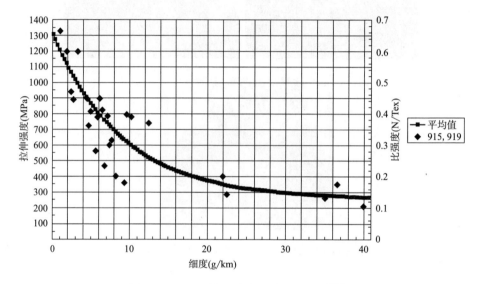

图 3.11　CNT 纤维强度与细度对应关系[60]。

　　位于束表面上的碳质涂层和杂质可通过束间的黏合以增强其拉伸强度和刚度。尽管大的杂质会降低 CNT 束的有序性，但是仍然具有类似的强度增强效果，特别是在较短的测量标距下[21,62]。较少的杂质可改善 CNT 纤维的刚度[11]。

　　CNT 束的排列整齐度会显著影响其力学性能。增大卷绕速率可使排列整齐度提高[22,48,52]。与 8m/min 的卷绕速度相比，55m/min 的更高卷绕速度使纤维的拉伸强度从 0.3N/tex 增至 1N/tex，模量从 5N/tex 增至 40N/tex（图 3.12）。这种增加超出了仅由于纤维线密度降低而产生的预期效果。卷绕速度的增加伴随着气相中 CNT 浓度的降低，从而减少了 CNT 的缠结[48]。另一项研究表明，随着卷绕速度从 5m/min 增加到 20m/min，纤维的拉伸强度和模量分别从 0.5N/tex 和 2N/tex 增加到 10N/tex 和 80N/tex[52]。改进的 CNT 排列整齐度和更细的纤维都有助于纤维强度的大幅提高。Gapann 等[62] 对取向度对纱线强度的影响进行了建模，研究表明与取向较差且存在无定形碳质涂层和杂质簇的 CNT 纤维相比，取向度高的束对剪切应力的传递效率低。

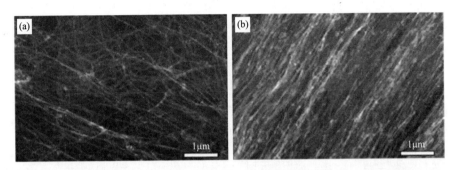

图 3.12　不同卷绕速率下 CNT 纤维的取向[48]。（a）卷绕速率 8m/min；（b）卷绕速率 55m/min。

致密化可以改善 CNT 纤维和片材的性能。丙酮喷涂可致密化 CNT 束，改善束的排列并增强其填充效果[63]。Aleman 等[48] 的研究表明，尽管喷涂丙酮可以使纤维直径减小至 1/11，但所得纤维的排列、电阻和比拉伸强度几乎保持不变。他们由此得出结论，适度的致密化无法使 CNT 束足够紧密以改善电荷和转移负载。而拉伸和旋转等后处理方法，也常用于提供更强的致密化效果，拉伸有助于提高整齐度并增强材料的各向异性[64-65]。

Schauer 等[26] 使用 N-甲基-2-吡咯烷酮（NMP）作为润滑剂的辊式拉伸机进行实验，结果表明 CNT 纤维强度从 1.2GPa 提高到 2.2GPa。Wang 等[57] 报道，通过加压罗拉处理，纤维的机械强度和电导率提高了一个数量级以上。尽管相关的报道改进较少（2%~5%）[9,22,52,62]，但是大应变拉伸（10%~20%）常用于处理浮动催化剂法生产的 CNT 纤维[29-30,48]。

较高强度的纤维通常对应较低的断裂应变，因此折中的工艺可以获得最佳的纤维韧性[48,63]。强度和应变之间这种看似矛盾的关系可以用纤维的密度和紧实度予以解释。

对于电学性能，CNT 宏观实体中杂质和缺陷的存在会引起电子散射和接触电阻，而 CNT 排列不充分则会导致接触电阻增加。CNT 束间的连接是 CNT 丝线中导电路径的关键组成部分[31]，其分离和破坏将导致电导率的降低。杂质对 CNT 丝线导电性有不利影响。Schauer 等[26] 发现经过酸纯化处理可以将 CNT 纤维的电导率从 0.36×10^4S/cm 提高到 0.8×10^4 S/cm。某些采用浮动催化剂法制备的 CNT 纤维具有类似金属的行为，电阻随温度的增加而增加，其电阻温度系数为正的 4×10^{-4}/K[32]。相比之下，常规碳纤维显示出的电阻随温度的降低而降低，其电阻温度系数为负的 4×10^{-4}/K。Terrones 等[31] 关于极性液体中的 CNT 纤维的研究发现，电荷在开放的结点处积累而产生的静电力使束更紧密，甚至使结点闭合，从而增加了电导率。

表 3.1 列出了通过浮动催化剂法制备 CNT 纤维的典型性能。

表 3.1   浮动催化剂法制备 CNT 纤维的典型性能

线密度 （tex）	比强度 （N/tex）	拉伸强度 （GPa）	电导率 （10^6S/m）	直径 （μm）	测量 （mm）	表观密度 （g/cm³）	纺丝方法	参考文献
0.02~0.1	0.8~2	—	0.7~0.8	7	20	1.0	直接纺	[11,30,45, 52,63,66]
0.05~0.5	1.2~2.2	—	—	2~20	—	1.0	直接纺	[9]
0.11~0.92	0.2~0.75	0.4~1.25	0.5	10~150	10	—	水浴法纺	[37]
—	—	3.3~4.2	2.24		20	1.3~1.8	水浴法纺	[57]
0.83~2.09	0.44~0.65ᵃ	0.25~0.28	0.3	50~190	50	0.38~0.64	旋转锚	[58]
1.4~3.8	0.9	—	0.36	57.3	3.2	—	旋转锚	[19,67]
1~2.5	0.84	0.8~1.3	—	50	4.8	—	旋转锚	[68~70]
1.3~10	0.45~0.5	—	0.19~0.22	—	—	—	旋转锚	[71]

a 按原始文章数据估算。

3.5   总结与展望

在本章中，对浮动催化剂法制备 CNT 纤维进行了综述。为了生产更高性能的纤维，关键是通过优化合成参数来生产高质量的 CNT。这些单独的 CNT 为最终的 CNT 纤维奠定了基础。在当前制备流程中，质量和产量之间存在一个平衡。参数的优化和对加工机理的进一步了解将有助于材料的优化和商业化。纤维内部 CNT 之间的相互作用在最终纤维的性能中起着重要的影响。致密化的纤维结构将有利于提高 CNT 纤维性能。进一步的致密化可以通过后处理方法实现。浮动催化剂法制备 CNT 纤维为扩大纳米材料的生产提供了潜在的方案。需要结合单个 CNT 结构的改进、组装方法以及后处理工艺来进一步改善 CNT 纤维的性能。

致谢

本研究得到美国海军研究局（ONR）N00014-15-1-2473；美国 NSF 工程研究

中心（ERC）EEC-0812348；UCTAC 种子资助 ESP TECH 15-0160；辛辛那提大学教育与研究中心针对性研究培训计划（UC ERC-TRT 计划）；水环境与再利用基金会；美国 NSF 资助的工业-大学研究中心（I /UCRC）智能维护系统中心（IMS）的广泛支持。

参考文献

[1] S. Iijima, Helical microtubules of graphitic carbon, Nature 354（1991）56-58.

[2] A. Oberlin, M. Endo, T. Koyama, Filamentous growth of carbon through benzene decomposition, J. Cryst. Growth 32（1976）335-349.

[3] H. P. Boehm, Carbon from carbon monoxide disproportionation on nickel and iron catalysts: morphological studies and possible growth mechanisms, Carbon 11（1973）583-590.

[4] M. Monthioux, V. L. Kuznetsov, Who should be given the credit for the discovery of carbon nanotubes?, Carbon 44（2006）1621-1623.

[5] A. J. Hart, Chemical, Mechanical, and Thermal Control of Substrate-Bound Carbon Nanotube Growth, 68, 2006.

[6] C. Paukner, K. K. K. Koziol, Ultra-pure single wall carbon nanotube fibres continuously spun without promoter, Sci. Rep. 4（2014）3903.

[7] W. Ren, F. Li, S. Bai, et al. , The effect of sulfur on the structure of carbon nanotubes produced by a floating catalyst method, J. Nanosci. Nanotechnol. 6（2006）1339-1345.

[8] V. Reguero, B. Alemán, B. Mas, et al. , Controlling carbon nanotube type in macroscopic fibers synthesized by the direct spinning process, Chem. Mater. 26（2014）3550-3557.

[9] M. Motta, A. Moisala, I. A. Kinloch, et al. , High performance fibres from "dog bone" carbon nanotubes, Adv. Mater. 19（2007）3721-3726.

[10] K. H. Lee, S. H. Lee, J. Park, et al. , Synthesis of high-quality carbon nanotube fibers by controlling the effects of sulfur on the catalyst agglomeration during the direct spinning process, RSC Adv. （2015）41894-41900.

[11] T. Gspann, F. Smail, A. Windle, Spinning of carbon nanotube fibres using

the floating catalyst high temperature route: purity issues and the critical role of sulphur, Faraday Discuss. 173 (2014) 2-7.

[12] Y. -L. Li, K. I a, A. H. Windle, Direct spinning of carbon nanotube fibers from chemical vapor deposition synthesis, Science 304 (2004) 276-278.

[13] Y. L. Li, L. H. Zhang, X. H. Zhong, et al., Synthesis of high purity single-walled carbon nanotubes from ethanol by catalytic gas flow CVD reactions, Nanotechnology 18 (2007) 225604.

[14] M. Motta, I. Kinloch, A. Moisala, et al., The parameter space for the direct spinning of fibres and films of carbon nanotubes, Phys. E 37 (2007) 40-43.

[15] M. Motta, Y. L. Li, I. A. Kinloch, et al., Mechanical properties of continuously spun fibers of carbon nanotubes, Nano Lett. 5 (2005) 1529-1533.

[16] Z. Li, Z. Liu, H. Sun, et al., Superstructured assembly of nanocarbons: fullerenes, nanotubes, and graphene, Chem. Rev. (2015).

[17] J. J. Vilatela, A. H. Windle, Yarn-like carbon nanotube fibers, Adv. Mater. 22 (2010) 4959-4963.

[18] J. Benson, I. Kovalenko, S. Boukhalfa, et al., Multifunctional CNT-polymer composites for ultra-tough structural supercapacitors and desalination devices, Adv. Mater. 25 (2013) 6625-6632.

[19] A. S. Wu, X. Nie, M. C. Hudspeth, et al., Strain rate-dependent tensile properties and dynamic electromechanical response of carbon nanotube fibers, Carbon 50 (2012) 3876-3881.

[20] Z. P. Wu, X. L. Huang, B. Li, et al., Strong carbon nanotube macro-films with retained deformability at fairly low temperatures, Phys. E 47 (2013) 285-289.

[21] P. Davies, P. Papakonstantinou, N. Martin, et al., Synthesis in gas and liquid phase: general discussion, Faraday Discuss. 173 (2014) 115- 135.

[22] T. S. Gspann, S. M. Juckes, J. F. Niven, et al., High thermal conductivities of carbon nanotube filmsand micro-fibres and their dependence on morphology, Carbon 114 (2016) 160-168.

[23] Q. Zhang, J. Q. Huang, M. Q. Zhao, et al., Modulating the diameter of carbon nanotubes in array form via floating catalyst chemical vapor deposition, Appl. Phys. A Mater. Sci. Process. 94 (2009) 853-860.

[24] X. H. Zhong, Y. L. Li, J. M. Feng, et al., Fabrication of a multifunctional

carbon nanotube "cotton" yarn by the direct chemical vapor deposition spinning process, Nanoscale 4 (2012) 5614.

[25] D. Conroy, A. Moisala, S. Cardoso, et al., Carbon nanotube reactor: ferrocene decomposition, iron particle growth, nanotube aggregation and scale-up, Chem. Eng. Sci. 65 (2010) 2965-2977.

[26] M. W. Schauer, D. S. Lashmore, D. J. Lewis, et al., Strength and electrical conductivity of carbon nanotube yarns, Mater. Res. 1258 (2010).

[27] J. Chaffee, D. Lashmore, D. Lewis, et al., Direct synthesis of CNT yarns and sheets. Nsti Nanotech 2008, Tech. Proc. 3 (2008) 118-121.

[28] Z. P. Wu, J. N. Wang, J. Ma, Methanol-mediated growth of carbon nanotubes, Carbon 47 (2009) 324-327.

[29] B. Mas, B. Alemán, I. Dopico, et al., Group 16 elements control the synthesis of continuous fibers of carbon nanotubes, Carbon 101 (2016) 458-464.

[30] E. Senokos, V. Reguero, J. Palma, et al., Macroscopic fibres of CNT as electrodes for multifunctional electric double layer capacitors: from quantum capacitance to device performance, Nanoscale (2016).

[31] J. Qiu, J. Terrones, J. J. Vilatela, et al., Liquid infiltration into carbon nanotube fibers: effect on structure and electrical properties, ACS Nano (2013) 8412-8422.

[32] J. Terrones, E. J a, J. J. Vilatela, et al., Electric field-modulated non-ohmic behavior of carbon nanotube fibers in polar liquids, ACS Nano (2014) 8497-8504.

[33] R. M. Sundaram, K. K. K. Koziol, A. H. Windle, Continuous direct spinning of fibers of single-walled carbon nanotubes with metallic chirality, Adv. Mater. 23 (2011) 5064-5068.

[34] J. J. Vilatela, A. H. Windle, A multifunctional yarn made of carbon nanotubes, J. Eng. Fibers Fabrics 7 (2012) 23-28.

[35] C. Hoecker, F. Smail, M. Bajada, et al., Catalyst nanoparticle growth dynamics and their influence on product morphology in a CVD process for continuous carbon nanotube synthesis, Carbon (2015).

[36] A. G. Nasibulin, P. V. Pikhitsa, H. Jiang, et al., Correlation between catalyst particle and single-walled carbon nanotube diameters, Carbon 43 (2005) 2251-2257.

[37] X. H. Zhong, Y. L. Li, Y. K. Liu, et al., Continuous multilayered carbon

nanotube yarns, Adv. Mater. 22 (2010) 692-696.

［38］K. K. K. Koziol, C. Ducati, A. H. Windle, Carbon nanotubes with catalyst controlled chiral angle, Chem. Mater. 22 (2010) 4904-4911.

［39］A. Morelos-Gómez, M. Fujishige, S. Magdalena Vega-Díaz, et al., High electrical conductivity of double-walled carbon nanotube fibers by hydrogen peroxide treatments, J. Mater. Chem. A 4 (2016) 74-82.

［40］S. W. Pattinson, K. Prehn, I. A. Kinloch, et al., The life and death of carbon nanotubes, RSC Adv. 2 (2012) 2909.

［41］C. Singh, M. S. P. Shaffer, A. H. Windle, Production of controlled architectures of aligned carbon nanotubes by an injection chemical vapour deposition method, Carbon 41 (2003) 359-368.

［42］M. Endo, Grow carbon fibers in the vapor phase, Chemtech 18 (1988) 568-576.

［43］A. Windle, Carbon nanotube fibres: science and technology transfer, in: A. Misra, J. R. Bellare (Eds.), Nanoscience and Technology for Mankind, The National Academy of Sciences, India, 2014.

［44］B. Alemán, M. M. Bernal, B. Mas, et al., Inherent predominance of high chiral angle metallic carbon nanotubes in continuous fibers grown from molten catalyst, Nanoscale (2016).

［45］K. L. Stano, K. Koziol, M. Pick, et al., Direct spinning of carbon nanotube fibres from liquid feedstock, Int. J. Mater. Form. 1 (2008) 59-62.

［46］M. S. Motta, A. Moisala, I. A. Kinloch, et al., The role of sulphur in the synthesis of carbon nanotubes by chemical vapour deposition at high temperatures, J. Nanosci. Nanotechnol. 8 (2008) 2442-2449.

［47］Y. Alinejad, A. Shahverdi, N. Faucheux, et al., Synthesis of single-walled carbon nanotubes using induction thermal plasma technology with different catalysts: thermodynamic and experimental studies, J. Phys. Conf. Ser. 406 (2012) 012019.

［48］B. Alemán, V. Reguero, B. Mas, et al., Strong carbon nanotube fibers by drawing inspiration from polymer fiber spinning, ACS Nano (2015).

［49］W. Ren, F. Li, H. M. Cheng, Evidence for, and an understanding of, the initial nucleation of carbon nanotubes produced by a floating catalyst method, J. Phys. Chem. B 110 (2006) 16941-16946.

［50］ H. W. Zhu, C. L. Xu, D. H. Wu, et al. , Direct synthesis of long single-walled carbon nanotube strands, Science 296（2002）884-886.

［51］ A. Kaskela, P. Laiho, N. Fukaya, et al. , Highly individual SWCNTs for high performance thin film electronics, Carbon 103（2016）228-234.

［52］ K. Koziol, J. Vilatela, A. Moisala, et al. , Highperformance carbon nanotube fiber, Science 318（2007）1892-1895.

［53］ J. P. Matas, J. F. Morris, É. Guazzelli, Inertial migration of rigid spherical particles in Poiseuille flow, J. Fluid Mech. 515（2004）171-195.

［54］ V. Balakrishnan, M. Bedewy, E. R. Meshot, et al. , Real-time imaging of self-organization and mechanical competition in carbon nanotube forest growth, ACS Nano 10（2016）11496-11504.

［55］ G. Hou, V. Ng, Y. Song, et al. , Numerical and experimental investigation of carbon nanotube sock formation, MRS Adv.（2016）1-6.

［56］ G. Hou, R. Su, A. Wang, et al. , The effect of a convection vortex on sock formation in the floating catalyst method for carbon nanotube synthesis, Carbon 102（2016）513-519.

［57］ J. N. Wang, X. G. Luo, T. Wu, et al. , High-strength carbon nanotube fibre-like ribbon with high ductility and high electrical conductivity, Nat. Commun. 5（2014）3848.

［58］ H. E. Misak, S. Mall, Electrical conductivity, strength and microstructure of carbon nanotube multi-yarns, Mater. Des. 75（2015）76-84.

［59］ D. Lashmore, B. White, M. Schauer, et al. , Synthesis and electronic properties SWCNT sheets, in: Materials Research Society Symposium Proceedings, 2008.

［60］ M. W. Schauer, D. Lashmore, B. White, Synthesis and properties of carbon nanotube yarns and textiles, in: MRS Proceedings, 2008.

［61］ J. J. Vilatela, J. A. Elliott, A. H. Windle, A model for the strength of yarn-like carbon nanotube fibers, ACS Nano 5（2011）1921-1927.

［62］ T. S. Gspann, N. Montinaro, A. Pantano, et al. , Mechanical properties of carbon nanotube fibres: StVenant's principle at the limit and the role of imperfections, Carbon 93（2015）1021-1033.

［63］ A. Mikhalchan, T. Gspann, A. Windle, Aligned carbon nanotube-epoxy composites: the effect of nanotube organization on strength, stiffness, and toughness,

J. Mater. Sci. 51（2016）10005-10025.

［64］E. Cimpoiasu, D. Lashmore, B. White, et al., Anisotropic magnetoresistance of stretched sheets of carbon nanotubes, in: MRS Proceedings, 2012.

［65］E. Cimpoiasu, V. Sandu, G. A. Levin, et al., Angular magnetoresistance of stretched carbon nanotube sheets, J. Appl. Phys. 111（2012）.

［66］A. Windle, Carbon Materials Comprising Carbon Nanotubes and Methods of Making Carbon Nanotubes, 2013.

［67］A. S. Wu, T. W. Chou, J. W. Gillespie, et al., Electromechanical response and failure behaviour of aerogel-spun carbon nanotubefibres under tensile loading, J. Mater. Chem. 22（2012）6792.

［68］F. A. Hill, T. F. Havel, D. Lashmore, et al., Powering electric systems using carbon nanotube springs, in: PowerMEMS 2011, 2011.

［69］D. S. Lashmore, C. Jared, S. Mark, Injector Apparatus and Methods for Production of Nanostructures. US 2009/0117025 A1, 2009.

［70］F. A. Hill, T. F. Havel, D. Lashmore, et al., Storing energy and powering small systems with mechanical springs made of carbon nanotube yarn, Energy 76（2014）318-325.

［71］M. W. Schauer, M. A. White, Tailoring industrial scale CNT production to specialty markets, in: MRS Proceedings, 2015.

拓展阅读

［72］G. Hou, D. Chauhan, V. Ng, et al., Gas phase pyrolysis synthesis of carbon nanotubes at high temperature. Mater. Des. 132（2017）112-118.

［73］G. Hou, V. Ng, C. Xu, et al., Multiscale modeling of carbon nanotube bundle agglomeration inside a gas phase pyrolysis reactor. MRS Adv.（2017）1-6.

第4章 溶液法纺制碳纳米管纤维

Menghe Miao

澳大利亚联邦科学与工业研究组织，吉朗，维多利亚州，澳大利亚

4.1 引言

在再生和合成纺织纤维的生产中，聚合物材料首先被转化为流体状态再通过喷丝板挤出而成连续的纤维束。聚合物纤维的生产可以使用多种挤出技术，如人们所熟知的湿法纺丝、干法纺丝、熔融纺丝、凝胶纺丝以及静电纺丝等。在湿法纺丝中，聚合物溶解在溶剂中制成纺丝液而进行纺丝。通常，将喷丝头浸入化学凝固浴中，丝条从喷丝头中挤出时发生固化而形成纤维。

在第2章和第3章中讨论的实心纺CNT纤维和纱线要求CNT以特定方式组织排列，或以垂直阵列（簇）的形式排列以便于被拉伸而形成一连续的CNT纤维网，或以一个连续的流动方式直接从CNT合成炉中拉出。但是这些方法都不太适合于化学过程，并限制了工艺和材料的优化选择。理想的方式是可以由CNT生产CNT纤维而不受特定组织形式的限制。这样，CNT就可以根据其所需的特性而不是纤维的组织结构进行优化。比如，利用聚合物生产纺织纤维时，其聚合物的合成和纤维的挤出是两个相互独立的过程。

由于CNT间强大的范德瓦耳斯力，CNT倾向于形成束而不是溶解。对于CNT复合纤维和纯CNT纤维纺丝方法的探讨已有较多的研究[1-2]，很显然，熔融纺丝法仅适用于含CNT的热塑性复合纤维，而不适用于纯CNT纤维纺丝。

本章简要介绍从悬浮或溶解在溶剂中的CNT纺制出近乎纯CNT纤维的方法，称为湿法纺丝或溶液纺丝。在溶液中不能控制CNT的排列，除非它们在分子水平上分散，即单纳米管水平。生产纯CNT纤维的一个主要挑战是能否以足够高的浓度对CNT进行分散，以实现有效排列和有效凝固[3]。CNT基纤维的溶液纺丝是基于CNT分散体在表面活性剂溶液、超强酸或其他溶剂中的稳定分散。

4.2 基于表面活性剂的溶液纺丝

2000 年，Vigolo 等[4] 报道了一种将 CNT 聚集成长条带状和纤维的凝固纺丝方法。如图 4.1 所示，SWNT 在十二烷基硫酸钠（SDS）的水溶液中进行超声处理，SDS 是一种表面活性剂，可吸附在纳米管束的表面并稳定纳米管免受范德瓦耳斯力的影响。表面活性剂在单个 CNT 周围形成胶束结构，由于其周围的表面活性剂分子可以阻止 CNT 再次聚集在一起，因此表面活性剂的存在成为纳米管动力学分布稳定的主要原因。

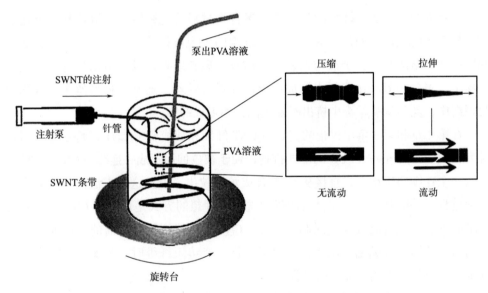

图 4.1 用表面活性剂分散 SWNT 并凝固成纤维的旋转浴示意图[2]。

在合适的 SDS 浓度下，SWNT 均匀分散并形成黏度类似于纯水的单相溶液。研究发现，最佳的浓度配比约为 0.35%（质量分数）的纳米管和 1.0%（质量分数）的 SDS，该浓度对应于可实现均匀分散的最大数量的 SWNT。

含稳定表面活性剂的 SWNT 悬浮液通过圆柱形喷丝头注入聚乙烯醇（PVA）溶液（质量分数 5%）中，通过桥接絮凝诱导纳米管凝固。最终可获得网孔状物，将其用纯水洗涤数次以去除大部分的表面活性剂和聚合物。将网孔状物从水中拉出并收缩形成致密的纳米管纤维网，该纤维结构使其在干燥时具有毛细管效应。

X 射线衍射分析表明，纤维由 SWCNT 束、PVA 大分子链、石墨物体和催化剂颗粒组成。纳米管、石墨物体和催化剂来自原始纳米管的合成，而 PVA 大分子链是在加工过程中被吸附到纳米管束上而引入的。所得目标 CNT 纤维的直径从几微米到 100μm 各不相等，具体取决于加工条件，如注射泵针头的直径、注射溶液以及共流聚合物溶液的流速。

所得纤维的拉伸强度和杨氏模量分别约为 300MPa 和 40GPa。纤维室温下的电导率约为 10S/cm，而且当温度降低时还会观察到其具有一定的非金属行为。类似于热拉伸的后处理，可以通过强化纳米管的有序化排列来提高 CNT 纤维的力学性能。

Vigolo 等[5] 应用拉伸处理来改善纤维中 SWNT 的排列。纤维被重新润湿、溶胀，并且在纤维末端附加重物在拉伸载荷下干燥。一旦纤维再次被润湿和溶胀，它们可以被拉伸至 160%。纳米管的排列通过 X 射线衍射分析和方位角强度分布的半峰全宽（FWHM）进行表征。一个较小的 FWHM 值表示 CNT 具有较高程度的有序性。FWHM 从原纤维的 75°~80°变化到拉伸纤维小于 50°的值，表明拉伸处理后 SWNTs 取向发生实质性改善。SWNTs 取向的改善，使其杨氏模量增大，最高可达 40GPa，此外，纤维的拉伸强度也有显著的提高。

Badaire 等[6] 研究了拉伸和热处理对 Vigolo 纺丝法制备的 SWNT 纤维性能的影响。将纤维进行干燥，在拉伸载荷下再润湿，之后再干燥以改善纤维内纳米管的排列。将纤维在 1000℃下的氢气中进行退火以去除 PVA 聚合物，从 X 射线衍射测量的 FWHM 值看，其值从原纤维的 27.5°下降到拉伸纤维的 14.5°。CNT 经有序排列后，无论是纯纤维还是复合纤维的导电和导热率均得到改善。然而，由于进一步排列而实现的相对改善是有限的，对于具有相同化学性质的纤维来说，导电性提高了 3~4 倍。与此形成鲜明对比的是，对纤维进行热处理以去除绝缘聚合物可使纯纳米管纤维的电导率显著增加几个数量级。

Dalton 等[7-9] 对 Vigolo 等最初使用的纺丝方法进行了改善，制备出纳米管凝胶纤维，然后将其转化为 100m 长的固体纳米管复合纤维。十二烷基硫酸锂（LDS）用作制备 CNT 溶液的表面活性剂。将该溶液注入含有流动 PVA 凝固溶液的圆柱管中心，制得含有约 60%（质量分数）SWNT 和 40%（质量分数）PVA、直径约 50μm 的纤维，这些纤维显示出高达 1.8GPa 的拉伸强度和 80GPa 的杨氏模量。尽管 CNT 纤维中的 PVA 大分子链提高了 CNT 之间的载荷转移效率，并提高了纤维的力学性能，但由于较高浓度 PVA 的加入也导致了纤维导电率和导热率的降低。

Kozlov 等[10] 介绍了另一种基于凝固法的湿法纺丝工艺，该工艺产生了不含聚合物的 CNT 纤维。类似于 Vigolo 等[4] 使用的基于聚合物的凝固纺丝方法，该不含聚合物的纺丝工艺使用稀释的、低黏度的 CNT 分散体（质量分数约 0.6% 或者更低的 SWNT 含量）。所使用的纺丝溶液与 Dalton 等[7] 用于纺制 SWNT/PVA 复合纤维所用的 LDS 稳定水分散体基本相同。使用喇叭声波器将 0.6%（质量分数）的 HiPco SWNT 分散在含有 1.2% 的 LDS 表面活性剂的水溶液中。将这种纺丝溶液注入含有 37% 盐酸并以 33r/min 的转速旋转的凝固浴中，纺丝溶液中的纳米管絮凝物凝固形成凝胶纤维，并出现在凝固浴中非常靠近纺丝溶液和酸溶液的接触面上。将该凝胶纤维（含有 90% 的可挥发性液体）在甲醇中洗涤以除去其中的盐酸。然后将纤维从洗涤槽中拉出，在框架上拉伸并在张力拉伸下进行干燥。之后将纤维再在 1000℃ 下的氩气中进行热处理以去除可能残留的杂质，最终获得纯 SWNT 纤维。该纤维的力学性能相对较低，比断裂应力为 65MPa/(g/cm^3)，杨氏模量为 12GPa/(g/cm^3)，断裂应变约为 1%，但其电导率为 140S/cm，远高于 Dalton 等[8-9] 制备的 SWNT-PVA 复合纤维。

4.3　酸溶液纺丝

类似于发烟硫酸一类的强酸常常用于由棒状聚合物组成的高性能合成纤维的商业化生产。SWNT 在其溶解于超强酸中时表现为刚性棒状[3]。酸性溶剂具有能够形成高浓度 SWNT 晶溶液的独特能力（图 4.2）。SWNT 粒子在超强酸中的质子化使它们能够以高浓度分散，比在表面活性剂或有机溶剂中达到的典型浓度高一个数量级以上[11]，而且质子化过程也是完全可逆的。在足够高的浓度（大于质量分数 4%）下，SWNT 聚结并形成有序的结构域，类似于向列相液晶棒状聚合物。随之而来的静电排斥力抵消了 CNT 之间的范德瓦耳斯相互吸引作用力。

Ericson 等[3] 在氮气保护的干燥箱、102% 硫酸（质量分数 2% 过量 SO_3）中制备出了质量分数为 8% 的纯 SWNT 分散体。该混合物经手动混合后通过不锈钢注射泵转移到混合设备中。广泛的混合是通过两个交替的气动活塞来完成的，这两个活塞推动 SWNT 掺杂物在真空外壳内的主动旋转剪切室来回移动。当黏度达到稳定状态时，将 SWNT 材料通过一个小毛细管（直径 <125μm）挤出到凝固浴（乙醚、5% 硫酸或水）中，形成连续长度的纯 SWNT 纤维。水凝固化纤维在 100℃ 的真空烘箱中干燥，然后在 1 个大气压和 850℃ 的 H_2/Ar（1∶1）流中热处理 1h。纤维在

1100℃真空中进一步退火（热处理）制得直径约 50μm 的纯纤维。纯 SWNT 纤维杨氏模量为（120±10）GPa 和拉伸强度为（116±10）MPa。由于纯 SWCNT 纤维不含聚合物，因此它们的电导率和导热系数非常高，分别达到 500S/cm 和 21W/(m·K)。

图 4.2　质量分数为 8%的 SWNT 溶解于硫酸中的交叉极性（分别旋转 0°和 45°）显微图像，显示了晶溶液的典型双折射结构[2]。

改善 SWNT 排列并因此改善纤维性能的一个关键参数是挤出孔的剪切速率。对于某给定的挤出速率，剪切速率与孔口直径的立方成正比。随着直径从 500μm 减小到 125μm，由于 CNT 有序排列的增加，纤维的导热系数和电导率都增加。由于酸的引入，初纺纤维具有较低的电阻率和较低的模量。在 850℃下的惰性气体中对纤维进行退火（热处理）能够提高其模量，同时纤维的电阻率可提高一个数量级[12]。

Behabtu 等[13] 报道了应用单孔和 19 孔喷丝板通过高通量湿法纺丝从高质量块状生长的 CNT 生产超高导电性的 CNT 纤维的方法。湿法纺丝工艺与用于生产高性能工业聚合物纤维的工艺基本相同，CNT 从单壁到 5 壁（直径 2~6nm），长度从 3μm 增加到 11μm。将块状生长的 2%~6%（质量分数）的 CNT 溶解在氯磺酸（CSA）中并过滤以形成可纺的液晶聚合物，该混合物通过 65~130μm 直径的喷丝头挤出到丙酮或水的凝固浴中以除去酸，其后将成形长丝收集到卷绕滚筒上。滚筒的线速度高于喷丝头出口处的纺丝速度，通过纤维的连续拉伸和张紧来提供 CNT 较高的有序排列，之后纤维进一步在水中洗涤并在 115℃的烘箱中进行干燥。这些 CNT 纤维的平均拉伸强度、杨氏模量和断裂伸长率分别为（1.0±0.2）GPa、（120±50）GPa 和 1.4%±0.5%。CNT 长度、长径比以及纯度是提高其强度的关键，管壁的数量越多，纤维的比强度越低。由于使用的 CNT 长度较短，酸溶液纺丝纤维的强度要低于凝固纺丝法获得的 CNT 纤维。较高的模量主要归因于所得纤维中高的 CNT 取向，如图 4.3 所示。

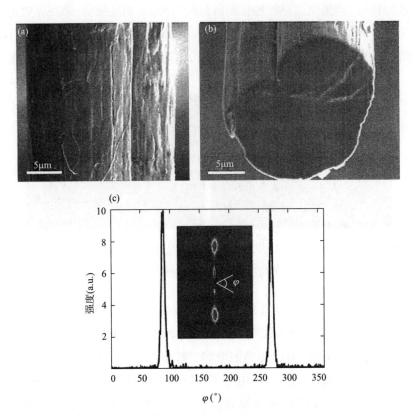

图 4.3　（a）CNT 纤维表面；（b）纤维横截面的 SEM 图；（c）纤维 WAXD 方位角扫描图，显示
6.3°的 FWHM 对应于 0.996 赫尔曼取向因子[14]。

酸溶液纺丝法纺制的 CNT 纤维最突出的特性是它们比凝固法纺丝获得的 CNT
纤维具有更高的导电率和导热率。酸溶液纺丝纤维在室温下的平均电导率为（2.9±
0.3）MS/m［电阻率为（35±3）μohm cm］。使用约 1.5mm 长的纤维样品以
3-omega 方法测量的平均导热系数为（380±15）W/（m·K）。通过加入碘可以使
电导率提高到（5±0.5）MS/m［电阻率为（22±4）μohm cm］，导热系数提高到
635W/（m·K）。

4.4　备选湿法纺丝路线

Zhang 等[15] 报道了一种使用乙二醇代替超强酸生产纯 MWNT 纤维的湿法纺丝

方法，乙二醇常在工业上用作制造聚酯纤维的原料。将 CNT 分散在乙二醇中形成液晶分散体，然后挤出到乙醚浴中。进入乙醚浴后，乙二醇迅速从挤出的 CNT 纤维中扩散进入到乙醚中，乙醚逆向扩散进入到纤维中，然后将醚溶胀的纤维在 280℃下加热以除去所有残留的乙二醇。由于剪切力和液晶相的结合，发现这些纤维内的纳米管高度有序。该法所得 MWNT 纤维具有 80S/cm 的高电导率、（69±41）GPa 的低杨氏模量和（0.15±0.06）GPa 的低强度。

参考文献

［1］ W. Lu, M. Zu, J.-H. Byun, et al., State of the art of carbon nanotube fibers: opportunities and challenges, Adv. Macer. 24 (14) (2012) 1805–1833.

［2］ N. Behabtua, M. J. Greena, M. Pasquali, Review: carbon nanotube-based neat fibers, Nano Today 3 (5–6) (2008) 24–34.

［3］ L. M. Ericson, H. Fan, H. Peng, et al., Macroscopic, neat, single-walled carbon nanotube fibers, Science 305 (5689) (2004) 1447–1450.

［4］ B. Vigolo, A. Penicaud, C. Coulon, et al., Macroscopic fibers and ribbons of oriented carbon nanotubes, Science 290 (2000) 1331–1334.

［5］ B. Vigolo, P. Poulin, M. Lucas, et al., Improved structure and properties of single-wall carbon nanotube spun fibers, Appl. Phys. Lett. 81 (7) (2002) 1210–1212.

［6］ S. Badaire, V. Pichot, C. Zakri, et al., Correlation of propereties with preferred orientation in coagulated and stretch-aligned single-wall carbon nanotubes, J. Appl. Phys. 96 (12) (2004) 7509–7513.

［7］ A. B. Dalton, S. Collins, E. Munoz, et al., Super-tough carbon-nanotube fibres, Nature 423 (2003) 703–706.

［8］ A. B. Dalton, S. Collins, J. Razal, et al., Continuous carbon nanotube composite fibers: properties, potential applications, and problems, J. Marer. Chem. 14 (1) (2004) 1–3.

［9］ E. Munoz, A. B. Dalton, S. Collins, et al., Multifunctional carbon nanotube composite fibers, Adv. Eng. Mater. 6 (10) (2004) 801–804.

［10］ M. E. Kozlov, R. C. Capps, W. M. Sampson, et al., Spinning solid and hollow polymer-free carbon nanotube fibers, Adv. Macer. 17 (5) (2005) 614–617.

［11］V. A. Davis，L. M. Ericson，A. N. G. Parra-Vasquez，et al. ，Phase behavior and rheology of SWNTs in superacids，Macromolecules 37（1）（2004）154-160.

［12］W. Zhou，J. Vavro，C. Guchy，et al. ，Single wall carbon nanotube fibers extruded from super-acid suspensions：preferred orientation，electrical，and thermal transport，J. Appl. Phys. 95（2）（2004）649-655.

［13］N. Behabtu，C. C. Young，D. E. Tsentalovich，et al. ，Strong，light，multifunctional fibers of carbon nanotubes with ultrahigh conductivity，Science 339（6116）（2013）182-186.

［14］D. E. Tsentalovich，R. J. Headrick，F. Mirri，et al. ，Influence of carbon nanotube characteristics on macroscopic fiber properties，ACS Appl. Macer. Interfaces 9（41）（2017）36189-36198.

［15］S. Zhang，K. K. Koziol，I. A. Kinloch，et al. ，Macroscopic fibers of well-aligned carbon nanotubes by wet spinning，Small 4（8）（2008）1217-1222.

第 5 章 碳纳米管增强纳米复合纤维的相间结构与性能

Fengying Zhang, Yaodong Liu

碳材料重点实验室，中国科学院煤炭化学研究所，太原，中国

5.1 引言

天然纤维如棉、麻和丝，已被广泛使用了数千年。天然纤维的使用不可避免地受其属性、质量和可用数量的限制，为了克服天然纤维的局限性开发了合成纤维。19 世纪后叶开发了第一种合成纤维——黏胶纤维。由植物纤维素再生而成的人造丝和醋酯纤维开发出来以后，人们开始探索具有超高性能的新型合成材料。尼龙是 20 世纪 30 年代后期第一种完全由石化产品合成并立即商业化的合成纤维，从那时起，越来越多的合成纤维被发明出来并商业化，其中，芳香族聚酰胺纤维、腈纶、聚酯纤维、聚烯烃纤维以及碳纤维等因其在现代社会中的重要应用价值而得到特别关注。根据其应用，目前合成纤维的进一步开发侧重于功能性和高性能等方面。对于传统的服用纺织品，创新主要是针对其舒适性、阻燃性、抗静电性、色泽、染色性、耐洗性等方面，而对于结构方面，改进主要集中于纤维强度、模量、伸长率和韧度（比强度）上。在 20 世纪，纤维性能的主要创新是通过以下方式实现的[1]：开发新型的聚合物，产生了诸如 20 世纪 50 年代的丙烯酸纤维、20 世纪 60 年代的芳香族聚酰胺纤维（芳纶）以及 20 世纪 80 年代的聚对亚苯基-2，6-苯并双噁唑（zylon）和超高分子量聚乙烯（UHMW-PE，Dyneema 和 Spectra 等）纤维[2]。新型纺纱技术的开发，如用于 Kevlar 纤维的干喷湿法纺纱和用于高性能 PE 和 PVA 纤维的凝胶纺纱技术等。结合新材料和纺纱新技术的发展，纤维性能得到了显著提高。

图 5.1 所示为基于拉伸性能的各种纤维结构的表观示意图。高性能纤维的拉伸性能取决于其物理结构和存在的缺陷（链缠结、链端、外来异物颗粒以及空隙）[1]。对于高性能纤维，其纤维结构取决于纺丝方法和纺丝条件。例如，用于

UHMW-PE 和 PVA 纤维的凝胶纺丝技术的发展使其纤维性能相对于传统湿法纺丝纤维有了革命性的改进。纺丝条件和聚合物结构的不断优化提高了目标纤维的拉伸性能。例如，聚丙烯腈（PAN）基碳纤维的拉伸强度自 20 世纪 70 年代已从 3GPa 提高到 7GPa。

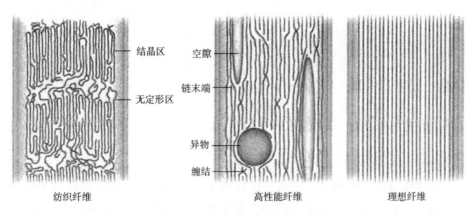

图 5.1　纺织纤维、高性能纤维与理想纤维的结构示意图[1]。

　　由于很难在纳米尺度上进行大分子链结构的调整，因此纺丝技术可以被视为一种自上而下的控制纤维链结构的方法。到 20 世纪末，技术的发展使得生产纳米尺寸的材料成为可能。由于微尺寸和量子效应，这些纳米材料比其大尺寸材料表现出更独特和优异的特性。其中，纳米级碳同素异形体，包括 CNT[2] 和石墨烯[3] 引起了研究人员和制造商的极大兴趣。CNT 具有长圆柱形的 sp^2 共价键碳原子卷曲结构，该结构在一定程度上可以将 CNT 视为纳米纤维[4]。CNT 的各向异性使其特别适用于聚合物纤维的增强材料，聚合物纤维在几何形状和性能方面也是各向异性的。聚合物/CNT 纳米复合材料在过去的二三十年中得到了深入研究，所得纳米复合材料的性能比其纯聚合物有了很大的改善[5]。CNT 具有优异的力学性能、电导率和导热率[6]。含 CNT 的纤维可能表现出一些复合功能，如导电性[7]、光学性能[8]、电化学活性和压电性[9]。除此而外，CNT 的直径可以小到 1nm，这使得其影响和改变周围聚合物链结构成为可能。将 CNT 结合到聚合物材料中可以被认为是一种自下而上调整聚合物纤维精细结构的方法。本章对在聚合物纤维中加入 CNT 是如何影响聚合物链结构，提高纤维的性能和功能，特别是拉伸性能进行了讨论。本章还探讨了对应的技术挑战和未来前景。

5.2　CNT 增强纳米复合材料的特性

尽管 CNT 具有优异的力学性能，但将 CNT 混纺入聚合物纤维中的优势尚未得到充分利用，主要是由于以下原因：①CNT，特别是小直径纳米管，由于相互间的范德瓦耳斯力作用而倾向于聚集成束。尽管 CNT 具有非常高的表面积，如对于 SWNT 表面积为 $1330m^2/g$，但是一旦 CNT 形成棒状或束状而不是作为单独的管分散在聚合物基质中，CNT 与聚合物基质之间的接触面积就会显著减少。众所周知，界面面积对 CNT 和聚合物基质之间的应力传递起着重要作用[10]。CNT 的分散性差导致对所得纳米复合纤维的性能产生弱增强甚至负面影响。由于 CNT 束的低界面相互作用和剪切强度，束内的 CNT 在一定的载荷下很容易相邻间发生滑脱。因此，改善 CNT 的分散性是提高 CNT 增强聚合物纳米复合材料力学性能的关键因素[11]。特别是对于 SWNT 增强聚合物纤维，在纳米复合材料中实现 SWNTs 剥离是非常罕见的。②CNT 与聚合物之间较差的界面应力传递，限制了 CNT 的增强效率。CNT 具有原子级光滑表面，主要通过相对较弱的范德瓦耳斯力与聚合物链相互作用。同时，CNT 具有高达 1TPa 的模量，远高于普通工程塑料（50MPa～10GPa），也远高于高性能聚合物纤维（50～400GPa）。在纳米复合材料的变形过程中，剪切应力将集中在 CNT 和聚合物基体之间的界面处。随着变形的增加，由于聚合物和 CNT 之间巨大的模量差异，界面应力可能变得过大，导致 CNT 从聚合物基体上滑落。有效的界面应力转移对于有效利用 CNT 的增强潜力至关重要。接下来将详细探讨 CNT 对聚合物链结构和性能的影响。

5.2.1　成核、模板效应及相间结构

CNT 对复合良好的 CNT/聚合物复合材料中的聚合物链表现出强烈的成核和模板效应。在许多聚合物体系中都发现了 CNT 对聚合物链的成核效应，如聚丙烯（PP）[12]、PVA[13]、聚酰胺[14]、聚乙烯（PE）[1,3] 以及聚（对苯二甲酸乙二醇酯）（PET）[16]。对于 PP，晶粒直径从纯 PP 中的 $400\mu m$ 减小到含有 CNT 中的 $20\mu m$[17]。此外，由于 CNT 的强烈成核效应，与纯聚合物相比，含 CNT 的纳米复合材料中聚合物分子链的结晶会在更高的温度和更快的速度下发生。添加 CNT 可增加成核位点是因为 CNT 和聚合物之间巨大的界面面积，由于 CNT 具有非常高的比表面积，少量的 CNT 能够使成核位点显著增加。大多数关于 CNT 结晶效应的研

究采用通常小于或等于质量分数 1% 的低 CNT 浓度。

另一个重要的效应是 CNT 会在其附近有序化并模板化。CNT 具有高长径比和呈纳米尺度的一维圆柱状，各向异性使 CNT 聚合物链能够取向并形成结晶。对于 PE 和尼龙 6，6 的结晶，已经观察到它们沿 CNT 轴可形成周期性层状晶体结构，即串晶结构[18]。溶液结晶后，可以观测到在 CNT 气凝胶纤维内的 MWNT 表面上装饰了高度取向的周期性纳米 PE 晶体，如图 5.2（a）所示[19]。Zhang 等[22] 报道了由 CNT 模板化的椭圆形 PP 颗粒的形成及其受控的溶液结晶。即使在外部剪切下的溶液状态，也发现 CNT 模板化和 PVA 分子链有序排列并形成定向的原纤结构，而自组装 PVA 是完全随机取向的[23]。还可观察到有序排列的 CNT 在加热过程中可保持聚合物的取向。在取向的 PET 样品中，PET 在熔融和随后的缓慢冷却后完全失去了取向；而在相同热处理条件下含 CNT 样品中的 PET 大分子则保持了取向[24]。这是因为有序排列的 CNT 有助于保持 PET 分子链的取向，即使在融熔以及在冷却过程中模板化其重结晶过程中也有助于保持 PET 大分子链的取向。CNT 对聚合物晶体的模板化可以从单个纳米管扩展到纳米尺度的纤维束，再扩展到大尺寸的纤维。经过等温结晶后，聚丙烯在 CNT 纤维表面形成一个直径为 40μm 的横晶层，如图 5.2（b）所示，而球形 PP 晶体在纯基质中形成[20]。在纺丝过程中，具有一维几何形状的 CNT 可以通过剪切液实现有序排列。通过 CNT 的模板效应，聚合物取向有望得到改善。与纯聚合物在相同条件下纺制成的纤维相比，有 CNT 存在的复合聚合物纤维改善了聚合物大分子链的取向。例如，对于含有质量分数 1% SWNT 的 PE 纤维，结晶聚合物的 Herman 取向因子从 0.4 增加到 0.7[15]；对于含有质量分数 1% SWNT 的 PP 纤维，Herman 取向因子从 0.73 增加到 0.88[17]；而对于含有质量分数 5% SWNT 的 PAN 纤维，Herman 取向因子从 0.52 增加到 0.62[25]。在这些例子中，无论是纯聚合物还是 CNT 纳米复合纤维都是在相同的加工条件下制备的。

由于 CNT 对聚合物大分子链的成核和模板效应，CNT 附近的聚合物大分子链的结构和性质会与本体聚合物明显不同。较多的研究表明，与本体聚合物相比，CNT 附近的聚合物表现出性能增强，因此，这个特定区域被定义为中间相。Ding 等[21] 研究了断裂的 MWNT/聚碳酸酯（PC）纳米复合材料，并通过 AFM 检测了在 MWNT 表面形成的 PC 鞘结构，如图 5.2（c）所示。Coleman 等[26] 发现 MWNT 周围的 PVA 结晶层可以改善聚合物基体和 MWNT 之间的界面应力传递。TEM 图像已证实，在 CNT 附近的聚合物大分子链如 PP[12a] 和 PAN[27] 会沿 CNT 轴向形成高度取向。CNT 增强碳纤维的 X 射线衍射显示出高度有序的相，而这在未增强的

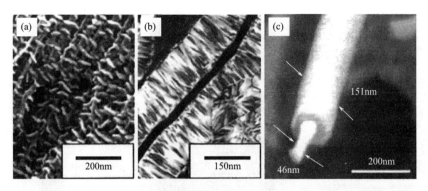

图 5.2　(a) CNT 纤维上 PE 晶体的 SEM 图[19]；(b) 在单根 CNT 纤维上形成的 PP 横晶层的交叉偏振光学图像[20a]；(c) 在断裂表面涂有聚碳酸酯（PC）鞘的单个 CNT 图像[21]。

碳纤维对照样品中是不存在的[28]。Sandler 等[12a] 观察到，在高度有序的 PP/CNT 纳米复合薄膜中，在 CNT 附近结晶的 PP 具有更紧密的堆积和更高的结晶存在。对于凝胶法纺丝的 SWNT/PAN 纤维，在 SWNTs 周围的区域观察到晶格间距为 0.52nm 的高度有序的 PAN 晶体结构，如图 5.3（a）所示[27]。含有 CNT 和纯 PAN 纤维的 WAXD 经向扫描显示，包含 CNT 时的峰位置移向一个低角度区域，表明 CNT 的存在使 PAN 大分子链构象沿 CNT 轴扩展[25b,27]。对于凝胶法纺丝 SWNT/PVA 纤维，沿纤维轴向的晶体尺寸大于 40nm（来自 HR-TEM），远大于 PVA（010）面的平均晶体尺寸（WAXD 为 8.1~14.8nm）。这表明 CNT 的存在导致出现扩展分子链结晶[30]。Barber 等[31] 通过 AFM 尖端从 PE-丁烯基质中拉出 CNT 以测量界面强度，发现围绕 CNT 的聚合物分子链具有比本体聚合物更高的屈服应力（47MPa）。SWNT/PE 复合材料的分子动力学模拟表明，SWNT 附近存在有序排列的离散聚乙烯吸附层，这提高了复合材料的机械模量和屈服应力[32]。中间相聚合物由于是高度取向的，因此与非中间相聚合物相比机械性能改善。在之前的研究中，我们观察到 SWNT/PAN 薄膜的断裂表面生长有纳米纤维 [图 5.3（b）]，这表明中间相 PAN 具有比本体聚合物更好的力学性能，并且断裂发生在中间相和基体之间[29]。随着外部刺激下相间结构的发展，这些原纤维的尺寸显著增加。CNT 增强的纳米复合材料的强度和模量增强甚至超过了 CNT 的固有特性[30,33]，这归因于高质量相间结构的存在。由于相间结构的性质和厚度受到 CNT 类型、聚合物类型以及加工方法或加工条件等多因素的影响，因此不容易较明晰地将增强贡献与相界面及 CNT 区分开来。聚合物纳米复合材料的数学模型必须结合界面及其特性以提供更真实的预测[34]。

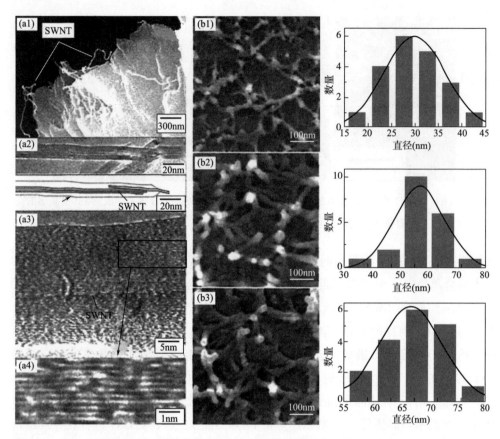

图 5.3 （a1）SWNT/PAN（质量分数为 1%）纤维拉伸断裂表面的 SEM 图；（a2）SWNT 原纤维的 HRTEM 晶格图像和示意图；（a3，a4）相同原纤维的 HRTEM 晶格图像[27]；（b）SWNT/PAN（质量分数为 0.5%）薄膜（b1→b2→b3）的断裂面 SEM 图和断裂面上原纤维的直径分布以及相间结构[29]。

　　已有研究发现，对于 CNT 增强的 PAN 基碳纤维的界面结构与碳化 PAN 纤维的本体相存在明显的不同[35]。图 5.4（a1）所示为碳化 PAN/DWNT 复合纤维横截面的 HR-TEM 图，很明显，DWNT 的添加使 DWNT 附近沿径向的石墨结构更加有序。如前所述[36]，我们认为 CNT 在聚合物纤维中的增强作用来自 CNT 本身和中间相聚合物。随着中间相区域的增大，它们彼此间会相互接触并融合成完全集成的中间相聚合物纤维［图 5.4（b）］。一个有趣的问题是，当两个相间相区域接触并融合在一起时是否有明确的边界。图 5.4（b）所示为两个相间相区域如何相互影响并形成一个集成结构的示意图，类似于水波的干涉，在 PAN 中的 CNT 作为波纹中心，中间相结构像波纹波一样沿径向传播。CNT 对中间相结构的影响随着径向距离的增加而减弱，就像涟漪在水面上的蔓延一样。两个或多个相间区域以类似于波纹与波纹干涉的方式相互影响。为了形成完全集成的中间相聚合物纤维，必须有足够且均匀分布的波纹中心，并且波纹传播到足够的距离以应对 CNT 的分散和中间相的发展。

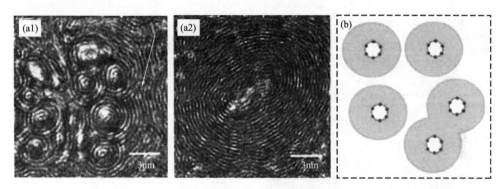

图 5.4　（a）碳化 PAN/DWNT 复合纤维横截面的 HR-TEM 图[35b]；（b）中间相结构的干涉示意图[36]。

5.2.2　中间相结构的发展

由于 CNT 与其周围的聚合物分子链之间通常存在相互作用，因此这些分子链的结构和性质总是与本体聚合物不同。为了显著增强纳米复合纤维的性能，高度取向以及结晶的界面结构将是最优选择。Marilyn[33b] 等研究了通过溶液结晶纺制的纤维中 PAN 和 CNT 之间的相互作用，并观察到根据制备条件，可以在 CNT 表面形成高度取向的结晶和非晶 PAN 结构。图 5.5（a）所示为涂覆 SWNTs 的高度结晶的 PAN。经过碳化后，高度结晶的 PAN 可以在 1100℃ 的低温下在 SWNTs 附近石墨化 ［图 5.5（b）~（d）］[37]，而无定形 PAN 则主要形成湍流状碳结构。图 5.5（c）清楚地显示了高度石墨化的碳结构的形成，相比之下，如果不添加 CNT，PAN 的石墨化通常要在 2300℃ 或更高的温度下发生。

尽管纳米复合纤维中间相界面的形成和发展可以大大改善其结构和性能，但是中间相界面的工作机制仍不清楚，中间相界面的形成与聚合物类型、CNT 类型、加工方法和条件等的关系还有待进一步研究。最近的研究表明，在聚合物/CNT 纳米复合材料加工成型后，在外部刺激下，中间相界面结构仍然可以发展。Carey 等[38] 观察到聚二甲基硅氧烷（PDMS）/CNT 纳米复合膜的储能模量（E'）在外

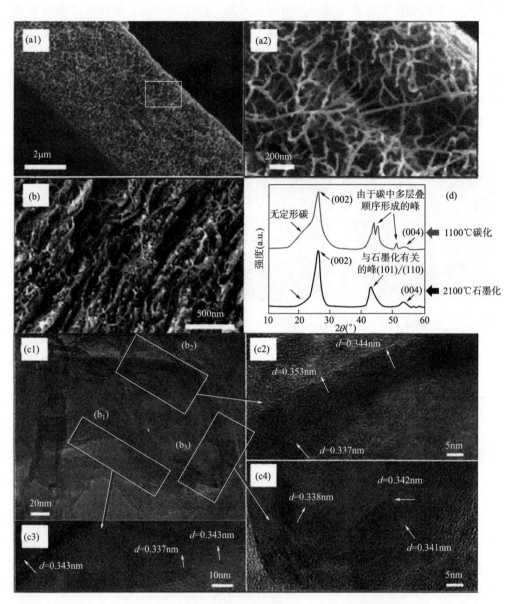

图5.5 （a）在SWNT上高度结晶的中间相PAN的SEM图；（b）1100℃碳化样品；（c）HR-TEM
图；（d）碳化与石墨化样品的WAXD曲线[37]。

部动态弹性应变期间不断增加。与金属或赭石材料在大变形期间发生的加工硬化
不同，纳米复合材料的自硬化发生在小动态应变下。Owuor等[39]观察到CNT球体
增强的PDMS具有类似的硬化行为。Senses等[40]在聚（甲基丙烯酸甲酯）/纳米

二氧化硅颗粒复合材料中也观察到类似的硬化现象。Xu 等[41] 制备了石墨烯和氧化石墨烯增强的 PDMS 纳米复合材料，并观察到在 0.5% 的波幅和 5Hz 的频率下进行动态应变后，储能模量 G' 增加了 4.6%。我们发现 PAN/CNT 纳米复合材料在 0.5% 的波幅和 1Hz 的频率动态应变后表现出对 E' 的显著改善，如图 5.6（a）所示[42]。相比之下，如果没有添加纳米粒子，在动态应变期间 E' 不会增强，甚至会缓慢下降。

　　由动态应变引起的纳米复合材料储能模量 G' 的提高主要是由于中间相界面的发展。如图 5.6（b）所示，由于 PAN 分子链的界面结晶，PAN/CNT 纳米复合材料的晶体尺寸和结晶度都随着动态应变而相应增加。纳米复合材料的结构变化也取决于动态应变的方向，即 PAN 晶体的生长方向垂直于应变方向，而沿着应变方向没有观察到结构变化。图 5.6（c）所示为动态应变期间中间相发展的示意图。对于 PAN/CNT 纳米复合材料，在 1100~1300℃ 温度范围内，中间相 PAN 将在碳化过程中形成石墨化结构。

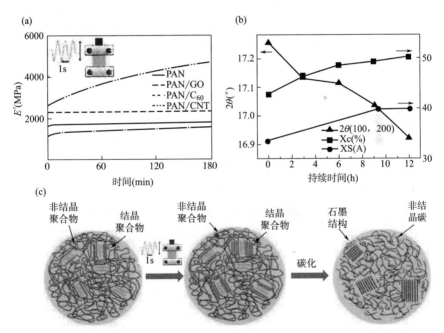

图 5.6　（a）PAN 薄膜和 C_{60}/PAN、GO/PAN、MWNT/PAN 复合薄膜的储能模量与动态应变持续时间；（b）MWNT/PAN 薄膜的结构参数与动态应变持续时间关系图[42]；（c）动态应变期间 PAN 中间相发展示意图及其碳化结构[29]。

5.2.3 含 CNT 纤维的性能

除了力学性能的提高外，在聚合物纤维中加入 CNT 还会影响纤维的其他性能，如玻璃化转变温度、热收缩性、电导率、导热率以及耐溶剂性。

CNT 限制了其附近的聚合物分子链的移动性。对于 PAN/SWNT 纳米复合纤维，当 CNT 含量分别从质量分数为 0 增加到 5% 和 10% 时，纤维的玻璃化转变温度则分别从 103℃ 增加到 116℃ 和 143℃[43]。在许多其他含 CNT 的纳米复合纤维中也观察到玻璃化转变温度升高的现象，如 PVA[44]、聚甲基丙烯酸甲酯（PMMA）[45]、PE[46] 以及聚醚酮（PEK）[47] 中。分子链流动性的降低也导致更高的分子链活性能量。玻璃化转变活化能从纯 PAN 纤维的 544kJ/mol 增加到纤维中 CNT 质量分数为 0.5% 时的 717kJ/mol，再到纤维中 CNT 质量分数为 1% 时的 809kJ/mol[27]。类似的增加在其他诸如 PET[48] 和 PVA[44b] 等 CNT 增强纳米复合纤维中也能够观察到。

在高于其玻璃化转变温度时，取向的聚合物分子链会发生一定的回缩，这会导致纤维长度的收缩。CNT 可保持纤维取向并限制 PAN 中聚合物分子链的熵收缩[25,49]。即使环境温度高于聚合物的熔融温度，纤维中存在的取向 CNT 也会维持聚合物分子链的取向并减少纤维收缩[17]。图 5.7（a1）所示为含有各种不同类型 CNT 的 PAN 复合纤维的热收缩率[25a]，在 PAN 纤维中添加 CNT 纳米填料可降低其热收缩率。当比较各种类型的纳米填料时，很明显，具有较大比表面积的纳米填料对降低 PAN 纤维的收缩率具有更大的影响，如图 5.7（a2）所示。图 5.7（b）所示的示意图解释了添加 CNT 如何抑制纤维的收缩。有序的 CNT 在高于玻璃化转变温度条件下会使其附近的聚合物分子链进行取向，研究发现即使在聚合物熔融之后，CNT 也能维持聚合物分子链的取向。当取向的纯 PET 膜被加热到高于其熔融温度并随后缓慢冷却时，纯 PET 发生收缩并失去有序性，而含 CNT 的样品仍然会保持取向[24]，即使在熔融状态下，良好取向的 CNT 也能维持 PET 大分子链的取向。

由于 CNT 的渗透行为，即 CNT 在纤维中能够形成互连的导电网络，因此无论聚合物是半导电的还是绝缘的，聚合物纤维的导电性能[7,50] 都可以通过添加 CNT 获得显著的提高。因此，CNT 增强聚合物纤维具有多功能性和广泛的应用前景。与各向同性体材料相比，纳米复合纤维中的聚合物分子链和 CNT 沿纤维轴方向取向，因此它们的导电性也是各向异性的。Winey 等[51] 发现含有良好有序性 SWNT 的 PMMA 纳米复合材料的电导率比随机排列的 PMMA/SWNT 纳米复合材料低五个数量级。Wang 等[52] 还报道了凝胶纺丝 CNT 增强的 UHMW-PE 冷拉伸复合纤维，

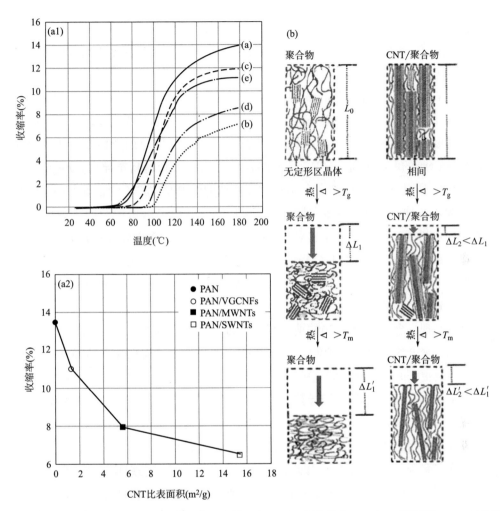

图 5.7　（a1）各种 CNT/PAN 纳米复合纤维随温度变化的热收缩率；（a2）不同纤维 160℃下热收缩率相应的 CNT 表面积[25a]；（b）聚合物和 CNT/聚合物纤维热收缩过程中分子结构变化示意图。

其电导率降低了 25 倍。相比之下，Choi 等[53] 发现在磁场下适度有序排列后，环氧树脂/SWNT 纳米复合材料的电导率有一定增加。Winey 等系统地研究了 PMMA/SWNT 纳米复合材料的电导率，认为 CNT 的渗透结构取决于 CNT 的载荷及其排列。在给定的 CNT 含量下，具有轻微各向异性 CNT 取向的纳米复合材料的电导率高于具有各向同性 CNT 取向的纳米复合材料，但是高度取向的 CNT 会使电导率显著降低[54]。Potschke 等[55] 报道了 PC/MWNT 各向同性薄膜具有导电性，但高度拉伸的熔融纺 PC/MWNT 纤维却失去了其导电性[55]。在 CNT/聚合物纤维拉伸过程中，含 CNT 纤维的电导率随着拉伸比的增加而降低几个数量级[7b,56]。对于各向同性纳米复合材料，CNT 渗透阈值的质量分数通常低于 0.1%[5a]，在 PVC 中甚至低至 0.045%（体积分数）[57]。相比之下，聚合物/CNT 纤维的渗透阈值要高得多，例如，PMMA/SWNT 纤维的质量分数为 0.5%~2%[51,54]，而对 PVA/MWNT 纤维其质量分数为 1%[56a]。这是因为在各项同性复合材料中的 CNT 导电网络会因拉伸过程中 CNT 的有序排列而破坏。然而，如果一个高度拉伸的 CNT/聚合物纳米复合纤维在高于其玻璃化转变温度或熔点的温度下进一步退火，取向聚合物分子链的松弛也会扭曲 CNT 的取向并促进 CNT 导电路径的形成，从而提高电导率。Peijs 等[7f]研究了 CNT 质量分数为 5.4% 的经退火的高度取向的 PP/MWNT 带，观察到其电导率顺序为：拉伸和退火膜>各向同性膜>拉伸膜。电导率的增加归因于各向异性 CNT 束的热松弛，即其重建了 CNT 导电网络。类似的现象在 CNT-PE/PP 纤维中也可观察到[7b]。由于 CNT/聚合物纳米复合材料中 CNT 导电网络的渗透状态在形变过程中可能会发生变化，因此许多研究人员甚至建议使用 CNT/聚合物纳米复合材料用作应变传感器[9b,58]。

研究发现，含 CNT 聚合物的纳米复合纤维比纯聚合物纤维具有更好的耐溶剂性，与原始聚合物纤维（如 PVA[30] 和 PAN[27]）相比，含 CNT 的纤维可以在更高温度以及更长时间的化学溶剂中保持完整。

由于单个 CNT 具有极高的导热系数，如 SWNT[59] 为 6600W/mK 和 MWNT[60] 为 3000W/mK，因此尽管"纳米管—纳米管"和"纳米管—聚合物"间较高的阻隔会极大地阻碍热传递[61]，但是在聚合物纤维中添加 CNT 有望提高纤维的导热系数。在许多聚合物/CNT 纳米复合薄膜和块状材料中已经观察到其导热系数有适度提高，但关于 CNT 增强聚合物纤维的导热系数却少见有报道。高度取向的 CNT 和聚合物分子链以及中间相的存在改善了纳米复合纤维中从 CNT 到聚合物的热传递，因此各向异性纤维中 CNT 对导热系数的增强也大于各向同性纳米复合材料中的导热系数的增强。但相关的研究较少，需要进行更多的研究工作。

5.3　高性能 CNT 增强聚合物纤维示例

每年有超过 3000 篇关于 CNT 增强聚合物主题的论文发表。尽管这些论文中许多都涉及通过在聚合物基质中添加 CNT 来提高相关性能，但 CNT 在高性能聚合物纤维中的实际应用仍然非常罕见。当前的纤维市场仍然非常关注成本。除非 CNT

增强纤维能够提供比当前产品更优越的性能，否则 CNT 和纳米复合材料的加工成本可能会使 CNT 的商业化变得不切实际。此外，实验室规模的样品和工业产品之间还存在一些巨大的技术壁垒，这些工作的技术就绪水平（TRLs）大多介于 1 到 3 之间（概念证明阶段），而要达到技术示范阶段需要 TRL 水平达到 5 或者更高才行。弥合这一差距的投资壁垒很高，且并不能保证结果的成功。在本节中，我们将讨论具有潜在商业应用价值的 CNT 增强高性能纤维的进展，包括 CNT 增强的 PAN 基碳纤维、PVA 纤维以及芳香族纤维。

5.3.1　CNT 增强的碳纤维

碳纤维具有高拉伸性能和相对较低的密度，被广泛用作复合材料的增强体。碳纤维由聚合物纤维制成，主要是 PAN 纤维。PAN 前驱体的结构和性能直接影响目标碳纤维的质量。PAN 前驱体的传统制造方法多为湿法纺丝和干喷湿纺，此法制得的 PAN 前驱体纤维的强度为 0.4~0.6GPa，模量为 8~12GPa。凝胶纺丝是一种相对较新的纺丝技术，常用于高性能纤维的生产[27,62]。在凝胶纺丝过程中，PAN 聚合物溶液在冷的甲醇浴中胶凝，胶凝纤维通过非常高倍的拉伸比进一步热拉伸。直到最近凝胶纺丝法才被用于 PAN 纤维的制备。研究发现，凝胶纺丝法获得的 PAN 基碳纤维与传统湿法获得的 PAN 基碳纤维相比，具有更高的强度（5.5~5.8GPa）和更高的模量（353~375GPa）[63]。

在凝胶纺丝法制备的 PAN 纤维中加入少量的 CNT（质量分数为 0.25%~1%）可将前驱体的拉伸强度从 0.90GPa 提高到 1.07GPa，杨氏模量从 22.1GPa 提高到 28.7GPa[27]。CNT 的添加还使 PAN 分子链沿其轴向得以伸展[25b,27]，主要的原因是 CNT-腈基间的相互作用[64]，在稳定过程中还可以促进共轭腈的形成并减少 β-氨基腈的形成[25b,33c,65]，并在碳化后形成高度有序的石墨结构[35b,66]。1% 的 CNT 的加入使得最终碳纤维的拉伸强度从 1.9GPa 增加到 3.4GPa，杨氏模量从 286GPa 增加到 425GPa[33c]。由图 5.8（b）所示的 HR-TEM 图可知，中间相区域中的 PAN 大分子比聚合物基质中的 PAN 大分子排列得更好[27]。高度有序的 PAN 结构在稳定化和碳化后发展成为环状石墨结构［图 5.8（d）］，而在纯 PAN 基碳纤维对照样品［图 5.8（c）］中并不存在这种结构。在碳化 CNT/PAN 纤维中形成的环状石墨相结构也通过 TEM[67]、拉曼[33c] 以及 WAXD[28] 等方式得以验证。已有研究表明，加工张力[33c] 和温度[66b,67a] 都会影响石墨相的形成，在稳定化和碳化过程中更高的张力可提高碳纤维的质量[66b]，并且 CNT 的添加可增加承受更高加工张力所需的纤维强度[28]。

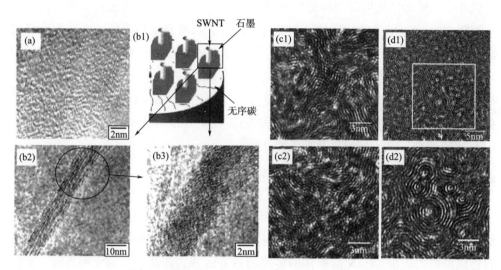

图 5.8　（a）（c1）（c2）碳化的凝胶纺丝法 PAN 纤维；（b2）（b3）（d1）（d2）CNT/PAN 纤维 HR-TEM 图及其纤维复合原理示意图[33c,35b]。

随着 CNT 的加入和环状石墨结构的形成，所得碳纤维的电导率和热传导率都有显著的提高[35a]。与纯 PAN 基碳纤维 T300 和 IM7 相比，1%CNT 含量的上述两种型号的 PAN 基碳纤维的电导率分别提高 146% 和 103%，热传导率分别提高 37% 和 25%[图 5.9（a）和（b）]，这些性能的改进使其成为高性能多功能碳纤维。

纤维的强度受到纤维中存在的缺陷的限制[1]。随着纤维直径的减小，单位长度内纤维的缺陷数量减少，导致纤维抗拉强度增加，而纤维的其他物理特性保持不变。静电纺丝可生产直径在 40~800nm 范围内的纤维，然而，由于聚合物大分子链在溶液状态下松弛得非常快，这会导致静电纺纤维的大分子链取向和拉伸性能变差。海岛型双组分纺丝方法也已用于生产直径低至 500nm 的微细 PAN 基碳纤维，所得目标碳纤维的强度随着纤维直径的减小而增加，如图 5.9（c）所示。含 CNT 碳纤维的强度比纯 PAN 基碳纤维高出 30%~60%。直径越小，CNT 的增强效率越高，对于 1μm、6μm 和 12μm 等不同直径的碳纤维，CNT 带来的增强应力分别为 67GPa、61GPa 和 28GPa。CNT 也被用作碳纤维的表面改性剂，以进一步增强碳纤维和基体之间的界面应力传递，从而提高目标复合材料的界面黏合力、界面强度和面内剪切强度[68]。

5.3.2　PVA 纤维

PVA 晶体具有与 PE 相似的平面锯齿状结构，PVA 纤维的理论模量高达 250~

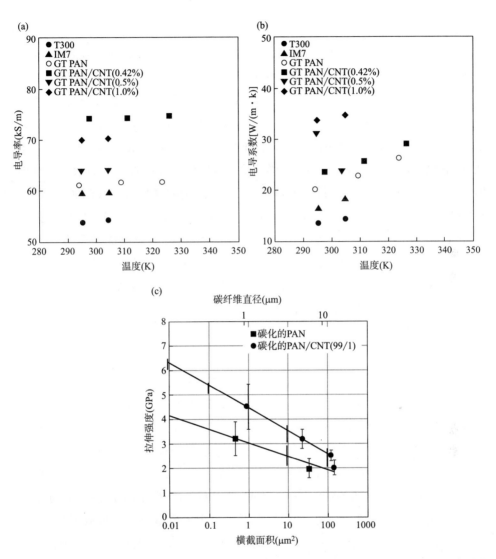

图 5.9　(a) (b) 凝胶纺丝法 PAN 基碳纤维（GT PAN）与凝胶纺丝法 PAN/CNT 基碳纤维（GT PAN/CNT）的电导率和导热系数[35b]；(c) 碳化的凝胶纺丝法 PAN、PAN/CNT 纤维拉伸强度与直径对应关系[28]。

300GPa。Kuraray 采用凝胶纺丝技术生产出具有优异拉伸性能（拉伸模量为 11~43GPa，拉伸强度为 0.9~1.9GPa）和高耐碱性的高性能 PVA 纤维。CNT 对 PVA 晶体[23,30,69] 显示出强烈的成核和模板效应并且可用于增强 PVA 纤维。Zhang 等[44b] 发现通过添加质量分数为 3% 的 CNT，凝胶纺丝法获得的 PVA 纤维的拉伸强度从 0.9GPa 增加到 1.1GPa，模量从 25.6GPa 增加到 35.8GPa。Miaudet 等[70] 在湿法纺丝法获得的 PVA 纤维中加入质量分数为 0.35% 的 SWNT，发现其拉伸模量从 2.5GPa 增加到 14.5GPa，强度从 0.6GPa 增加到 1.6GPa。Xu 等[71] 将质量分数为 0.3% 的 SWNT 分散到凝胶纺 PVA 纤维中，发现拉伸模量从 28GPa 提高到 36GPa，拉伸强度从 1.7GPa 提高到 2.2GPa。Dai 等[72] 使用质量分数为 0.6% 的茶多酚官能化 MWNT 来增强 PVA 纤维，观察到强度提高 160% 以上。Zhou 等制备了质量分数为 20% 的 MWNT 的 PVA 复合纤维，获得了 41.5GPa 的高模量和 $6.85 \times 10^{-3}S/m$ 的电导率[73]。Minus 等[30] 尝试优化凝胶纺丝和拉伸工艺参数，最终当纤维在 290℃拉伸时，PVA 纤维的模量和强度分别高达 48GPa 和 1.6GPa。在相同的纺丝和拉伸条件下，质量分数为 1% 的 SWNT/PVA 纤维的模量为 71GPa，强度为 2.6GPa。在后来的研究中，Minus 等[74] 使用稳定剪切流体凝胶纺丝方法生产了 PVA/SWNT 纳米复合纤维，其拉伸强度、模量和韧性分别为 4.9GPa、128GPa 和 202J/g，这是迄今为止报道的最高值。CNT 对 PVA 纤维具有增强效果的关键因素是高度结晶和中间相界面结构的取向。

5.3.3　芳香族纤维

聚对亚苯基苯并双噁唑（PBO）是一种刚性棒状聚合物[75]，PBO 纤维具有很高的拉伸强度、刚度和热稳定性。PBO 纤维于 1998 年由日本东洋纺公司（Toyobo Co.）实现商业化，商品名为 Zylon。PBO 表现出类似于聚对亚苯基对苯二甲酰胺（PPTA，Kevlar）的溶致液晶行为，而且已经观察到 CNT 在液晶中的取向[76]。Kumar 等[77] 使用具有良好分散的 SWNTs 在聚磷酸中合成了 PBO，并通过干喷湿纺法生产出 PBO/SWNT 纳米复合纤维。PBO 和 PBO/SWNT 溶液的交叉偏振光学图像 [图 5.10（a1）（a2）] 表明，SWNT 在混合物中的分散良好，没有明显的聚集。在 PBO 纤维中加入质量分数为 10% 的 SWNT 后，拉伸模量从 138GPa 增加到 167GPa，强度从 2.6GPa 增加到 4.2GPa，分别约增加 20% 和 60%，如图 5.10（b）所示。商用 PBO 纤维（Zylon HM）的强度是 5.8Gpa，如果可以实现类似的增强，PBO/SWNT 纤维的强度有望超过 8GPa。

凯夫拉（Kevlar）可以用同样的方式予以增强。Kim 等[78] 使用原位聚合来合成 PPTA/CNT 纳米复合溶液，并发现其电导率有了巨大的提高。Sainsbury 等[79] 将 PPTA 接枝到 MWNT 上可以获得比未改性的 MWNT 与 PPTA 直接混合更好的分散性。PPTA 溶解在发烟硫酸（H_2SO_4）中以质子化 SWNT 并获得剥离型 SWNT[32]。Cao 等[80] 将 PPTA/H_2SO_4 溶液与 SWNT 混合并研究了混合物的流变

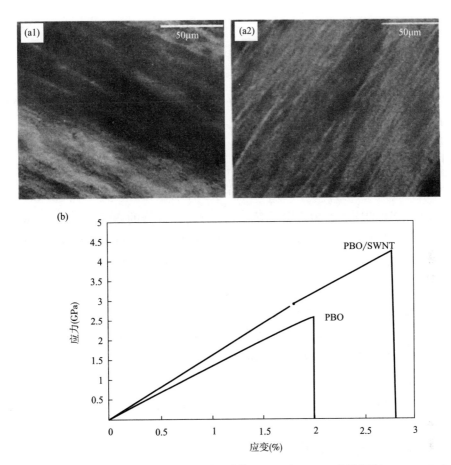

图 5.10　（a1）（a2）分别为 PPA 中 14%（质量分数）PBO 和 14%（质量分数）SWNT/PBO（10/90）的交叉偏振光学图像；（b）PBO 和 SWNT/PBO（10/90）纤维的典型应力—应变曲线[77]。

学，发现当 SWNT 质量分数高于 0.2% 时，在 85℃ 下形成单相向列液晶，可用于生产性能优异的纤维。Deng 等[81] 比较了 PPTA 和 PPTA/SWNT 纤维的结构和拉伸性能，并观察到纳米复合纤维中 CNT 的取向低于 PPTA 分子链的取向。测得的拉伸曲线表明，增强仅在低拉伸比（2）下发生，并且在拉伸比高于 4 时可能对纤维不利。O'Connor 等[82] 没有将 CNT 与聚合物混合，而是开发了一种通过在 CNT 悬浮液中溶胀 Kevlar 纤维来生产 PPTA/CNT 纤维的新方法。当 1%（质量分数）的 CNT 被 Kevlar 吸收时，纤维强度从 3.9GPa 增加到 4.8GPa，模量从 120GPa 增加到 130GPa。CNT 还可以用作架桥剂，以增强 Kevlar[83] 或 PBO[84] 纤维与环氧树脂之间的界面相互作用，从而显著改善目标复合材料的性能。

5.4 面临的挑战

CNT 具有优异的力学性能，然而，在大多数报道中，由于多种原因，CNT 的特性并未得到充分利用。

5.4.1 CNT 分散

图 5.11（a）所示为 CNT 的比表面积与 CNT 管壁数的相关性。随着 CNT 管壁数的增加，CNT 的比表面积急剧下降。对于聚合物纤维的增强，理论上 SWNT 要优于 MWNT。由于 CNT 在加工过程中总是会受到损坏，因此有实验表明双壁和较少管壁数的 CNT（DWNT 和 FWNT）比 SWNT 更可取，以保持最终纳米复合材料中 CNT 的力学性能。图 5.11（b）所示为 SWNT 束的比表面积与束中的 CNT 数量间的对应关系。尽管 CNT 具有高达 $1330m^2/g$（SWNT）的比表面积，但是如果 CNT 是聚集在束中而不是剥离的单个管，则 CNT 与基体之间的界面面积会显著减少。界面面积在 CNT 和聚合物之间的应力传递中起着重要作用[10]，因为这对于复合材料的增强至关重要。研究发现，分散的 CNT 束直径（束尺寸）取决于 CNT 管的纵横比［图 5.11（c）］[85]。CNT 间的相互作用、溶剂分子和聚合物大分子链之间的相互作用都会影响到 CNT 的分散[86]。化学改性以及表面活性剂已被用于在溶剂和聚合物基质中改善 CNT 的分散效果，但目前尚不清楚接枝基团和表面活性剂是如何影响其界面发展的。CNT 分散不良不利于聚合物纳米复合纤维的增强。

5.4.2 CNT 的有序性

CNT 的有序性对纳米复合纤维的模量至关重要。根据连续介质力学，SWNT 的取向对其在纳米复合材料内的增强模量的影响可以通过下式予以估算：

$$\frac{1}{\langle E_x \rangle} = \frac{1}{E_1}\langle \cos^4\theta \rangle + \frac{1}{E_2}\langle \sin^4\theta \rangle + \left(\frac{1}{G_{12}} - \frac{2\gamma_{12}}{E_1}\right)\langle \sin^2\theta\cos^2\theta \rangle \tag{5.1}$$

其中，E_1 为 CNT 的经向模量；E_2 为 CNT 的横向模量；G_{12} 为面内剪切模量；E_x 为 CNT 沿轴向的增强模量；θ 为 CNT 与纤维轴的夹角。对于聚集的 CNT，G_{12} 取决于 CNT 或 CNT/聚合物的面内剪切模量的较低值；对于剥离型 CNT，G_{12} 是 CNT/聚合物的面内剪切模量。通常，CNT 取向角分布的半峰全宽（FWHM）可用于表示聚合物纤维中 CNT 的取向因子。在式（5.1）中，CNT 取向是影响模量

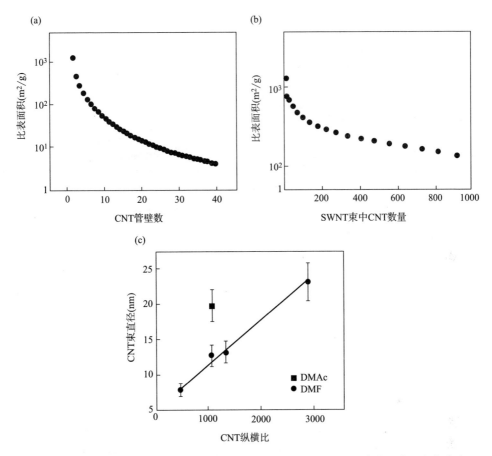

图 5.11　（a）CNT 的比表面积与 CNT 管壁数的函数关系；（b）SWNT 束的比表面积与束中 CNT
　　　　数量的函数关系；（c）CNT 束直径与 CNT 纵横比的函数关系[85]。

的主要因素，而面内剪切模量 G_{12} 起次要作用，如图 5.12 所示。G_{12} 取决于束内
的 CNT 管之间的模量和 CNT 与聚合物基体之间的模量的较低值。一旦 CNT 聚集
成束，CNT 很容易在彼此之间滑动，CNT 束内 CNT 之间的 G_{12} 变得低至 1GPa。
因此，具有良好排列的单个 CNT 的高度拉伸的纳米复合纤维将使增强效果最
大化。

5.4.3　CNT/基体界面剪切强度

　　CNT 和聚合物基体之间的应力传递对于 CNT 增强聚合物复合纤维的强度是必
不可少的。一个典型的 CNT 嵌入聚合物基体的示意图如图 5.13 所示。在拉伸或压

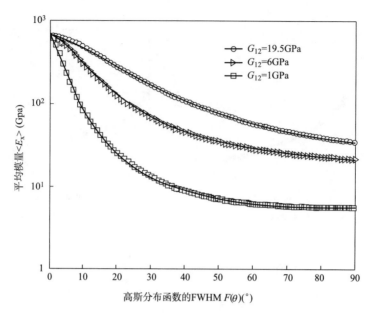

图 5.12　纳米复合纤维内 CNT 取向与其增强模量间的关系[87]。

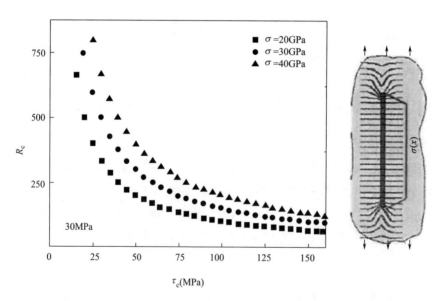

图 5.13　R_c 与 τ_c 的关系（假定 CNT 强度分别为 20GPa、30GPa 和 40GPa）。

缩过程中，应力从基体转移到 CNT 上。CNT 的临界长度（L_c）定义为避免 CNT 从聚合物基质中拉出所需的最小长度，见下式：

$$L_{c} = \frac{\sigma_{CNT} D_{CNT}}{2\tau_{c}} \qquad (5.2)$$

其中，τ_{c} 为 CNT 和聚合物之间的界面剪切强度；σ_{CNT} 为 CNT 的强度；D_{CNT} 为 CNT 的直径。因此，CNT 的临界长宽比（R_{c}）见下式：

$$R_{c} = \frac{L_{c}}{D_{CNT}} = \frac{\sigma_{CNT}}{2\tau_{c}} \qquad (5.3)$$

图 5.13 所示为 CNT 在聚合物基体中的 R_{c} 和 τ_{c} 之间的关系。很明显，高强度的 CNT 具有高的 R_{c} 值。对于强度大于 140GPa 的完美 SWNT，R_{c} 非常高。如前所述，随着 CNT 长宽比的增加，将单个 CNT 均匀地分散在纳米复合材料中变得越来越困难。另一方面，较高的 τ_{c} 导致较低的 R_{c}。CNT 和聚合物基体之间形成的界面改善了应力传递和 τ_{c}。不同的 CNT 表面化学改性处理已被用于改善纳米复合材料中的 CNT 分散和界面应力转移[88]。然而，CNT 表面官能团、表面活性剂和界面增容剂的存在也会对高度有序的界面结构的形成产生不利影响。

总之，CNT 长度、分布、取向和界面剪切强度是影响纳米复合纤维力学性能的关键因素。但这些因素的影响可能是对立的，例如，高长宽比的 CNT 对于界面应力传递是有益的，但这使得 CNT 在纳米复合材料中的分散变得极其困难。

5.5　总结与展望

由于大的比表面积和一维棒状结构，CNT 是聚合物纤维的首选增强材料。已有研究表明在聚合物中加入 CNT 可以改善几乎所有纤维的拉伸性能，包括但不限于 PE、PP、PVA、PC、聚甲基丙烯酸甲酯、PBO、纤维素、PAN 及 PAN 基碳纤维。CNT 可作为聚合物结晶的成核剂和聚合物取向的模板。在 CNT 增强的纳米复合纤维中，拉伸性能的增强不仅来自 CNT 的优异性能，而且在许多情况下来自高度有序的中间相界面聚合物结构。

第一代纳米复合纤维是基于对纳米填料的优异性能以及纳米填料在聚合物基体中的分散性、取向性和界面剪切强度等的充分利用。除了拉伸性能外，在聚合物纤维中添加 CNT 还可以改善复合纤维的其他性能，如导电性和导热性等。通过调整 CNT 的类型及其浓度和方向，可以改善其导电性和导热性，同时针对不同的应用还可以进行定制。CNT/聚合物纳米复合纤维的导电性和导热性还可以在纤维挤出和拉伸阶段予以进一步调整。

除了第一代纳米复合纤维的上述关键因素外，下一代纳米复合纤维的发展重点将集中于发展高度结晶和取向的界面聚合物结构。纳米复合相间界面的发展还存在一些不确定性：①纳米复合溶液的制备和纤维加工方法如何影响相界面结构；②CNT 的曲率和手性如何影响中间相界面结构；③CNT 表面化学结构如何影响中间相界面结构和性能；④在外部刺激下如何改善中间相界面结构。为更好地发展下一代纳米复合纤维，对于中间相界面的形成、微观结构以及相关性能的进一步了解十分必要。

参考文献

［1］ H. G. Chae, S. Kumar, Making strong fibers, Science 319（5865）（2008）908-909.

［2］ S. Iijima, Helical microtubules of graphitic carbon, Nacure 354（6348）（1991）56-58.

［3］ K. S. Novoselov, A. K. Geim, S. V. Morozov, et al., Electric field effect in atomically thin carbon films, Science 306（5696）（2004）666.

［4］ O. Breuer, U. Sundararaj, Big returns from small fibers：a review of polymer/carbon nanotube composites, Polym. Compos. 25（6）（2004）630-645.

［5］（a）Z. Spitalsky, D. Tasis, K. Papagelis, et al., Carbon nanotube-polymer composites：chemistry, processing, mechanical and electrical properties, Prog. Polym. Sci. 35（3）（2010）357-401.

（b）E. T. Thostenson, Z. Ren, T. W. Chou, Advances in the science and technology of carbon nanotubes and their composites：a review, Compos. Sci. Technol. 61（13）（2001）1899-1912.

（c）M. Moniruzzaman, K. I. Winey, Polymer nanocomposites containing carbon nanotubes, Macromolecules 39（16）（2006）5194-5205.

（d）J. N. Coleman, U. Khan, W. J. Blau, et al., Small but strong：a review of the mechanical properties of carbon nanotube-polymer composites, Carbon 44（9）（2006）1624-1652.

（e）M. R. Loos, K. Schulte, Is it worth the effort to reinforce polymers with carbon nanotubes? Macromol. Theory Simul. 20（5）（2011）350-362.

［6］（a）P. M. Ajayan, Nanotubes from carbon, Chem. Rev. 99（7）（1999）

1787-1800.

（b） R. H. Baughman， A. A. Zakhidov， W. A. de Heer， Carbon nanotubes：the route toward applications， Science 297 （5582） （2002） 787-792.

［7］ （a） R. Jain， Carbon nanotube reinforced polyacrylonitrile and poly （etherketone） fibers， PhD Thesis， Georgia Institute of Technology， United States：Georgia， 2009.

（b） X. Gao， S. Zhang， F. Mai， et al. ， Preparation of high performance conductive polymer fibres from double percolated structure， J. Mater Chem. ， 21 （17） （2011） 6401-6408.

（c） A. Soroudi， M. Skrifvars， Melt blending of carbon nanotubes/polyaniline/polypropylene compounds and their melt spinning to conductive fibres， Synch. Met. 160 （11-12） （2010） 1143-1147.

（d） K. Liu， Y. Sun， X. Lin， et al. ， Scratch-resistant， highly conductive， and high-strength carbon nanotube-based composite yarns， ACS Nano 4 （10） （2010） 5827-5834.

（e） E. Bilotti， R. Zhang， H. Deng， et al. ， Fabrication and property prediction of conductive and strain sensing TPU/CNT nanocomposite fibres， J. Mater Chem. 20 （42） （2010） 9449-9455.

（f） H. Deng， R. Zhang， C. T. Reynolds， et al. ， A novel concept for highly oriented carbon nanotube composite tapes or fibres with high strength and electrical conductivity， Macromol. Mater. Eng. 294 （11） （2009） 749-755.

（g） P. Xue， K. H. Park， X. M. Tao， et al. ， Electrically conductive yarns based on PVA/carbon nanotubes， Compos. Struct. 78 （2） （2007） 271-277.

［8］ S. Uchida， A. Martinez， Y. -W Song， et al. ， Carbon nanotube-doped polymer optical fiber， Opt. Lett. 34 （20） （2009） 3077-3079.

［9］ （a） N. Lachman， C. I. Bartholome， P. Miaudet， et al. ， Raman response of carbon nanotube/PVA fibers under strain， J. Phys. Chem. C 113 （12） （2009） 4751-4754.

（b） S. Gong， D. Wu， Y. X. Li， et al. ， Temperature-independent piezoresistive sensors based on carbon nanotube/polymer nanocomposite， Carbon 137 （2018） 188-195.

（c） M. Amjadi， A. Pichitpajongkit， S. Lee， et al. ， Higltly stretchable and sensi-

tive strain sensor based on silver nanowire-elastomer nanocomposite, ACS Nano 8（5）
（2014）5154-5163.

[10] M. Cadek, J. N. Coleman, K. P. Ryan. et al., Reinforcement of polymers with carbon nanotubes: the role of nanotube surface area, Nano Lett. 4（2）（2004）353-356.

[11] B. P. Grady, Recent developments concerning the dispersion of carbon nanotubes in polymers, Macromol. Rapid Commun. 31（3）（2010）247-257.

[12]（a）J. Sandler, G. Broza, M. Nolte, et al., Crystallization of carbon nanotube and nanofiber polypropylene composites, J. Macromol. Sci. B 42（3-4）（2003）479-488.

（b）A. R. Bhattacharyya, T. V. Sreekumar, T. Liu, et al., Crystallization and orientation studies in polypropylene/single wall carbon nanotube composite, Polymer 44（8）（2003）2373-2377.

（c）B. P. Grady, F. Pompeo, R. L. Shambaugh, et al., Nucleation of polypropyene crystallization by single-walled carbon nanotubes, J. Phys. Chem. B 106（23）（2002）5852-5858.

[13] O. Probst, E. M. Moore, D. E. Resasco, et al., Nucleation of polyvinyl alcohol crystallization by single-walled carbon nanotubes, Polymer 45（13）（2004）4437-4443.

[14] J. K. W Sandler, S. Pegel, M. Cadek, et al., A comparative study of melt spun polyamide-12 fibres reinforced with carbon nanotubes and nanofibres, Polymer 45（6）（2004）2001-2015.

[15] R. Haggenmueller, J. E. Fischer, K. I. Winey, Single wall carbon nanotube/polyethylene nanocomposites: nucleating and templating polyethylene crystallites, Macromolecules 39（8）（2006）2964-2971.

[16] K. A. Anand, T. S. Jose, U. S. Agarmal, et al., PETSWNT nanocomposite fibers through melt spinning, Int. J. Polym. Mater. 59（6）（2010）438-449.

[17] G. -W Lee, S. Jagannathan, H. G. Chae, et al., Carbon nanotube dispersion and exfoliation in polypropylene and structure and properties of the resulting composites, Polymer 49（7）（2008）1831-1840.

[18] L. Li, C. Y. Li, C. Ni, Polymer crystallization-driven, periodic patterning on carbon nanotubes, J. Am. Chem. Soc. 128（5）（2006）1692-1699.

［19］ S. Zhang, W. Lin, C. -P. Wong, et al. , Nanocomposites of carbon nano-tube fibers prepared by polymer crystallization, ACS Appl. Mater. Interfaces 2 （6）（2010） 1642-1647.

［20］（a） S. Zhang, M. L. Minus, L. Zhu, et al. , Polymer transcrystallinity in-duced by carbon nanotubes, Polymer 49 （5）（2008） 1356-1364.

（b） J. P. Abdou, K. J. Reynolds, M. R. Pfau, et al. , Interfacial crystallization of isotactic polypropylene surrounding macroscopic carbon nanotube and graphene fibers, Polymer 91 （2016） 136-145.

［21］ W. Ding, A. Eitan, F. T. Fisher, et al. , Direct observation of polymer sheathing in carbon nanotube-polycarbonate composites, Nano Lett. 3 （11）（2003） 1593-1597.

［22］ S. Zhang, S. Kumar, Shaping polymer particles by carbon nanotubes, Mac-romol. Rapid Commun. 29 （7）（2008） 557-561.

［23］ M. L. Minus, H. G. Chae, S. Kumar, Single wall carbon nanotube templated oriented crystallization of poly （vinyl alcohol）, Polymer 47 （11）（2006） 3705-3710.

［24］ K. A. Anand, U. S. Agarwal, R. Joseph, Carbon nanotubes induced crystalli-zation of poly （echylene terephthalate）, Polymer 47 （11）（2006） 3976-3980.

［25］（a） H. G. Chae, T. V Sreekumar, T. Uchida, et al. , A comparison of re-inforcement efficiency of various types of carbon nano tubes in polyacrylonitrile fiber, Pol-ymer 46 （24）（2005） 10925-10935.

（b） Y. Liu, H. G. Chae, S. Kumar, Gel-spun carbon nanotubes/polyacrylonitrile composite fibers. Part I : effect of carbon nanotubes on Stabilization. Carbon 49 （13）（2011） 4466-4476.

［26］ J. N. Coleman, M. Cadek, R. Blake, et al. , High performance nanotube-reinforced plastics: understanding the mechanism of strength increase, Adv. Funct. Ma-ter. 14 （8）（2004） 791-798.

［27］ H. G. Chae, M. L. Minus, S. Kumar, Oriented and exfoliated single wall car-bon nanotubes in polyacrylonitrile, Polymer 47 （10）（2006） 3494-3504.

［28］ H. G. Chae, Y. H. Choi, M. L. Minus, et al. , Carbon nanotube reinforced small diameter polyacrylonitrile based carbon fiber, Compos. Sci. Technol. 69 （3 - 4）（2009） 406-413.

［29］ Y. Li, Y. Yu, Y. Liu, et al. , Interphase development in polyacrylonitrile/

SWNT nanocomposite and its effect on cyclization and carbonization for tuning carbon structures, ACS Appl. Nano Mater. 1 (7), (2018), 3105-3113.

[30] M. L. Minus, H. G. Chae, S. Kumar, Interfacial crystallization in gel-spun poly (vinylalcohol) /single-wall carbon nanotube composite fibers, Macromol. Chem. Phys. 210 (21) (2009) 1799-1808.

[31] A. H. Barber, S. R. Cohen, H. D. Wagner, Measurement of carbon nanotube—polymer interfacial strength, Appl. Phys. Leet. 82 (23) (2003) 4140-4142.

[32] L. M. Ericson, H. Fan, H. Peng, et al., Single-walled carbon nanotube fibers, Science 305 (5689) (2004) 1447-1450.

[33] (a) K. Livanov, L. Yang, A. Nissenbaum, et al., Interphase tuning for stronger and tougher composites, Sci. Rep. 6 (2016) 26305.

(b) Y. Zhang, K. Song, J. Meng, et al., Tailoring polyacrylonitrile interfacial morphological structure by crystallization in the presence of single-wall carbon nanotubes, ACS Appl. Mater. Interfaces 5 (3) (2013) 807-814.

(c) H. G. Chae, M. L Minus, A. Rasheed, et al., Stabilization and carbonization of gel spun polyacrylonitrile/single wall carbon nanotube composite fibers, Polymer 48 (13) (2007) 3781-3789.

[34] (a) Y. Zare, Development of Halpin-Tsai model for polymer nanocomposites assuming interphase properties and nanofiller size, Polym. Test. 51 (2016) 69-73.

(b) S. Chopra, K. A. Deshmukh, A. D. Deshmukh, et al., Prediction, evaluation and mechanism governing interphase strength in tensile fractured PA-6/MWCNT nanocomposites, Compos. Pt. A-Appl. Sci. Manuf. 112 (2018) 255-262.

[35] (a) B. A. Newcomb, P. V. Gulgunje, K. Gupta, et al., Processing, strucure and properties of gel spun PAN and PAN/CNT fibers and gel spun PAN based carbon fibers, Polym. Eng. Sci. 55 (11) (2015) 2603-2614.

(b) B. A. Newcomb, L. A. Giannuzzi, K. M. Lyons, et al., High resolution transmission electron microscopy study on polyacrylonitrile/carbon nanotube based carbon fibers and the effect of structure development on the thermal and electrical conductivities, Carbon 93 (2015) 502-514.

[36] Y. Liu, S. Kumar, Polymer/carbon nanotube nano composite fibers: a review, ACS Appl. Mater. Interfaces 6 (9) (2014) 6069-6087.

[37] Y. Y. Zhang, N. Tajaddod, K. A. Song, et al., Low temperature graphitiza-

tion of interphase polyacrylonitrile （PAN）, Carbon 91 （2015） 479-493.

［38］ J. Brent, P. K. P. Carey, L. Ci, et al., Observation of dynamic strain hardening in polymer nanocomposites, ACS Nano 5 （4） （2011） 2715-2722.

［39］ P. S. Owuor, C. S. Tiwary, R. Koizumi, et al. Self-stiffening behavior of reinforced carbon nanotubes spheres, Adv. Eng. Mater. 19 （5） （2017） 1600756.

［40］ E. Senses, P. Akcora, An interface-driven stiffening mechanism in polymer nanocomposites, Macromolecules 46 （5） （2013） 1868-1874.

［41］ L. Cao, Y. Wang, P. Dong, et al., lnterphase induced dynamic self-stiffening in graphene-based polydimethylsiloxane nanocomposites, Small 12 （27） （2016） 3723-3731.

［42］ Y. Li, P. Zhou, F. An, et al., Dynamic self-stiffening and structural evolutions of polyacrylonitrile/carbon nanotube nanocomposites, ACS Appl. Mater. Interfaces 9 （6） （2017） 5653-5659.

［43］ T. V. Sreekumar, T. Liu, B. G Min, et al. Polyacrylonitrile single-walled carbon nanotube composite fibers, Adv. Mater. 16 （1） （2004） 58-61.

［44］ （a） N. Minoo, et al., Electrospun single-walled carbon nanotube/polyvinyl alcohol composite nanofibers: structure-property relationships, Nanotechnology 19 （30） （2008） 305702.

（b） X. Zhang, T. Liu, T. V. Sreekumar, et al., Gel spinning of PVA/SWNT composite fiber, Polymer 45 （26） （2004） 8801-8807.

［45］ K. W. Putz, C. A. Mitchell, R. Krishnamoorti, et al., Elastic modulus of single-walled carbon nanotube/poly （methyl methacrylate） nanocomposites, J. Polym. Sci. B Polym. Phys. 42 （12） （2004） 2286-2293.

［46］ J. -T. Yeh, Y. -C. Lai, H. Liu, et al., Ultradrawing properties of ultrahigh-molecular-weight polyethylene/carbon nanotube fibers prepared at various formation temperatures, Polym. Int. 60 （1） （2011） 59-68.

［47］ R. Jain, Y. H. Choi, Y. Liu, et al., Processing, structure and properties of poly （ether ketone） grafted few wall carbon nanotube composite fibers, Polymer 51 （17） （2010） 3940-3947.

［48］ H. Ma, J. Zeng, M. L. Realff, et al., Processing, structure, and properties of fibers from polyester/carbon nanofiber composites, Compos. Sci. Technol. 63 （11） （2003） 1617-1628.

［49］ R. Jain, M. L. Minus, H. G. Chae, et al., Processing, structure, and properties of PAN/MWNT composite fibers, Macromol. Mater. Eng. 295 (8) (2010) 742-749.

［50］ V. Mottaghiralab, G. M. Spinks, G. G. Wallace, The influence of carbon nanotubes on mechanical and electrical properties of polyaniline fibers, Synth. Met. 152 (1-3) (2005) 77-80.

［51］ F. Du, J. E. Fischer, K. I. Winey, Coagulation method for preparing single-walled carbon nanotube/poly (methyl methacrylate) composites and their modulus, electrical conductivity, and thermal stability, J. Polym. Sci. B Polym. Phys. 41 (24) (2003) 3333-3338.

［52］ J. Wang, M. Miao, Z. Wang, et al., A method of mobilizing and aligning carbon nanotubes and its use in gel spinning of composite fibres, Carbon 57 (2013) 217-226.

［53］ E. Choi, Enhancement of thermal and electrical properties of carbon nanotube polymer composites by magnetic field processing, J. Appl. Phys. 94 (9) (2003) 6034.

［54］ F. Du, J. E. Fischer, K. I. Winey, Effect of nanotube alignment on percolation conductivity in carbon nanotube/polymer composites, Phys. Rev. B 72 (12) (2005) 121404.

［55］ P. Pötschke, H. Brünig, A. Janke, et al., Orientation of multiwalled carbon nanotubes in composites with polycarbonate by melt spinning, Polymer 46 (23) (2005) 10355-10363.

［56］ (a) Y. Bin, M. Mine, A. Koganemaru, et al., Morphology and mechanical and electrical properties of oriented PVA-VGCF and PVA-MWNT composites, Polymer 47 (4) (2006) 1308-1317.

(b) S. Hooshmand, A. Soroudi, M. Skrifvars, Electro-conductive composite fibers by melt spinning of polypropylene/polyamide/carbon nanotubes, Synth. Met. 161 (15-16) (2011) 1731-1737.

［57］ Y. Mamunya, A. Boudenne, N. Lebovka, et al., Electrical and thermophysical behaviour of PVC-MWCNT nanocomposites, Compos. Sci. Technol. 68 (9) (2008) 1981-1988.

［58］ (a) A. N. Mallya, P. C. Ramamurthy, Design and fabrication of a highly stable polymer carbon nanotube nanocomposite chemiresistive sensor for nitrate ion detection in water，ECS J. Solid State Sci. Technol. 7，（7）（2018）3054-3064.

（b）N. Hu，Y. Katube，H. Fukunaga，A Strain Sensor from a Polymer/Carbon Nanotube Nanocomposite，vol. 19，2010，77-86.

（c）B. Pradhan，K. Setyowati，H. Liu，et al. ，Carbon nanotube：polymer nano-composite infrared sensor，Nano Lett. ，8（4）（2008）1142-1146.

（d）N. Hu，Y. Karube，C. Yan，et al. ，Tunneling effect in a polymer/carbon nanotybe nanocomposite strain sensor，Acta Mater. 56（13）（2008）2929-2936.

［59］S. Berber，Y. -K. Kwon，D. Tománek，Unusually high thermal conductivity of carbon nanotubes，Phys. Rev. Lett. 84（20）（2000）4613.

［60］P. Kim，L. Shi，A. Majumdar，et al. ，Thermal transport measurements of individual multiwalled nanotubes，Phys. Rev. Lett. 87（21）（2001）215502.

［61］Z. Han，A. Fina，Thermal conductivity of carbon nanotubes and their polymer nanocomposites：a review，Prog. Polym. Sci. 36（7）（2011）914-944.

［62］（a）W. Li，J. Hao，P. Zhou，et al. ，Solvent-solubility-parameter-de-pendent homogeneity and sol-gel transitions of concentrated polyacrylonitrile solutions，J. Appl. Polym. Sci. 134（41）（2017）.

（b）J. Hao，F. An，Y. Yu，et al. ，Effect of coagulation conditions on solvent dif-fusions and the structures and tensile properties of solution spun polyacrylonitrile fibers，J. Appl. Polym. Sci. 134（5）（2017）44390.

［63］H. G. Chae，B. A. Newcomb，P. V Gulgunje，et al. ，High strength and high modulus carbon fibers，Carbon 93（2015）81-87.

［64］J. Lee，J. I. Choi，A. E. Cho，et al. ，Origin and control of polyacrylonitrile alignments on carbon nanotubes and graphene nanoribbons，Adv. Funct. Mater. （15）（2018）28.

［65］Y. Liu，H. G. Chae，S. Kumar，Gel-spun carbon nanotubes/polyacrylonitrile composite fibers. Part Ⅱ：stabilization reaction kinetics and effect of gas environment，Carbon 49（13）（2011）4477-4486.

［66］（a）N. Tajaddod，H. Li，M. L. Minus，Low-temperarure graphitic formation promoted by confined interphase structures in polyacrylonitrile/carbon nanotube materials，Polymer 137（2018）346-357.

（b）Y. Liu，H. G. Chae，S. Kumar，Gel-spun carbon nanotubes/polyacrylonitrile composite fibers. Part Ⅲ：effect of stabilization conditions on carbon fiber properties，

Carbon 49（13）（2011）4487-4496.

［67］ （a）P. Sabina, et al., Carbonization of electrospun poly（acrylonitrile）nanofibers containing multiwalled carbon nanotubes observed by transmission electron microscope with in situ heating, Polym. Sci. B Polym. Phys. 48（20）（2010）2121-2128.

（b）P. Sabina, Z. Eyal, C. Yachin, The effect of embedded carbon nanotubes on the morphological evolution during the carbonization of poly（acrylonitrile）nanofibers, Nanotechnology 19（16）（2008）165603.

［68］ （a）Y. Lv., C. Peng, Chemically grafting carbon nanotubes onto carbon fibers for enhancing interfacial strength in carbon fiber/HDPE composites, Surf. Interface Anal. 50（5）（2018）552-557.

（b）H. Cui., Z. Jin., D. Zheng, et al., Effect of carbon fibers grafted with carbon nanotubes on mechanical properties of cement-based composites, Constr. Build. Mater. 181（2018）713-720.

（c）H. S. Bedi, S. S. Padhee, P. K. Agnihotri, Effect of carbon nanotube grafting on the wettability and average mechanical properties of carbon fiber/polymer multiscale composites, Polym. Compos. 39（2018）1184-1195.

（d）L. Zhang, N. De Greef, G. Kalinka, et al., Carbon nanotube-grafted carbon fiber polymer composites: damage characterization on the micro-scale, Compos. B Eng. 126（2017）202-210.

（e）L. Feng, K. -Z. Li, J. -H. Lu, et al., Effect of growth temperature on carbon nanotube grafting morphology, and mechanical behavior of carbon fibers and carbon/carbon composites, J. Mater. Sci. Technol. 33（1）（2017）65-70.

（f）M. S. Islam, Y. Deng, L. Tong, et al., Grafting carbon nanotubes directly onto carbon fibers for superior mechanical stability: towards next generation aerospace composites and energy storage applications, Carbon 96（2016）701-710.

（g）W. Fan, Y. Wang, C. Wang, et al., High efficient preparation of carbon nanotube-grafted carbon fibers with the improved tensile strength, Appl. Surf. Sci. 364（2016）539-551.

（h）L. Feng, K. -z. Li, Z. -s. Si, et al., Compressive and interlaminar shear properties of carbon/carbon composite laminates reinforced with carbon nanotube-grafted carbon fibers produced by injection chemical vapor deposition, Mater. Sci. Eng. A 626

（2015）449-457.

（i）N. Subramanian, B. Koo, K. R. Venkatesan, et al. , Interface mechanics of carbon fibers with radially-grown carbon nanotubes, Carbon 134（2018）123-133.

［69］M. L. Minus, H. G. Chae. S. Kumar, Observations on solution crystallization of poly（vinyl alcohol）in the presence of single-wall carbon nanotubes, Macromol. Rapid Commun. 31（3）（2010）310-316.

［70］P. Miaudet, S. Badaire, M. Maugey, et al. , Hot-drawing of single and multiwall carbon nanotube fibers for high toughness and alignment, Nano Lett. 5（11）（2005）2212-2215.

［71］X. Xu, A. J. Uddin, K. AoKi, et al. , Fabrication of high strength PVA/SWCNT composite fibers by gel spinning, Carbon 48（7）（2010）1977-1984.

［72］L. L. Lu, W. J. Hou, J. Sun, et al. , Preparation of poly（vinylalcohol）fibers strengthened using multiwalled carbon nanotubes functionalized with tea polyphenols, J. Mater. Sci. 49（9）（2014）3322-3330.

［73］Y. Z. Wei, D. P. Lai, L. M. Zou, et al. , Facile fabrication of PVA composite fibers with high fraction of multiwalled carbon nanotubes by gel spinning, Polym. Eng. Sci. 58（1）（2018）37-45.

［74］J. S. Meng, Y. Y. Zhang, K. N. Song, et al. , Forming crystalline polymer-nano interphase structures for high-modulus and high-tensile/strength composite fibers, Macromol. Mater. Eng. 299（2）（2014）144-153.

［75］（a）M. Afshari, DJ Sikkema, K. Lee, et al. , High performance fibers based on rigid and flexible polymers, Polym. Rev. 48（2）（2008）230-274.

（b）H. G. Chae, S. Kumar, Rigid-rod polymeric fibers, J. Appl. Polym. Sci. 100（1）（2006）791-802.

［76］（a）J. P. F Lagerwall, G. Scalia, Carbon nanotubes in liquid crystals, J. Mater. Chem. 18（25）（2008）2890-2898.

（b）M. D. Lynch, D. L. Patrick, Organizing carbon nanotubes with liquid crystals, Nano Lett. 2（11）（2002）1197-1201.

［77］S. Kumar, T. D. Dang, F. E. Arnold, et al. , Synthesis, structure, and properties of PBO/SWNT composites, Macromolecules 35（24）（2002）9039-9043.

［78］K. Hun-Sik, M. Seung Jun, J. Rira, et al. , Preparation and characterization of poly（p-phenylene terephthalamide）/multiwalled carbon nanotube composites via in−situ polymerization, Mol. Cryst. Liquid Cryst. 492 (1) (2008) 20−27.

［79］ T. Sainsbury, K. Erickson, D. Okawa, et al. , Kevlar functionalized carbon nanotubes for next − generation composites, Chem. Mater. 22 (6) (2010) 2164 − 2171.

［80］ C. Yutong, L. Zhaofeng, G. Xianghua, et al. , Dynamic rheological studies of poly (p − phenyleneterephthalamide) and carbon nanotube blends in sulfuric acid, Int. J. mol. Sci. 11 (4) (2010) 1352−1364.

［81］ L. Deng, R. J. Young, S. van der Zwaag, et al. , Characterization of the adhesion of single−walled carbon nanotubes in poly (p−phenylene terephthalamide) composite fibres, Polymer 51 (9) (2010) 2033−2039.

［82］ I. O'Connor, H. Hayden, J. N. Coleman, et al. , High−strength, hightoughness composite fibers by swelling Kevlar in nanotube suspensions, Small 5 (4) (2009) 466−469.

［83］ (a) S. Sharma, A. K. Pathak, V. N. Singh, et al. , Excellent mechanical properties of long multiwalled carbon nanotube bridged Kevlar fabric, Carbon 137 (2018) 104−117.

(b) E. D. LaBarre, X. Calderon − Colon, M. Morris, et al. , Effect of a carbon nanotube coating on friction and impact performance of Kevlar, J. Mater. Sci. 50 (16) (2015) 5431−5442.

［84］ C. H. Zhang, H. F. Xu, Z. X. Jiang, et al. , Carbon nanotubes grafting PBO fiber：a study on the interfacial properties of epoxy composites, Polym. Compos. 33 (6) (2012) 927−932.

［85］ X. Yan, H. Dong, Y. Liu, et al. , Effect of processing conditions on the dispersion of carbon nanotubes in polyacrylonitrile solutions, J. Appl. Polym. Sci. 132 (26) (2015) 42177.

［86］ C. Pramanik, J. R. Gissinger, S. Kumar, et al. , Carbon nanotube dispersion in solvents and polymer solutions：mechanisms, assembly, and preferences, ACS Nano 11 (12) (2017) 12805−12816.

［87］ T. Liu, S. Kumar, Effect of orientation on the modulus of SWNT films and fibers, Nano Lett. 3 (5) (2003) 647−650.

［88］ P. H. Wang, S. Sarkar, P. Gulgunje, et al. , Fracture mechanism of high impact strength polypropylene containing carbon nanotubes, Polymer 151 (2018) 287−298.

第 6 章　碳纳米管纤维的后处理

Hai Minh Duong，Sandar Myo Myint，Thang Quyet Tran，Duyen Khac Le
新加坡国立大学，新加坡

可以采用三种方法制备有序排列的 CNT 纤维，即从 CNT 溶液纺丝[1,2]、从 CNT 阵列中拉伸纺丝[3-5] 和通过浮动催化剂法直接纺丝[6-12]。相比浮动催化剂法直接纺丝而言，由前两种方法制备的 CNT 纤维相对更纯，而后面的直接纺丝法制备的 CNT 纤维由于其一步法制备工艺而含有许多催化剂和无定形碳杂质[6,13]，这些残留杂质降低了纤维性能并限制了其应用范围。尽管初纺 CNT 纤维已具有优异的力学和电学性能，但许多研究表明通过不同的后处理[3,14-21] 可进一步改善其性能，如致密化处理。

致密化处理可分为间接法（如加捻[22-23]、溶剂致密化[23]、模具拉制[24]）和直接法（如摩擦[25] 和加压罗拉[26]）。间接法受其低致密化作用力的限制[22-24]，相比较而言，直接法更为有效，因为更高的致密化作用力可以直接施加到 CNT 纤维上，从而获得更致密的 CNT 纤维结构[26]。CNT 纤维的特性也可以通过聚合物渗透得到增强，其中通过渗透过程在 CNT 束之间形成交联可以有效提高 CNT 纤维的管间载荷传递效率，从而使其具有更好的力学性能[22,27-28]。尽管许多研究探讨了每种单独后处理对 CNT 纤维性能的影响，但是关于它们的综合影响却很少有报道[28-31]。由于每种处理方式对 CNT 纤维的性能都有不同的影响，因而两种后处理方法的结合有望更显著地提高纤维的性能。本章回顾了几种后处理对 CNT 纤维力学性能的影响。

6.1　加捻

第一种 CNT 纤维是通过将 CNT 均匀分散到 PVA 凝固浴中纺丝制备的[32]，Baughman 研究小组对该方法进行改进并制造出具有非常高强度的 SWNT 复合纤维[33-34]。该方法存在的主要问题是剩余聚合物体积的比例相对较高和单个 CNT 较短，这限制了纤维强度、导电性和导热性的提高[35]。

　　纤维中 CNT 间的载荷转移取决于 CNT 间的接触面积和管内空间[17]。加捻是一种可以通过减少管内空间而使 CNT 纤维致密化的有效后处理方式。在高的加捻角下，纤维中的 CNT 彼此间更紧密，增强了束间的范德瓦耳斯力和摩擦力，从而增加了纤维强度。Zhang 等[20] 研究了纤维捻度对从 650μm 长度的阵列中纺成的 CNT 纤维力学性能的影响。他们使用由微探针制成的纺锤体从 CNT 阵列中纺制出 CNT 纤维，在后纺加捻过程中，在纤维的一端悬挂适当的重物以提供轴向张力，而纤维的另一端与旋转器相连，旋转后加捻的程度取决于加捻速度以及加捻时间。研究表明，一根 5cm 长的 CNT 纤维在 500r/min 的旋转速率下加捻 2min，可产生20000 捻/min。经后纺加捻后，CNT 纤维的拉伸强度从 0.85GPa 显著增加到1.9GPa。此外，加捻后纤维直径从 4μm 减少到 3μm，这证明了加捻处理具有致密化效果。

　　然而，由 Zhao 等[3,21] 进行的研究表明，如果纤维过度加捻，其捻度也会对纤维强度产生负面影响。这点可以通过以下事实予以证实：尽管加捻减少了管内空间并减小了 CNT 之间的接触电阻[15,18]，在更高的加捻角下，纤维与纤维轴的错位更多，因此降低了纤维强度。Miao[18] 研究表明，可以通过增加它们的加捻角来获得更高密度（即更低的纤维孔隙率）的 CNT 纤维。有趣的是，他发现 CNT 纤维的电导率随着纤维孔隙率的增加而降低 ［图 6.1（a）］，但它们的比电导率几乎与纤维孔隙率无关 ［图 6.1（b）］。

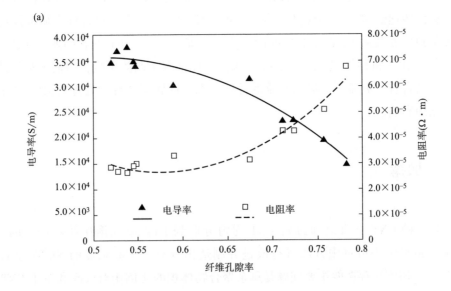

(b)

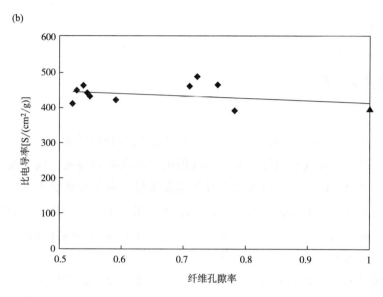

图 6.1　（a）纤维孔隙率对纯 CNT 纤维电导率和电阻率的影响；（b）纤维孔隙率对 CNT 纤维比
电导率的影响[18]。

6.2　溶剂致密化

初纺 CNT 纤维也可以通过溶剂进行致密化[23]。在这种方法中，液体被 CNT 纤维吸收然后蒸发，由于溶剂的表面张力作用，纤维会随着其直径的减小而致密化。Liu 等[23] 报道了一种简单的连续纺丝方法，该方法结合了加捻和致密工艺。在该方法中，从高度有序的 CNT 阵列新纺出的纱线首先被加捻，然后通过挥发性溶剂进行致密，所生产的纱线由紧密堆积的 CNT 组成，因此具有高达约 1GPa 的拉伸强度。该纱线的抗拉强度取决于纱线的直径和加捻角。不同种类的溶剂，如水、乙醇和丙酮都可用于加捻纱线的致密，其中以丙酮的致密效果最好。研究比较了在溶剂致密化处理前后从垂直排列的 CNT 阵列纺成的 CNT 纤维的力学性能，其应力—应变曲线表明，在溶剂致密化后，纤维的最大应变没有变化，但其强度和杨氏模量显著提高。

处理后纤维的直径从 11.5μm 减小到 9.7μm，表明制备的纤维结构更致密[23]。采用丙酮溶剂致密后，CNT 纤维的载荷增加 15%～40% 和直径减小

15%~24%。该方法适用于直径分布广的高强 CNT 纱线的连续化生产，尤其是超细纱线的制备。

6.3　涂层和掺杂

CNT 纤维生产和处理的目的是将单个 CNT 的优良特性转化为宏观碳纳米管组件的特性，其中，替代金属作为通用导线的电缆将在电力传输、航空航天和汽车工业中得到大批量的应用。目前已有几种制备多壁、双壁和单壁等不同类型 CNT 以获得具有良好力学性能纳米管纤维的方法，其电阻率介于 $7.1×10^{-3}~2×10^{-6}\Omega\cdot m$。迄今为止已报道的 CNT 电阻率值，要比广泛应用于载流的导电性最强的金属之一的无氧铜（$1.68×10^{-8}\Omega\cdot m$）高 2~3 个数量级。

通过纳米粒子涂层或掺杂可以使 CNT 纤维的导电性显著提高[36]。Randeniya 等[36] 比较了纯 CNT 纤维和掺杂金属纳米颗粒（包括 Cu、Au、Pd 和 Pt）纤维的电学性能，研究表明掺杂 Cu 和 Au 的 CNT 纤维在室温下具有高达 $3×10^2S/cm$ 的电导率，是纯 CNT 纤维的 600 倍。同样，Pd 和 Pt 涂层的 CNT 纤维分别显示出 $2×10^4S/cm$ 和 $5×10^3S/cm$ 的较高电导率。

与在 CNT 纤维表面涂覆纳米颗粒[37] 不同，Zhao 等将碘原子引入直径为 2~3nm 的 DWNT 纤维的结构中，研究了 CNT 电缆的制造和掺杂，获得的纤维的电阻率更接近于与铜为同一个数量级的电阻率，其优异的导电性能是通过 CNT 的独特结构与加工和掺杂合理设计之间的协同效应实现的。纳米管沿一个方向排列，纳米管束间相互连接并形成连续网络，小束和纳米管本身有几微米长。将纳米管编织进电缆后，纳米管自然有序排列，这种有利于电缆导电性的结构被保留下来。CNT 纤维的电导率达到 $6.7×10^8S/cm$。由于纤维的低密度（$0.33g/cm^3$），其比电导率甚至高于铜和铝。

6.4　酸处理

CNT 纤维中的杂质可以通过优化合成工艺[6,38-39] 采用纯化处理[29-31,40-41] 来去除。由于其简单、成本低和可扩展性，在液相或气相中进行氧化纯化已被广泛用于纯化 CNT[42]。液相氧化使用碱或者酸溶液，气相氧化使用空气、氧气或其他气体，而且可以采用酸浸[43]。尽管通过液相氧化法已经成功地纯化 CNT 纤维并被广泛报道[29-31]，但通过气相氧化法纯化 CNT 纤维的研究非常有限，尤其是对通过浮动催化剂法纺制的 CNT 纤维。

6.4.1　CNT 纤维的纯化

CNT 能够在氯磺酸（HSO_3Cl）中溶解[44]，在这种溶剂中能够获得良好可控的 CNT 形态[44] 并用于生产不同的宏观 CNT 组件[1,45]。虽然已经对 CNT 粉末在超强酸中的溶解进行了许多研究[1,44-45]，但是关于浮动催化剂直接法制备的 CNT 纤维溶解的报道却很少。使用空气氧化纯化，然后用 HCl 洗涤的方法，可用于纯化通过浮动催化剂法纺成的 CNT 纤维。

图 6.2 所示为通过浮动催化剂法生产的初纺和纯化 CNT 纤维的 TEM、TGA 以及拉曼测试结果。由于其高纯度，只有从甲苯纺丝制成的 CNT 纤维用于纯化。从图 6.2（a）可以看出，初纺 CNT 纤维主要由平均直径为（5.5±0.4）nm 的 DWNTs 构成。在纤维结构中可以观察到被石墨层包裹的铁杂质［图 6.2（b）］。经过纯化处理后，在图 6.2（c）所示的 CNT 结构中几乎观察不到铁杂质，表明 CNT 纤维已经较为纯净。

在 CNT 的 TGA 分析中，低于 400℃下的失重通常对应于从样品中去除的无定形和无序碳[31,46]。一般而言，CNT 在 400℃ 以上才开始氧化。图 6.2（e）所示的 TGA 结果表明，纯化后的 CNT 纤维中的含碳杂质低于 1%，并且纯化处理将铁杂质从 11.9% 降低到 4.2%。处理后 CNT 的氧化分解［图 6.2（e）］ 使温度显著升高（50℃）也可证实上述结论。由于铁杂质的存在，CNT 的活化能降低并且它们的依附性氧化也被催化[46]。因此，铁杂质的减少提高了纯化 CNT 纤维的热稳定性，这些发现与 Lin 等[43] 报道的纯化 CNT 薄膜的热稳定性增强非常一致。

研究结果表明，使用空气和 HCl 纯化处理可以有效地减少浮动催化剂法纺制而成的 CNT 纤维中的铁和碳杂质。但是由于碳壳将它们包裹起来，因此无法通过简单的酸洗去除初纺 CNT 纤维中的铁杂质。同时，这些杂质会催化保护性碳壳的氧化，导致其抗氧化性降低[42-43]。由于 CNT、无定形碳以及多层碳纳米球之间的抗氧化能力不同，催化剂杂质暴露在外并被盐酸溶解，因此，纯化处理可降低 CNT 纤维中的杂质含量。然而，由于 CNT 纤维的高度堆积结构，在纯化过程中并非所有 CNT 都暴露于空气中进行氧化，因此，纤维结构中仍会残留少量催化剂杂质[46]。

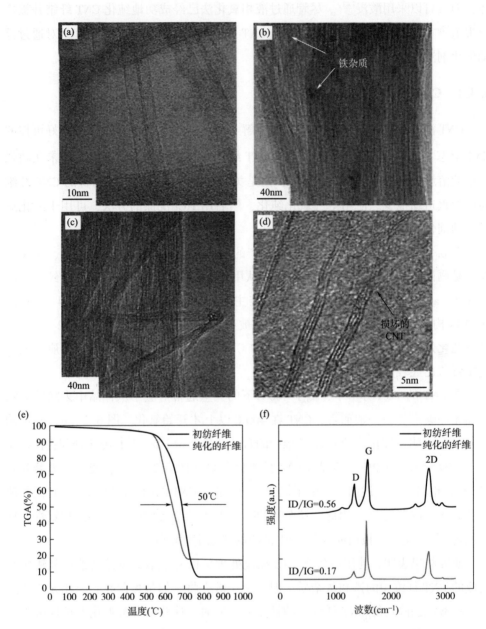

图 6.2 （a）（b）初纺 CNT 纤维 TEM 图；（c）纯化 CNT 纤维 TEM 图；（d）因纯化而损坏的
CNT；（e）TGA 结果；（f）初纺和纯化 CNT 纤维拉曼光谱图。

强度比（ID/IG）常用于 CNT 上存在缺陷的评估[46]。图 6.2（f）所示的
CNT 纤维的 ID/IG 比在纯化处理后从 0.17 增加到 0.56，表明该处理将缺陷引入

了 CNT 结构中。纯化后 CNT 结构中的缺陷增加的原因可能为：尽管 CNT 比无定形碳具有更好的抗氧化性[46]，但是在氧化过程中 CNT 本身在其缺陷位点受到攻击。纯化处理还可能减少 CNT 的数量，并使剩余的 CNT 受到损坏［图 6.2（d）］，从而导致更高的缺陷密度[42]。这些发现与通过空气氧化处理纯化 CNT 膜[43] 和 CNT 粉末[46] 导致的结构缺陷增加的结果一致。因此，需要仔细设计和优化氧化处理工艺，以使杂质含量、CNT 结构以及 CNT 纤维性能增强达到较好的平衡。

利用各向同性点的测量对 CNT 长度分布进行了测量，通过 TEM 以及对数正态分布假设下黏度平均长径比数据对 CNT 的直径进行了估算[47]，获知 CNT 平均长度约为 2μm，而且大约 90% 的 CNT 长度小于 6μm。该结果与前述形成的 CNT 晶团状体以及 Oakes 等[48] 报道的 F-肌动蛋白晶团状体所需的长度高度一致。组成纤维的 CNT 长度仍然比许多商用 SWNTs 和 DWNTs ［如 HiPco183.6（1.51μm）、HiPco 188.3（0.29μm）、UniDym OE（1.92μm）以及 SWeNT CG300（0.71μm）］等的长度更长[47]。

CNT 在纯化过程中可能因末端氧化而变短。因此，初纺纤维中的平均 CNT 长度可能长于 2μm。此外，纤维中 CNT 长度和 CNT 长径比（长度/直径比）可以通过优化氧化纯化过程来改善[42-43]，或者可以通过控制铁催化剂的尺寸优化合成工艺以达到减小 CNT 直径的目的，也可以采用不同碳源和合成温度以促进 CNT 的生长[6-7,49]。

6.4.2　酸化对 CNT 纤维力学性能的影响

CNT 纤维的拉伸性能可以通过酸处理的 CNT 表面改性予以提高[50]。Meng[50] 等将利用 CNT 阵列纺成的 CNT 纤维浸入 HNO_3（16M）中几个小时，通过引入包括羟基（—OH）、甲基（—CH_3）/亚甲基（—CH_2—）以及羰基（—C═O）等各种官能团对 CNT 表面进行修饰[50]。表面改性增强了 CNT 之间相互作用以及界面剪切性能，最终改善了 CNT 之间的载荷转移。这些变化也体现在纤维的力学性能上，经过 2h 处理后，强度增加 50%。但是，过长时间的酸处理会破坏 CNT 的晶体结构，反而会导致纤维强度的下降。

图 6.3 所示为初纺和纯化 CNT 纤维的表面形貌、力学性能以及电学性能的比较。图 6.3（a）和（b）中的初纺 CNT 纤维由沿纤维轴向排列的 CNT 束组成，其直径约为（8±0.2）μm。由于纯化处理后杂质的去除，纤维直径减小近 19%，达到（6.5±0.18）μm［图 6.3（c）］。在纯化 CNT 纤维的结构中观察到 CNT 束排

列良好［图 6.3（d）］，表明纯化处理保留了纤维的有序结构。此外，在图 6.3（d）中观察到的较大束尺寸表明，纯化处理去除杂质可使 CNT 和 CNT 束之间形成更强的范德瓦耳斯相互作用力。由于去除杂质后的体积收缩，CNT 纤维向内凝聚显著，导致表面略微起皱，如图 6.3（d）所示。

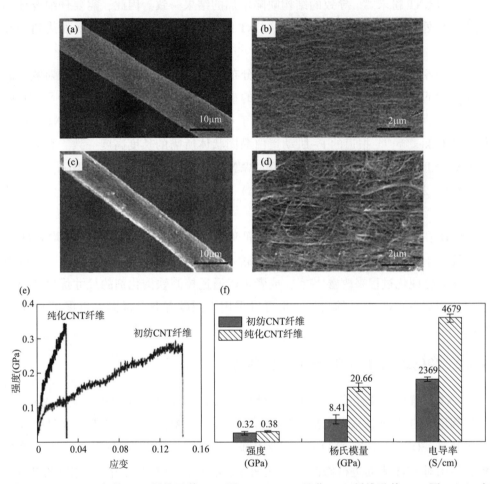

图 6.3 （a）（b）初纺 CNT 纤维及其 SEM 图；（c）（d）纯化 CNT 纤维及其 SEM 图；（e）应力—应变曲线；（f）初纺和纯化 CNT 纤维的力学和电学性能。

初纺 CNT 纤维的平均拉伸强度和杨氏模量分别为 0.32GPa 和 8.41GPa，如图 6.3（e）和（f）所示。尽管在纯化过程中由于引入缺陷可能会损坏一部分 CNT，但纯化后显著降低的 CNT 纤维直径对纤维的性能还是有积极的贡献，从而改善了纤维的力学性能和电学性能。由于纯化后纤维横截面积减少约 1.5 倍，因此预计 CNT 纤维的力学性能和电学性能将以相同的比例变化。事实上，纯化后的 CNT 纤维的拉伸强度和杨氏模量分别为 0.38GPa 和 20.66GPa，分别对应于初纺 CNT 纤维的 119% 和 246%。然而，由于纤维直径的减小，纤维断裂前的最大拉伸载荷从 1.6cN 略微下降到 1.2cN。

更重要的是，CNT 纤维在纯化处理后电导率增加近两倍，从大约 2400S/cm 增加到 4600S/cm。CNT 纤维性能的显著增强可能是由于纳米管之间相互作用的改善和 CNT 纤维在纯化后更加致密以及更加清洁的结构使 CNT 接触面积增加所致[30]。因此，CNT 纤维的有效纯化可以显著改善其电学性能和力学性能。这些发现与通过空气氧化方法纯化 CNT 膜和加捻 CNT 纤维的形态和性能的改善非常一致[43,51]。

将应用浮动催化剂法生产的初纺 CNT 纤维浸入浓硝酸中进行纯化。图 6.4 所示为酸化前后 CNT 纤维的 SEM 图、尺寸和力学性能。由图 6.4（b）可以看

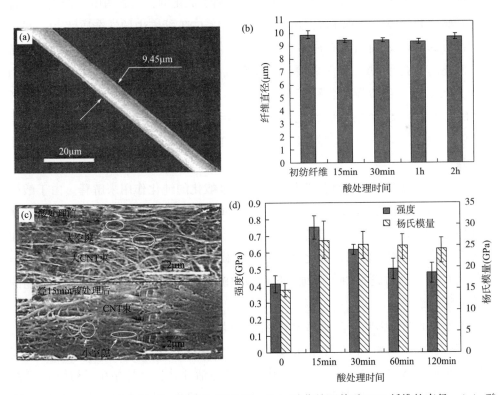

图 6.4　（a）15min 酸化后 CNT 纤维的 SEM 图；（b）酸化处理前后 CNT 纤维的直径；（c）酸化处理前后 CNT 纤维的表面形貌；（d）酸化处理时间对 CNT 纤维力学性能的影响。

出，酸化后 CNT 纤维的尺寸略小于初纺纤维的尺寸。这种直径的减小是由于酸处理对 CNT 纤维的致密化效果所致[50,52]。此外，处理后 CNT 束尺寸增加，管间空间减小，表明酸化 CNT 纤维比初纺 CNT 纤维具有更致密的结构和更好的 CNT 排列。

图 6.4（d）所示为不同酸化时间下 CNT 纤维的拉伸强度和杨氏模量。酸化作用化可以显著提高 CNT 纤维的力学性能。初纺 CNT 纤维的拉伸强度和杨氏模量分别为（0.41±0.05）GPa 和（14.6±1.5）GPa。处理 15min 后，它们的拉伸强度和杨氏模量分别显著增加至（0.73±0.07）GPa 和（26.12±4.32）GPa，分别对应于其初纺产物的 178% 和 179%。然而，超过 15min 的长时间处理反而会降低 CNT 纤维的力学性能。经 120min 酸化的 CNT 纤维的拉伸强度和杨氏模量分别低至（0.48±0.06）GPa 和（24.12±3.24）GPa。

图 6.5 所示为初纺和 15min 酸化处理的 CNT 纤维的 TEM 图和拉曼光谱图比较。由图 6.5（c）可知，酸化的 CNT 表面可观察到铁催化剂，这表明由于催化剂外部的保护碳层和较短的处理时间，并没有完全去除 CNT 纤维中的铁杂质[30-31]。虽然初纺纤维的 CNT 表面附着有许多含碳杂质，但由于酸处理对 CNT 结构的纯化效果，酸化的 CNT 更薄，表面更清洁，如图 6.5（a）和（b）所示，这些发现由图 6.5（d）所示的拉曼光谱图也可予以证实。由于酸处理，实验所得 CNT 纤维的 IG/ID 比从 2.34 略微增加到 3.25，表明酸化后 CNT 的缺陷变得更少。这些发现与 Liu 等[29] 报道的浓 HNO_3 对罗拉法纺制的 CNT 纤维和初纺 CNT 薄膜的纯化效果非常一致。

酸化后 CNT 纤维力学性能的改善可以通过酸化的纯化作用来解释。由于酸处理去除了无定形的碳杂质，清洁的 CNT 束之间可以获得更强的范德瓦耳斯力，从而使酸化纤维中的 CNT 束的堆叠效应增强[30-31]。由于酸处理增加了 CNT 束尺寸和 CNT 间的接触和相互作用，因此具有更高的载荷转移效率和增强的力学性能。结果与从 CNT 阵列纺成的 CNT 纤维通过硝酸和硫酸的混合物酸化达到的力学性能的改善非常一致[52]。

酸处理的纯化影响与处理后 CNT 纤维质量密度的降低是一致的。具体而言，15min 酸化处理后纤维的质量密度约为 1.53g/cm³，比初纺纤维的质量密度（1.80g/cm³）低约 15%。由于无定形碳杂质具有活性并且总是存在于初纺 CNT 纤维中，酸处理可能会使它们氧化形成氧化碎片，然后在随后的水洗过程中被去除[53-54]。但是，超过 15min 的长时间处理却不能进一步提高 CNT 纤维的力学性能，如图 6.4（d）所示。这一结果可以通过以下事实予以解释：尽管可以获得更致密

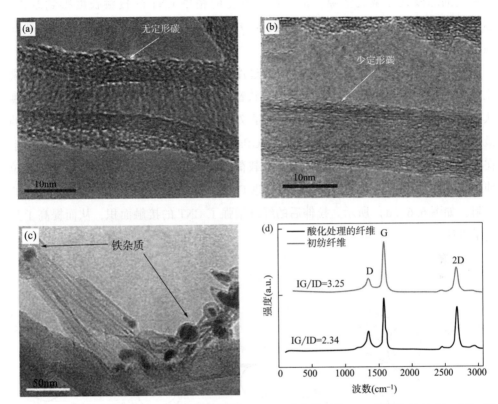

图 6.5   （a）初纺 CNT 纤维 TEM 图；（b）（c）15min 酸化处理的 CNT 纤维的 TEM 图；（d）初
纺和 15min 酸化处理的 CNT 纤维的拉曼光谱图。

的纤维结构，但 CNT 结构可能会在长时间处理中被损坏[50,55]。界面剪切强度提高
和 CNT 结构损坏的竞争将最终决定 CNT 纤维的力学性能。因此，需要精细控制如
酸浓度和处理时间等酸化参数，以优化酸化处理过程。

6.5   机械致密化与拉伸

在所有致密化方法中，机械致密化是生产高密度 CNT 结构的最佳方法之一，
因为其将致密化作用力直接施加到纤维上[26,28]。几种基于机械致密化的传统纺织
无捻方法已被用于 CNT 纤维的致密化[25-26]。Miao[25] 使用摩擦辊系统 ［图 6.6
（a）］ 将从垂直排列的 CNT 阵列中拉出的 CNT 纤维网致密化为紧凑的无捻纤
维，得到的致密纤维由高填充密度的外鞘组成，CNT 笔直排列并平行于纤维轴，

低密度的芯核具有微观空隙。由于在致密化的鞘中 CNT 的接触长度得到改善，芯鞘结构的无捻 CNT 纤维表现出高达 59N/tex 的高比模量和 75cN/tex 的高比强度。

Wang 等[26] 使用加压罗拉系统将通过浮动催化剂法纺丝得到的 CNT 纤维致密化为高密度结构，如图 6.6（b）所示。致密化系数高达 10，其致密化纤维的强度从 0.3GPa 显著提高到 4.3GPa。该结果是文献报道中 10mm 标距长度 CNT 纤维的最高强度，而它们的杨氏模量保持在 90GPa，如图 6.6（c）所示，其增强是由于在处理后共同改善了纳米管和束之间的载荷转移。Badaire 等[14] 报道称，通过拉伸改善 CNT 排列可以降低通过高温热处理 CNT/PVA 复合纤维获得的 SWNT 纤维的电阻，如图 6.6（d）所示。拉伸后的纤维增强了 CNT 的接触面积，从而提高了其电学性能。

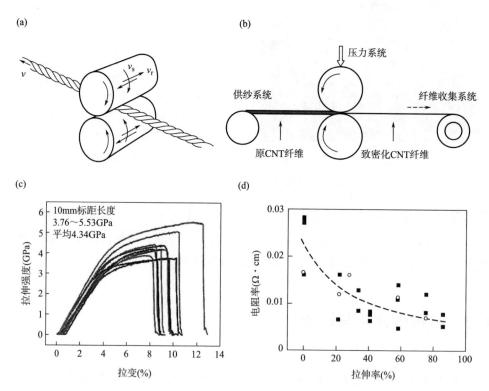

图 6.6 （a）摩擦辊罗拉系统制备无捻 CNT 纤维的实验装置示意图[25]；（b）加压罗拉系统对高密度 CNT 纤维致密化实验装置示意图；（c）机械致密化 CNT 纤维的应力—应变曲线[26]；（d）室温下电阻率与两组热处理 SWNT 纤维拉伸比间对应关系[14]。

6.6 渗透

与致密化处理一样，聚合物渗透也是提高 CNT 纤维强度的有效方法。增强效应是由于增强的管间载荷传递以及聚合物的结晶度[17,56-57]。很多聚合物都可用该方法进行处理，如 PVA、聚乙烯亚胺（PEI）和环氧树脂[56,58]。Liu 等[22] 比较了经过加捻、加捻与收缩以及 PVA 渗透三种方法处理后的 CNT 纤维拉伸强度，如图 6.7（a）所示。结果表明，CNT/PVA 复合纤维可以达到 1.95GPa 的高强度，比单纯加捻纤维高 255%，比加捻与致密处理的 CNT 纤维高 103%。如图 6.7（b）所示，渗透纤维的高强度可归因于两个主要因素：①CNT 和二甲基亚砜（DMSO）之间的高润湿性导致纤维直径的减小；②渗透处理改善了 CNT 之间的载荷转移效率而使拉伸载荷提高。

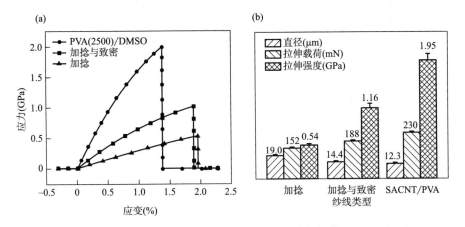

图 6.7 （a）典型 CNT/PVA 纤维和两种纯 CNT 纤维的应力—应变曲线；（b）加捻、收缩（通过 DMSO）和 CNT/PVA 纤维的直径、拉伸载荷和单加捻拉伸强度的比较[22]。

Wang 等[55] 将氧化石墨烯（GO）引入 CNT 纤维结构中以增强其界面剪切强度，如图 6.8 所示。由于氧化石墨烯的尺寸和纤维内的空隙密切匹配，CNT 束是互锁的，因此增强了它们的剪切相互作用。因此，渗入氧化石墨烯的 CNT 纤维显示出 100% 的杨氏模量、110% 的屈服强度、56% 的拉伸强度和 30% 的能量失效等方面的显著改善。

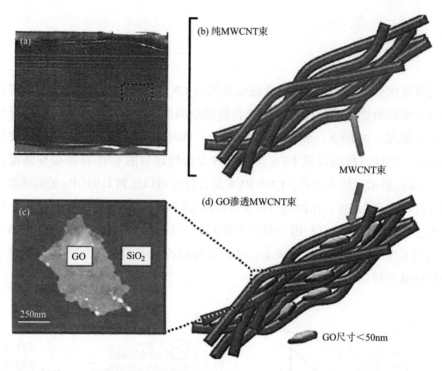

图 6.8　(a) 初纺 CNT 纤维表面的 SEM 图 (顶视图)；(b) 缠绕 CNT 束 3D 模型示意图；(c) SiO$_2$ 表面单个氧化石墨烯颗粒的 AFM 图；(d) 氧化石墨烯渗透 CNT 束 3D 模型示意图[55]。

6.7　辐照

电子束和离子束辐照已被用于制造 CNT 以及增强 CNT 组件。Miao 等[59] 在空气中使用伽马辐照后处理以增强从 CNT 阵列纺丝制备的纤维中 CNT 之间的横向相互作用，如图 6.9 (a) 所示。辐照后的 CNT 纤维力学性能得到显著增强，其平均断裂应力从 0.66GPa 增加到 0.84GPa，而它们的平均杨氏模量从 13.9GPa 增加到 23.3GPa，如图 6.9 (b) 所示。由于 CNT 纤维力学性能的提高伴随着与 CNT 相关的氧浓度的增加，因此可以假设纤维力学性能的提高可能源于化学反应导致的 CNT 交联。

Gigax 等[60] 研究了质子辐照对从 CNT 阵列纺丝制备的 CNT 纤维力学性能的影响。发现 CNT 纤维在辐照处理后具有更高的拉伸强度和更低的断裂应变，如图 6.9（c）所示。这可以从辐照纤维束内的 CNT 紧密堆积并且可能在这些区域形成管间连接这一事实予以解释。图 6.9（d）中的圆圈区域可能是一个键合点，因为这些 CNT 在其纤维生产过程中被剪切力所压缩。ID/IG 比率在低离子通量时降低，表明离子束诱导的缺陷修复。这种修复可以通过局部光束加热的热效应和通过形成可移动点缺陷与生产过程中引入的缺陷复合的非热效应得到解释[60]。

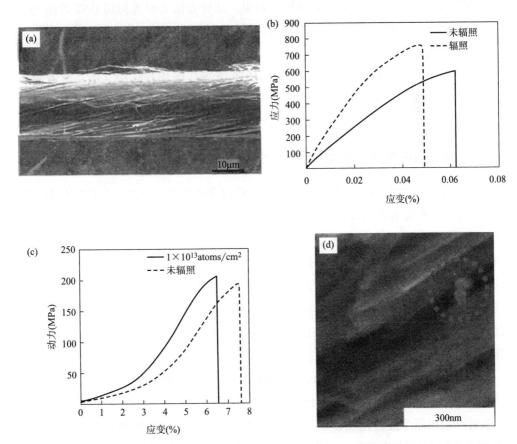

图 6.9 （a）伽马辐照处理由 CNT 阵列纺制的 CNT 纤维；（b）伽马辐照和未辐照 CNT 纤维应力—应变曲线；（c）未辐照和辐照纤维离子束作用下的应力—应变曲线；（d）具有良好离子来键合的纤维位置的 SEM 图（圆圈区域）。

6.8　CNT 纤维的混合处理

研究者开发了一种由酸化和环氧树脂渗透组成的混合后处理方法，以提高通过浮动催化剂法纺丝制备 CNT 纤维的力学性能。对酸化处理时间进行优化以平衡 CNT 的纯化和结构破坏间的影响；而使用环氧树脂渗透时，通过优化环氧树脂溶液的浓度以实现 CNT 之间的高载荷传递效率。这种方法为改善初纺 CNT 纤维的多功能特性提供了可能，特别是对于通过浮动催化剂方法生产的纤维。

多项研究表明，通过致密化[23,26,28,61]、纯化[31,40,62]或通过聚合创建 CNT 间新的交联[22,27-28,63]等方式来增强 CNT 管间的范德瓦耳斯相互作用，成功地改善了 CNT 纤维管间的相互作用。在这些后处理中，致密化和聚合物渗透是最有效的方法，因为它们可以对 CNT 纤维的力学和电学性能实现最好的增强效应[22,26-28]。

6.8.1　纯化和环氧树脂渗透联合后处理

将 15min 酸化处理的 CNT 纤维用于环氧树脂渗透处理，以进一步提高其力学性能。由于环氧树脂黏度较高，为此制备了一组以丙酮进行稀释的环氧树脂溶液（质量分数分别为 10%、20%、30%、40% 和 50%）以研究它们的渗透效果。图 6.10（a）所示为使用质量分数为 30% 环氧树脂渗透后 CNT 纤维的 SEM 图和在不同环氧树脂浓度下处理的 CNT 纤维的直径间的对应关系图。可以看出，渗透后 CNT 纤维的直径随着环氧树脂浓度的增加而增加。如图 6.10（b）所示，质量分数为 0 环氧树脂渗透后 CNT 纤维的直径为（9.5±0.05）μm，质量分数为 50% 环氧树脂渗透后 CNT 纤维的直径为（15.9±0.14）μm。

图 6.11 所示为用质量分数分别为 10%、30% 和 50% 环氧树脂溶液渗透的 CNT 纤维的表面形貌。环氧树脂很好地渗透到纤维结构中，渗透纤维中环氧树脂的量也随着环氧树脂浓度的增加而增加。在质量分数为 10% 环氧处理的纤维中仍然可以看到许多孔隙和 CNT 束，如图 6.1（a）所示。而在较高的环氧树脂质量分数（30%）下，纤维表面的环氧量增加，导致纤维孔隙的数量减少，但 CNT 束在处理过的纤维表面上仍然可见，如图 6.11（b）所示。采用最高环氧树脂质量分数（50%）渗透时，在纤维表面看不到孔隙而只有很少的 CNT 束·[图 6.11（c）]，表明大量环氧树脂覆盖了纤维表面，纤维结构中环氧树脂含量的增加是纤维直径增加的主要原因。

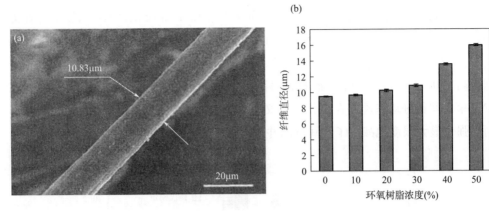

图 6.10　（a）质量分数为 30%环氧树脂渗透后 CNT 纤维的 SEM 图；（b）环氧树脂渗透对 CNT
纤维直径的影响。

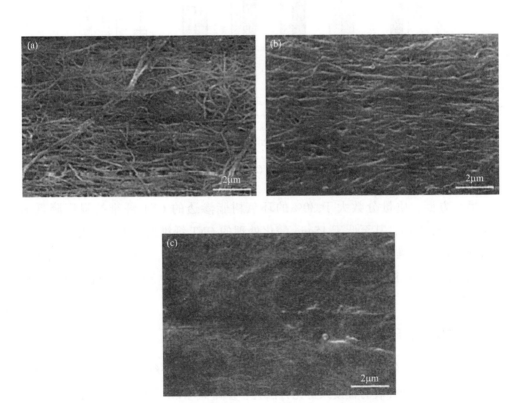

图 6.11　（a）（b）（c）分别为质量分数为 10%、30%、50%环氧树脂溶液浸润后的 CNT 纤维的
SEM 图。

111

图 6.12 所示为不同环氧树脂浓度渗透下 CNT 纤维的拉伸强度和杨氏模量的比较。当环氧树脂质量分数从 0 增加到 30% 时，CNT 纤维的力学性能有显著提高，强度从（0.73±0.07）GPa 增加到（1.1±0.02）GPa，杨氏模量从（26.12±4.32）GPa 增加到（68.78±1.33）GPa，与 15min 酸化处理的 CNT 纤维相比，分别提高 150% 和 263%。这种显著的提高可以通过以下事实来解释：环氧树脂在 CNT 束之间很好地渗透并在固化后将交联在一起[27-28]，因此，它们的管间相互作用更强，最大限度地减少了管间滑动并显著提高了 CNT 之间的应力传递效率。

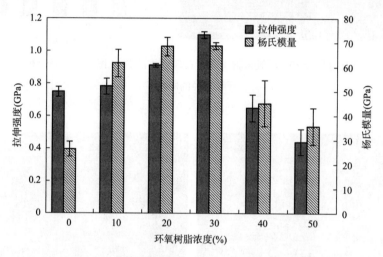

图 6.12　环氧树脂浓度对 CNT 纤维力学性能的影响。

另一方面，质量分数大于 30% 的环氧树脂渗透的 CNT 纤维的强度降低至（0.44±0.06）GPa，甚至低于 15min 酸化处理的 CNT 纤维的强度。在具有过量环氧树脂的 CNT 纤维中，较低的 CNT 比例会导致纤维结构中 CNT 增强无效，因此总体降低了其力学性能[31]。可以认为，环氧树脂质量分数为 30% 是改进纤维力学性能的最佳用量。

6.8.2　致密化和环氧树脂渗透联合后处理

据文献报道，将通过浮动催化剂技术纺制成的 CNT 纤维机械致密化为高密度结构的一种简单且有效的直接致密化方法为：从卧式 CVD 系统中直接纺制 CNT 纤维，使用甲烷作为碳源，卷绕速率为 15m/min，这种低卷绕速率可以获得用于机械致密化处理且具有良好柔韧性的 CNT 纤维[31]；将 CNT 纤维夹在两张 A4 纸之间，然后用刀具机械致密化为 CNT 条带；然后，使用质量分数为 30% 的环氧树脂溶液渗透带状结构以提高其力学性能。

如图 6.13（a）所示，初纺 CNT 纤维具有（13.5±0.21）μm 的均匀直径。由于纺丝速度低，研究所用初纺 CNT 纤维的取向度预计低于以 20m/min 纺速制备的纤维[31]。纤维表面有许多孔隙和空间，这表明初纺 CNT 纤维是多孔结构，如图 6.13（b）所示。

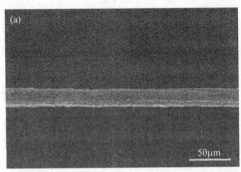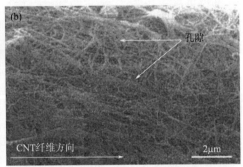

图 6.13　（a）初纺 CNT 纤维；（b）初纺纤维表面 SEM 图。

应用机械致密化处理后，CNT 纤维变成如图 6.14（a）和（b）所示的具有（22±1.1）μm 宽和（0.65±0.12）μm 厚的条带结构，与初纺 CNT 纤维相比，CNT 条带具有更紧密的结构，CNT 的沿纤维轴排列更好，如图 6.14（c）所示。而经环氧树脂渗透后，由于环氧树脂填充了大多数的孔隙和空间 [图 6.14（d）~（f）]，因此 CNT 条带显示出更光滑的表面，环氧树脂涂层条带的宽度和厚度分别为（23.5±1.2）μm 和（1±0.2）μm。

图 6.15（a）所示为初纺 CNT 纤维、CNT 条带和环氧树脂渗透的 CNT 条带的应力—应变曲线。可以看出，所有曲线在失效前都出现了从弹性形变到塑性形变的转变。曲线是线性的，通常在低应变（1%~2%）时斜率急剧增加，而在高应变时斜率逐渐减小，表明样品具有延展性。总体而言，每次经树脂处理后，CNT 样品的强度和模量都会有显著增加。

图 6.15（b）所示为 CNT 纤维、CNT 条带和环氧树脂渗透的 CNT 条带的强度和模量的对比。初纺 CNT 纤维的拉伸强度、杨氏模量和伸长率分别为（0.27±0.01）GPa、（4.28±0.38）GPa 和 12%[26]，在文献报道的初纺 MWNT 纤维范围内 [（0.15~0.46）GPa][17]。该性能特征可以通过 CNT 纤维的松散结构 [图 6.13（b）] 和 CNT 与 CNT 束之间的弱相互作用予以解释[20]。结果表明，溶剂致密化，特别是乙醇喷涂，并非是生产高性能 CNT 纤维的有效方法。

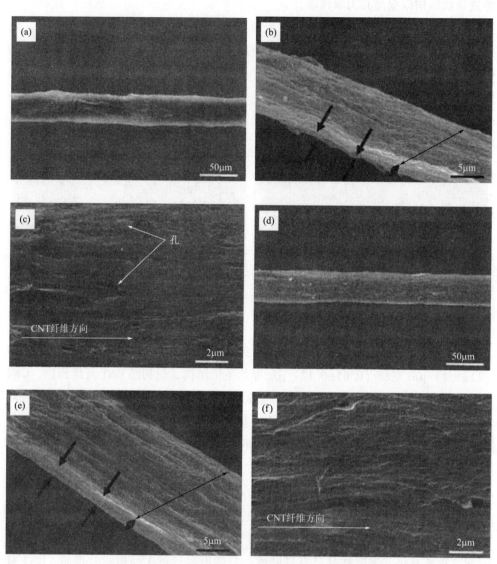

图 6.14　（a）（b）（c）分别为 SEM 图显示的 CNT 条带的宽度、厚度和表面形貌；（d）（e）（f）分别为 SEM 图显示的环氧树脂的宽度、厚度和渗透 CNT 条带的表面形貌。

　　而经机械致密化后，纤维的拉伸强度和杨氏模量分别增加到（2.81±0.07）GPa 和（78.72±6.51）GPa，分别提高接近 10 倍和 18 倍。这一显著的改善主要是因为处理后 CNT 纤维的横截面积从（143.1±5.2）μm^2 减少到（14.3±1.4）μm^2，而如图 6.15（c）所示的断裂拉伸载荷仅略微增加。

　　图 6.14（c）所示为观察到的 CNT 条带的高密度结构，表明机械致密化处理

增加了 CNT 的束尺寸以及 CNT 间的接触，并使其更好地有序化，从而使其断裂载荷从（3.81±0.13）cN 略微增加到（4.01±0.1）cN，如图 6.15（c）所示。致密化后 CNT 条带失效应变的减少是由于其更强的 CNT 间相互作用的结果。这些发现与通过加压罗拉法致密化 CNT 条带的发现一致[26]，表明机械致密化将是一种制备具有良好力学性能的高致密化 CNT 结构的有效后处理方式。

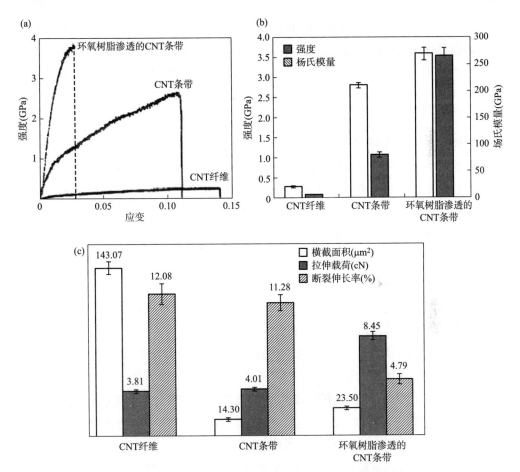

图 6.15 （a）CNT 样品应力—应变曲线；（b）CNT 样品拉伸强度和杨氏模量；（c）CNT 样品横截面积、拉伸载荷和断裂伸长率。

在环氧树脂渗透处理中，涂覆 CNT 条带的横截面积增加 60% 以上，如图 6.15（c）所示。该结果与经溶剂致密化和聚合物渗透法联合处理后 CNT 纤维横截面积的减少正好相反[22,27]。CNT 条带中 CNT 和 CNT 束上大量环氧树脂涂层是其横截面积增加的主要原因[31]。尽管在渗透处理后 CNT 条带的断裂载荷增加 100% 以上，但其强度仅显示出 20% 以上的略微增加，达到（3.6±0.16）GPa。

尽管经环氧树脂涂覆的 CNT 条带强度的提高远低于通过溶剂致密化和聚合物渗透的联合处理的 CNT 纤维，但环氧树脂涂覆的 CNT 条带对杨氏模量的提高还是较显著的[22,27]。具体而言，渗透处理后，它们的杨氏模量增加 3 倍以上，平均值达到（266±14.47）GPa。这一结果可以归因于 CNT 之间和 CNT 束之间界面载荷传递的显著增强。环氧树脂渗透到 CNT 结构中后，通过强的价键将 CNT 和 CNT 束形成交联，并最大限度地减少管间滑移[64]。因此，交联 CNT 条带的管间相互作用显著增强，导致其杨氏模量大幅增加。此外，涂层 CNT 条带的断裂伸长率和塑性区域的减小皆可归因于渗透环氧树脂对管间滑移的阻碍作用[64]。

6.8.3 联合后处理的优势

机械致密化已在许多不同 CNT 组件的致密化研究中得以应用，如具有双轴 CNT 阵列的致密化[65]、罗拉致密化[66] 以及具有加压系统的 CNT 纤维致密化[26]。在上述致密化技术中，垂直于纤维轴施加压力，可以将 CNT 纤维致密化为高度致密的结构。处理过程中产生的剪切应力会使 CNT 沿纤维轴轻微滑移，从而改善 CNT 的有序性。此外，两个保护层的应用可以防止处理过程中剪切和压缩作用造成的损坏，同时最大限度地改善填充效果[28]。致密样品的厚度由致密化处理过程中压力下两个保护层之间的间隙决定。尽管多次对样品施加了 100N 足够大的致密作用力，但在 CNT 纤维结构中并没有观察到损坏，该技术可以使用类似于加压罗拉系统的机理来致密化连续长度的 CNT 纤维[26]。

本章中描述的联合后处理实现了初纺 MWNT 纤维力学性能的改善。图 6.16（a）所示为使用不同后处理方法的 CNT 纤维力学性能的改善因子比较，包括溶剂致密化[22]、酸化处理[52]、激光处理[67]、溶剂致密化与聚合物渗透联合处理[22] 以及机械致密化等[26]。可以看出联合后处理是最有效的方法，该法可以使拉伸强度改善因子超过 13.5 倍，杨氏模量改善因子超过 63 倍。

CNT 条带和经环氧树脂渗透 CNT 条带的强度和杨氏模量远高于通过其他后处理方法制备的 CNT 纤维的强度和杨氏模量。如图 6.16（b）所示，致密化的 CNT 条带的拉伸强度高于湿法纺丝和阵列法纺丝制备的最佳 CNT 纤维的拉伸强度。经环氧树脂进一步渗透后，CNT 复合条带具有高达 5.2GPa 的高强度和 444GPa 的杨氏模量，该指标可与商业化的 PAN 碳纤维相媲美。此外，CNT/环氧树脂复合条带的强度可与通过浮动催化剂法制备的最佳 DWNT 条带（3.53GPa）[26] 相媲美，但杨氏模量要高得多。

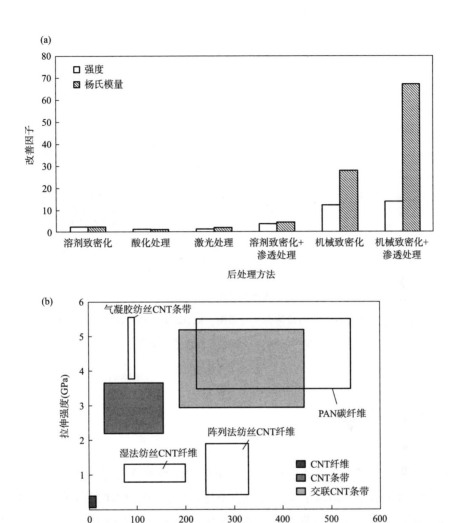

图 6.16　（a）文献报道中不同后处理效果比较，包括溶剂致密化[22]、酸化处理[52]、激光处理[67]、溶剂致密化与聚合物渗透联合处理[22]、机械致密化[26] 以及机械致密化与聚合物渗透联合处理；（b）湿法纺丝[1] 和阵列法纺丝[20] 所得最佳 CNT 纤维、气凝胶纺丝条带和 PAN 碳纤维的力学性能比较[26]。

　　纤维的打结效率是指打结纤维与未打结纤维强度间的比率。如图 6.17 所示，CNT 纤维和 CNT 条带表现出优异的打结性能，打结效率为 100%。由于纱线结构的改变，CNT/环氧复合条带的打结效率略低（为 78%），但其打结性能仍可与丝、羊毛、尼龙和棉相媲美，并且比其他高强度商用纤维好得多[9]。

117

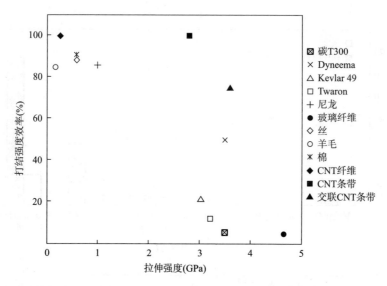

图 6.17　各种纤维打结强度效率与拉伸强度关系图，Kevlar 49、Dyneema、碳 T300 和 Twaron 值
来自参考文献[9]，其他来自参考文献[68]。

6.9　结论和建议

我们首先探讨了通过浮动催化剂法纺制的 CNT 纤维在氯磺酸（CSA）中的溶解。由于纤维中的杂质阻碍了超强酸的质子化作用，初纺 CNT 纤维未完全溶解在 CSA 中。通过纯化去除这些杂质后，CNT 纤维成功溶解在 CSA 中，并观察到 CNT 溶液的各向同性、双相和液晶相[40,44]。构成纤维的 CNT 的长度通过拉伸黏度法予以表征[40,47]。CNT 的平均长度为 2μm，这一长度比许多商业化的 SWNTs 和 DWNTs 要长，如 SweNT CG300、UniDym OE、HiPco 188.3 和 HiPco 183.6（0.71～1.92μm）。

本章的第二个重点是基于机械致密化的后处理方法，它可以显著改善 CNT 纤维的力学和电学性能。该方法的突出特点是尽管 100N 的非常高的致密作用力直接施加到 CNT 纤维上，而极少对纤维结构造成破坏。该方法改善了纤维的 CNT 排列并减少了纤维结构内的空间和孔隙。致密化后，CNT 纤维的强度和杨氏模量分别提高 10 倍和 18 倍。CNT 纤维通过加压罗拉致密化[26] 的效果，比加捻致密化[22-23]、溶剂致密化[23]、拉伸致密化[24] 以及摩擦致密化[25] 都要好得多。该技术还可以应用于湿法纺丝和阵列法纺丝制备的有序 CNT 纤维和 CNT 薄膜，具有许多潜在的应用，如用于复合增强材料和导电线[31,40,69-70]。

本章综合探讨了不同的后处理方法对浮动催化剂法纺制的 CNT 纤维的电学和力学性能的影响，包括纯化结合环氧树脂渗透和致密化结合环氧树脂渗透等联合后处理。特别是，氧化纯化处理可以去除由甲苯碳源纺制成的 CNT 纤维催化剂杂质，最多可高达 65%。纯化后 CNT 纤维的强度、杨氏模量和电导率分别为 0.38GPa、20.66GPa 和 4679S/cm，分别对应于其初纺纤维的 120%、230% 和 200%。

另外，由酸化和环氧树脂渗透处理组成的联合后处理在 CNT 纤维的力学性能方面显示出更高的改善因子。处理后的 CNT 纤维强度提高 2.8 倍，杨氏模量提高 4.2 倍，分别达到 1.1GPa 和 68.78GPa。经机械致密化和环氧树脂渗透联合处理的 CNT 纤维具有 3.6GPa 的优异强度和 266GPa 的杨氏模量，强度和杨氏模量的增强因子分别为文献［28］报道的最高值的 13.5 倍和 62 倍。它们的性能可与许多商用高强度纤维（如 PAN 基碳纤维）相媲美，这表明高性能 CNT 纤维的大规模生产具有巨大潜力。

虽然联合后处理的实验装置只能用于生产较短的 CNT 纤维，但后处理可以使其连续化以与合成过程同步，并用于在线制备具有无限长度的高性能 CNT 纤维，但是到目前为止，只对甲烷碳源纺成的 CNT 纤维进行了联合后处理。从甲苯碳源纺成的纤维及其纯化的对应产物具有较低的杂质和较少的缺陷结构。至于酸化、机械致密化和环氧树脂渗透等致密化后处理对其性能的潜在影响需要在未来予以研究。

尽管氧化纯化方法可以显著去除浮动催化剂法纺制的 CNT 纤维中的杂质，但该过程可能会因产生缺陷而损坏 CNT。由于这些缺陷降低了纤维的性能并限制了纯化方法的效率，因而不常使用。一些物理方法如离心分离[70]、高温热处理[71]、过滤[72]，多步纯化方法如微滤结合氧化[62,73]、高温退火结合萃取[74]，以及超声与氧化联合处理[75] 等方式不会严重损坏 CNT 结构[42]，因此可对这些方法进一步进行研究以纯化初纺 CNT 纤维，从而提高其相关性能。

最后，由于后处理的 CNT 纤维的性能可与许多商业高强度纤维（如碳纤维 T300、Dyneema 和 Twaron）等相媲美，因此它们可用作先进复合材料的增强材料。由非结构化 CNT 粉末制成的基于纳米管的复合材料已在许多领域获得广泛应用，如用作汽车和航空航天结构材料[76]、能源的电和热导体[33,77]、纳米生物材料[78]，以及应用于其他领域学科[44,79]。具有有序排列的 CNT 结构和优异的力学和电学性能的 CNT 纤维在制造高性能、轻质和多功能复合材料上极具潜力。

参考文献

［1］ N. Behabtu, C. C. Young, D. E. Tsentalovich, et al. , Strong, light, multifunctional fibers of carbon nanotubes with ultrahigh conductivity, Science 339 （2013） 182-186.

［2］ L. M. Ericson. H. Fan, H. Peng, et al. , Macroscopic, neat, single‐walled carbon nanotubes fibers, Science 305 （2004） 1447-1450.

［3］ S. Fang, M. Zhang, A. A. Zakhidov, et al. , Structure and process‐dependent properties of solid‐state spun carbon nanotube yarns. J. Phys. Condens. Matter 22 （2010） 334221.

［4］ T. Mirfakhrai, M. Kozlov, S. Fang, et al. , Carbon nanotube yarns：sensors, actuators and current carriers, Proc. SPIE Int. Soc. Opt. Eng. 6927 （2008） 692708.

［5］ M. Zhang, K. R. Atkinson. R. H. Baughman. Multifunctional carbon nanotube yarns by downsizing an ancient technology, Science 306 （2004） 1358-1361.

［6］ T. S. Gspann, E. R. Smail, A. H. Windle, Spinning of carbon nanotube fibres using the floating catalyst high temperature route：purity issues and the critical role of sulphur, Faraday Discuss. 173 （2014） 47-65.

［7］ Y. L. Li, I. A. Kinloch, A. H. Windle, Direct spinning of carbon nanotube fibers from chemical vapor deposition synthesis, Science 304 （2004） 276-278.

［8］ R. M. Sundaram, K. K. K. Koziol, A. H. Windle, Continuous direct spinning of fibers of single‐walled carbon nanotubes with metallic chirality, Adv. Mater. 23 （2011） 5064-5068.

［9］ J. J. Vilatela, A. H. Windle, Yarn‐like carbon nanotube fibers, Adv. Mater. 22 （2010） 4959-4963.

［10］ H. M. Duong, F. Gong, P. Liu. et al. , Advanced fabrication and properties of aligned carbon nanotube composites：experiments and modeling, in：R. M. Berber （Ed. ）, Carbon Nanotubes, InTech. （2016） 47-72.

［11］ P. Liu, T. Q. Tran, Z. Fan, et al. , Formation mechanisms and morphological effects on multi‐properties of carbon nanotube fibers and their polyimide aerogel‐coated composites, Compos. Sci. Technol. 117 （2015） 114-120.

［12］ T. Q. Tran, Z. Fan, P. Liu, et al. , Advanced morphology‐controlled manufacturing of carbon nanotube fibers, thin films and aerogels from aerogel technique, in: Asia Pacific Confederation of Chemical Engineering Congress 2015: APCChE 2015, Incorporating CHEMECA 2015, Engineers Australia, (2015) 2444.

[13] H. Khoshnevis, T. Q. Tran, S. M. Mint, et al., Effect of alignment and packing density on the stress relaxation process of carbon nanotube fibers spun from floating catalyst chemical vapor deposition method, Colloids Surf. A Physicochem. Eng. Asp. 558 (2018) 570-578.

[14] S. Badaire, V. Pichot, C. Zakri, et al. Correlation of properties with preferred orientation in coagulated and stretch–aligned single–wall carbon nanotubes, J. Appl. Phys. 96 (2004) 7509-7513.

[15] M. B. Jakubinek, M. B. Johnson, M. A. White, et al., Thermal and electrical conductivity of array–spun multi–walled carbon nanotube yarns, Carbon 50 (2012) 244-248.

[16] Q. Li, Y. Li, X. Zhang, et al., Structure–dependent electrical properties of carbon nanotube fibers, Adv. Mater. 19 (2007) 3358-3363.

[17] W. Lu, M. Zu, J. H. Byun, et al., State of the art of carbon nanotube fibers: opportunities and challenges, Adv. Mater. 24 (2012) 1805-1833.

[18] M. Miao, Electrical conductivity of pure carbon nanotube yarns, Carbon 49 (2011) 3755-3761.

[19] P. Miaudet, C. Bartholome, A. Derré, et al., Thermo–electrical properties of PVA–nanotube composite fibers, Polymer 48 (2007) 4068-4074.

[20] X. Zhang, Q. Li, Y. Tu et al., Strong carbon–nanotube fibers spun from long carbon–nanotube arrays, Small 3 (2007) 244-248.

[21] J. Zhao, X. Zhang, J. Di, et al., Double–peak mechanical properties of carbon–nanotube fibers, Small 6 (2010) 2612-2617.

[22] K. Liu, Y. Sun, X. Lin, et al., Scratch–resistant, highly conductive, and high–strength carbon nanotube–based composite yarns, ACS Nano 4 (2010) 5827-5834.

[23] K. Liu, Y. Sun, R. Zhou, et al., Carbon nanotube yarns with high tensile strength made by a twisting and shrinking method, Nanotechnology 21 (2010) 045708.

[24] K. Sugano, M. Kurata, H. Kawada, Evaluation of mechanical properties of untwisted carbon nanotube yarn for application to composite materials, Carbon 78 (2014) 356-365.

［25］ M. Miao，Production，structure and properties of twistless carbon nanotube yarns with a high density sheath，Carbon 50（2012）4973−4983.

［26］ J. N. Wang，X. G. Luo，T. Wu，et al.，High−strength carbon nanotube fibre− like ribbon with high ductility and high electrical conductivity，Nat. Conunun. 5（2014）3848.

［27］ S. Ryu，Y. Lee，J. W Hwang，et al.，High−strength carbon nanotube fibers fabricated by infiltration and curing of mussel−inspired catecholamine polymer，Adv. Mater. 23（2011）1971−1975.

［28］ T. Q. Tran，Z. Fan，P. Liu，et al.，Super−strong and highly conductive carbon nanotube ribbons from post−treatment methods，Carbon 99（2016）407−415.

［29］ P. Liu，Z. Fan，A. Mikhalchan，et al.，Continuous carbon nanocube−based fibers and films for applications requiring enhanced heat dissipation，ACS Appl. Mater. Interfaces 8（2016）17461−17471.

［30］ P. Liu，D. C. M. Hu，T. Q. Tran，et al.，Electrical property enhancemem of carbon nanotube fibers from post treatments，Colloids Surf. A Physicochem. Eng. Asp. 509（2016）384−389.

［31］ T. Q. Tran，Z. Fan，A. Mikhalchan，et al.，Post−treatments for multifunc− tional property enhancement of carbon nanotube fibers from the floating catalyst method，ACS Appl. Mater. Interfaces 8（2016）7948−7956.

［32］ B. Vigolo，A. Penicaud，C. Coulon，et al.，Macroscopic fibers and ribbons of oriented carbon nanotubes，Science 290（2000）1331−1334.

［33］ A. B. Dalton，S. Collins，E. Muñoz，et al.，Super−tough carbon−nanotube fibres，Nature 423（2003）703.

［34］ G. Gu，M. Schmid，P. −W Chiu，et al.，V_2O_5 nanofibre sheet actuators，Nat. Mater. 2（2003）316.

［35］ M. E. Kozlov，R. C. Capps. W. M. Sampson，et al.，Spinning solid and hol− low polymer−free carbon nanotube fibers，Adv. Mater. 17（2005）614−617.

［36］ L. K. Randeniya，A. Bendavid，P. J. Martin，et al.，Composite yarns of multiwalled carbon nanotubes with metallic electrical conductivity，Small 6（2010）1806− 1811.

［37］ Y. Zhao，J. Wei，R. Vajtai，et al.，Iodine doped carbon nanotube cables exceeding specific electrical conductivity of metals，Sci. Rep. 1（2011）83.

［38］ K. Koziol, J. Vilatela, A. Moisala, et al. , High performance carbon nanotube fiber, Science 318 （2007） 1892-1895.

［39］ H. Khoshnevis, S. M. Mint, E. Yedinak, et al. , Super high-rate fabrication of high-purity carbon nanotube aerogels from floating catalyst method for oil spill cleaning, Chem. Phys. Lett. 693 （2018） 146-151.

［40］ T. Q. Tran, R. J. Headrick, E. A. Bengio, et al. , Purification and dissolution of carbon nanotube fibers spun from the floating catalyst method, ACS Appl. Mater. Interfaces 9 （2017） 37112-37119.

［41］ H. Cheng, K. L. P. Koh, P. Liu, et al. , Continuous self-assembly of carbon nanotube thin films and their composites for supercapacitors, Colloids Surf. A. Physicochem. Eng. Asp. 481 （2015） 626-632.

［42］ P. X. Hou, C. Liu, H. M. Cheng, Purification of carbon nanotubes, Carbon 46 （2008） 2003-2025.

［43］ Y. Lin, J. W. Kim, J. W. Connell, et al. , Purification of carbon nanotube sheets, Adv. Eng. Mater. 17 （2015） 674-688.

［44］ V. A. Davis, A. N. G. Parra-Vasquez, M. J. Green, et al. , True solutions of single-walled carbon nanotubes for assembly into macroscopic materials, Nat. Nanotechnol. 4 （2009） 830-834.

［45］ F. Mirri, A. W. K. Ma, T. T. Hsu, et al. , High-performance carbon nanotube transparent conductive films by scalable dip coating, ACS Nano 6 （2012） 9737-9744.

［46］ S. Osswald, Y. Gogotsi, In situ Raman spectroscopy of oxidation of carbon nanomaterials, in: Challa S. S. R. Kumar （Ed. ）, Raman Spectroscopy for Nanomaterials Characterization, Springer Nature, Berlin, （2012） 291-351.

［47］ D. E. Tsentalovich, A. W. K. Ma, J. A. Lee, et al. , Relationship of extensional viscosity and liquid crystalline transition to length distribution in carbon nanotube solutions, Macromolecules 49 （2016） 681-689.

［48］ P. W. Oakes, J. Viamontes, J. X. Tang, Growth of tactoidal droplets during the first-order isotropic to nematic phase transition of F-actin, Phys. Rev. E Stat. Nonlinear Soft Matter Phys. 75 （2007） 061902.

［49］ M. S. Motta, A. Moisala, I. A. Kinloch, et al. , The role of sulphur in the synthesis of carbon nanotubes by chemical vapour deposition at high temperatures,

J. Nanosci Nanotehnol. 8（2008）2442-2449.

［50］F. Meng, J. Zhao, Y. Ye, et al., Carbon nanotube fibers for eleccrochemical applications: effect of enhanced interfaces by an acid treatment, Nanoscale 4（2012）7464-7468.

［51］S. Li, Y. Shang, W. Zhao, et al., Efficient purification of single-walled carbon nanotube fibers by instantaneous current injection and acid washing, RSC Adv. 6（2016）97865-97872.

［52］K. Wang, M. Li, Y. N. Liu, et al., Effect of acidification conditions on the properties of carbon nanotube fibers, Appl. Surf. Sci. 292（2014）469-474.

［53］L. Shao, G. Tobias, C. G. Salzmann, et al., Removal of amorphous carbon for the efficient sidewall functionalisation of single-walled carbon nanotubes, Chem. Commun.（2007）5090-5092.

［54］L. Stobinski, B. Lesiak, L. Kövér J. Tóth, et al., Multiwall carbon nanotubes purification and oxidation by nitric acid studied by the FTIR and electron spectroscopy methods, J. Alloys Compd. 501（2010）77-84.

［55］Y. Wang, G. Colas, T. Filleter, Improvements in the mechanical properties of carbon nanotube fibers through graphene oxide interlocking, Carbon 98（2016）291-299.

［56］S. Li, X. Zhang, J. Zhao, et al., Enhancement of carbon nanotube fibres using different solvents and polymers, Compos. Sci. Technol. 72（2012）1402-1407.

［57］P. Liu, A. L. Cottrill, D. Kozawa, et al., Emerging trends in 2D nanotechnology that are redefining our understanding of "nanocomposites", Nano Today 21（2018）18-40.

［58］J. Y. Cai, J. Min, M. Miao, et al., Enhanced mechanical performance of CNT/polymer composite yarns by γ-irradiation, Fibers Polym. 15（2014）322-325.

［59］M. Miao, S. C. Hawkins, J. Y. Cai, et al., Effect of gamma-irradiation on the mechanical properties of carbon nanotube yarns, Carbon 49（2011）4940-4947.

［60］J. G. Gigax, P. D. Bradford, L. Shao, Radiation-induced mechanical property changes of CNT yarn, Nucl. Instrum. Methods Phys. Res., Sect. B 409（2017）268-271.

［61］A. Mikhalchan, Z. Fan, T. Q. Tran, et al., Continuous and scalable fabrication and multifunctional properties of carbon nanotube aerogels from the floating catalyst method, Carbon 102 (2016) 409-418.

[62] R. M. Sundaram, A. H. Windle, One-step purification of direct-spun CNT fibers by post-production sonication, Mater. Des. 126 (2017) 85-90.

[63] P. Liu, A. Lam, Z. Fan, et al., Advanced multifunctional properties of aligned carbon nanotube-epoxy thin film composites. Mater. Des. 87 (2015) 600-605.

[64] W. Ma, L. Liu, Z. Zhang, et al., High-strength composite fibers: realizing true potential of carbon nanotubes in polymer matrix through continuous reticulate architecture and molecular level coupling, Nano Lett. 9 (2009) 2855-2861.

[65] A. V. Krasheninnikov, F. Banhart, Engineering of nanostructured carbon materials with electron or ion beams, Nat. Mater. 6 (2007) 723-733.

[66] C. L. Pint, Y. Q. Xu, M. Pasquali, et al., Formation of highly dense aligned ribbons and transparent films of single-walled carbon nanotubes directly from carpets, ACS Nano 2 (2008) 1871-1878.

[67] K. Liu, F. Zhu, L. Liu, et al., Fabrication and processing of highstrength densely packed carbon nanotube yarns without solution processes, Nanoscale 4 (2012) 3389-3393.

[68] W. W. Morton, J. W. Hearle, Physical Properties of Textile Fibers, fourth ed. The textile Institute, Manchester, 2008.

[69] P. Liu, Y. F. Tan, D. C. M. Hu, et al., Multi-property enhancemet of aligned carbon nanotube thin films from floating catalyst method, Mater. Des. 108 (2016) 754-760.

[70] A. Yu, E. Bekyarova, M. E. Itkis, Application of centrifugation to the large-scale purification of electric arc-produced single-walled carbon nanotubes, J. Am. Chem. Soc. 128 (2006) 9902-9908.

[71] J. M. Lambert, P. M. Ajayan, P. Bernier, et al., Improving conditions towards isolating single-shell carbon nanotubes, Chem. Phys. Lett. 226 (1994) 364-371.

[72] J. M. Bonard, T. Stora, J. P Salvetat, et al., Purification and size-selection of carbon nanotubes, Adv. Mater. 9 (1997) 827-831.

[73] Y. Kim, D. E. Luzzi, Purification of pulsed laser synthesized single wall carbon nanotubes by magnetic filtration, J. Phys. Chem. B 109 (2005) 16636-16643.

[74] H. Zhang, C. H. Sun, F. Li, et al., Purification of multiwalled carbon nanotubes by annealing and extraction based on the difference in van der waals potential,

J. Phys. Chem. B 110 (2006) 9477-9481.

[75] P. Hou, C. Liu, Y. Tong, et al., Purification of single-walled carbon nano-tubes synthesized by the hydrogen arc-discharge method, J. Mater. Res. 16 (2001) 2526-2529.

[76] B. L. Wardle, D. S. Saito, E. J. García, et al., Fabrication and characterization of ultrahigh-volume-fraction aligned carbon nanotube-polymer composites, Adv. Mater. 20 (2008) 2707-2714.

[77] K. Jiang, J. Wang, Q. Li, et al., Superaligned carbon nanotube arrays, films, and yarns: a road to applications, Adv. Mater. 23 (2011) 1154-1161.

[78] J. M. Razal, K. J. Gilmore, G. G. Wallace, Carbon nanotube biofiber formation in a polymer-free coagulation bath, Adv. Funct. Mater. 18 (2008) 61-66.

[79] Z. Huang, M. Gao, T. Pan, et al., Microstructure dependence of heat sink constructed by carbon nanotubes for chip cooling, J. Appl. Phys. 117 (2015) 024901.

第Ⅱ部分 结构与性能

第 7 章　碳纳米管纱线的结构与性能

Menghe Miao

澳大利亚联邦科学与工业研究组织，吉朗，维多利亚州，澳大利亚

CNT 已被证明具有优异的力学性能[1-2] 以及良好的导电性和导热性[3]。目前面临的挑战是如何将这些纳米尺寸的模块组织成具有相似特性的宏观结构。若暂不考虑其原子结构，CNT 可以被认为是纳米级纤维，类似于植物和动物纤维（如棉和羊毛）中的原纤维。因此，按照纤维或纱线的形式排列 CNT 时，预计所得CNT 纤维或纱线的性能将优于传统的纺织品[4]。

7.1　几何形状

7.1.1　加捻

自 2004 年首次报道以来，加捻一直是使由垂直排列的 CNT 阵列（CNT 簇）纺制的 CNT 网致密化的重要方法[5]。加捻法与将短纤维纺成连续纱线的传统方法类似，并且此方法至今仍然是纺织工业中短纤维纱线生产的主要方法。

当纱线缠绕在筒管上时旋转纱线的一端使纱线加捻。在纺织工业中，捻度是指抵消纺纱过程中施加到纱线上的捻度时，单位长度需要旋转的圈数（用单位长度的圈数 T 表示）。在纺纱厂中，施加到纱线上的捻度是通过调整纺纱机上的锭子转速（每分钟转数）和纱线通过速度（每分钟长度）之间的比率来进行设置的。

加捻纱线的几何形状通常用一系列同轴螺旋线表示（图 7.1），此模型由 Gegauffin 在 1907 年首次提出[7]。该模型在纱线结构力学分析中被广泛采用，有时会稍作修改[8]。当描述纤维在纱线中的螺旋路径时，使用纤维与纱线轴之间的角度来表示，而不是用螺旋的上升角来表示。螺旋一圈的长度是一个常数（h），与纱线中纤维的径向位置无关，它等于纱线捻度的倒数（T），$h = 1/T$。因此，纤维的螺旋角随其在纱线中的径向位置而变化。在纱线中心（$r=0$），纤维螺旋角为零；

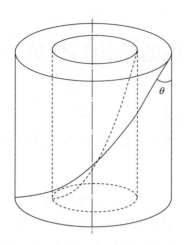

图 7.1 加捻纱线同轴螺旋模型[6]。

而在纱线表面（$r=d/2$，其中 d 为纱线直径）；纤维螺旋角最大（图 7.1 中的 θ）。

纱线表面纤维的螺旋角通常称为纱线的捻角。纱线的捻角与其捻度 T 和直径 d 有关：$\tan=\pi dT$。尽管用每米转数（TPM）来衡量纱线的加捻程度很方便，但在对比不同直径纱线的加捻程度时，还应使用捻角来表示。很明显，对于具有相同 TPM 的两种纱线，较粗的纱线比较细的纱线具有更大的加捻角。

7.1.2 纱线直径和线密度

从 SEM 图像测量 CNT 纱线的直径是早期研究工作中的常见做法[5,9-11]，这种方法有一些缺点，例如，从短纱线样品上随机测量的直径通常不能代表整个纱线样品；如果在试样的断裂端、拉伸试样的外部或纱线样品的某一个点测量的直径则更不准确。许多 CNT 纱线和纤维具有不规则的横截面（如通过溶剂致密化生产的纱线），因此很难准确测量它们的直径。

激光衍射法广泛用于监控纱线直径[12]，该方法也已用于测量 CNT 纱线的直径[13-15]。可以在拉伸试验机上安装具有多个激光束的激光衍射系统，从而可以在拉伸试验期间在几个点测量拉伸试样的直径[14-15]，以便计算瞬时应力和泊松比。

图 7.2 所示为加捻 CNT 纱线直径与施加到纱线上应变的关系。低捻纱的初始直径为 33.1μm。在 0.0536 轴向应变下，纱线直径收缩至 20.9μm，其泊松比为 6.8，比普通固体材料（泊松比约为 0.3）高 20 多倍。当使用纱线直径计算纱线拉伸应力时，会出现非常大的差异[14]。另外，高捻度纱线的直径变化要小得多，其泊松比小于 1。

纺织纱线，尤其是由短纤维纺成的纱线，尽管通常可以将其近似为圆形以简化分析，但是它们也没有明确定义的横截面边界。纱线横截面的可变性与沿纱线长度的随机纤维数量、组成纤维的不规则性以及形成纱线时的缺陷有关。由于由短纤维生产的纱线中不可避免地会出现孔隙，因此对加捻纱线施加相对较小的拉伸载荷时，纱线长度变化很小，但会使纱线直径显著减小。一般来说，很难精确

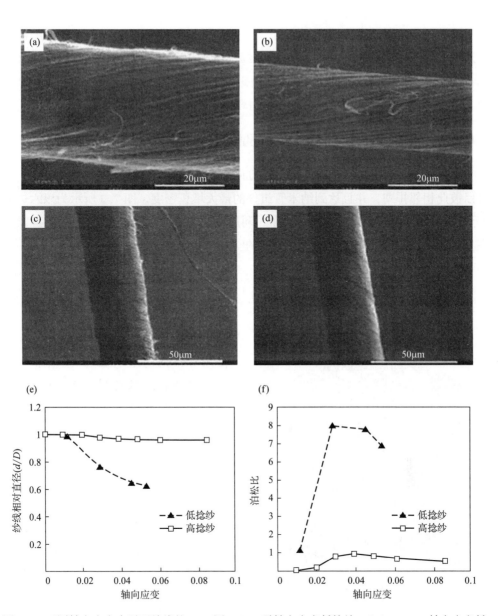

图 7.2　不同轴向应变水平下纱线的 SEM 图。(a) 零轴向应变低捻纱；(b) 0.0536 轴向应变低捻纱；(c) 零轴向应变高捻纱；(d) 0.061 轴向应变高捻纱；(e)(f) 不同轴向应变水平下纱线相对直径和泊松比[14]。

确定适用于所有下游工艺和规格的纱线直径。由于这些原因，纺织技术人员更喜欢使用支数（长度/质量，如公制支数：$1N_m = 1m/g$）或线密度（单位为特克斯，$1tex = 1g/km = 1mg/m$）来表示。与直径不同，线密度表征较长纱线的平均值。

CNT 纤维和纱线也是多孔的，并且在样品中通常具有不规则和不一致的横截面形状。通过线密度表征 CNT 纱线的粗细已越来越普遍。可以通过使用微克天平称量一定长度 CNT 纱线样品的重量来确定以 tex 为单位的 CNT 纱线的线密度[14]。或者，可以使用偏振镜[16] 直接确定相对较短的纱线样品的线密度。

7.1.3　纳米管堆积密度、体积密度和孔隙率

如果所有纳米管完全笔直并在一个方向上有序排列（平行圆柱体束），它们就可以彼此相邻排列，并且达到纳米管组件的最大堆积密度。图 7.3 所示为以六边形阵列紧密排列的平行圆柱体的横截面。利用平行四边形"晶胞"[14]，我们可以发现未填充区域的比例（包括纳米管内部的空间）或紧密堆积的纱线的最小孔隙率，如下式所示：

$$\varphi_{\min} = 1 - \frac{\pi\left[1 - (d/D)^2\right]}{2\sqrt{3}} \tag{7.1}$$

其中：D 为 CNT 的外径（nm）；d 为 CNT 的内径（nm）。

如果将纳米管视为实心圆柱体，即 $d = 0$，则由式（7.1）可得最小孔隙率为 9.3% 或最大填充密度为 90.7%。如果将纳米管内部的空间算作纱线中的空隙，则最小孔隙率会更高。例如，当 $d/D = 0.4$ 时，最小孔隙率为 23.8%[14]。

1 μm 横截面中可填充的最大纳米管数量（$n_{\max}$，管/μm²）可通过下式计算：

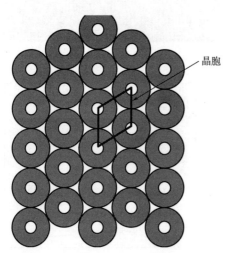

图 7.3　平行圆柱体呈紧密六边形堆积[14]。

$$n_{\max} = \frac{2\sqrt{3}}{3D^2} \times 10^6 \tag{7.2}$$

在实际排列中，CNT 纱线中的纳米管并没有完全有序且紧密堆积，因此纱线孔隙率会更大，填充密度低于上述值。实际的纱线孔隙率可以从 CNT 纱线堆积密度（ρ_{yarn}）和组成纳米管的密度（ρ_{cnt}）推导出来，如下式所示：

$$\varphi = 1 - \rho = 1 - \frac{\rho_{\mathrm{yarn}}}{\rho_{\mathrm{cnt}}} \tag{7.3}$$

其中：ρ 为纱线的 CNT 堆积率。

平均纱线堆积密度 ρ_{yarn} 可通过纱线的线密度和平均横截面积来计算。CNT 的密度与纳米管的直径和管壁数量密切相关[17]，管壁数量与化学气相沉积（CVD）生长的纳米管的直径也有很大的关系[18]。

纤维填充率与纤维之间的压缩和排列相关。将随机取向的弹性纤维压缩成具有纤维填充率 ρ 的结构所需的压力 P 遵循范维克幂指数定律[19]，见下式：

$$P = kE\rho^3 \tag{7.4a}$$

其中：E 为纤维的杨氏模量；k 为由实验确定的比例因子。

在由完美排列的纤维组成的结构中，几乎不需要压力就可以将纤维彼此相邻排列以获得最大的填充率。而在实际中，纤维并不是完全笔直的（即具有一定程度的波纹或卷曲），并且纤维之间存在局部错位，在这种情况下，范维克幂指数定律可以修订为[20]：

$$P = kE\rho^n \tag{7.4b}$$

对于高度排列的玻璃纤维（无卷曲），指数 n 大于 3，并且可以高达 15。由于纤维填充率 ρ 的值始终小于 1，因此有序的纤维比无序的纤维更容易致密。

对于由纺织纤维组成的纱线，一定程度的纤维错位对于实现自锁结构至关重要。由于加捻、纤维迁移[21]、成束[22]、毡合[23] 以及交织[24] 等相关因素，在纱线形成过程中会导致纤维错位。短纤维之间的压力和由此产生的纤维间摩擦力是赋予纺织纱线拉伸强度的主要作用力。

与传统的纺织纤维不同，纳米管之间的范德瓦耳斯力对未黏合的 CNT 纱线的强度具有非常重要的影响。范德瓦耳斯力的大小很大程度上取决于纳米管之间的距离，即为纱线中纳米管堆积密度的函数。

7.1.3.1　加捻纱线

一般而言，CNT 在 CNT 纱线中的分布并不均匀，加捻的 CNT 纱线中的局部纳米管填充率可能会有很大差异。Sears 等[25] 的研究表明，纳米管的堆积密度从中心到有 CNT 缠绕的纱线外围逐步减少，如图 7.4（a）中聚焦离子束（FIB）截面纱线的 SEM 图所示。在研究 CNT 纱线的多孔结构时，可以区分两种类型的孔隙，即同一束中纳米管之间的孔隙和束弯曲的孔隙，如图 7.4（b）和（c）所示。在强范德瓦耳斯力的作用下，CNT 在生长和加工过程中倾向于形成束。

从 CNT 簇中拉伸所得的未致密 CNT 网（第 2 章）具有极高的孔隙率，接近 99.97%[27]。如图 7.5 所示，加捻的 CNT 纱线的孔隙率随着纱线捻度的增大而降低。高捻度的 CNT 纱线的填充率可高达 0.6（孔隙率为 0.4）[14]，这类似于高密度

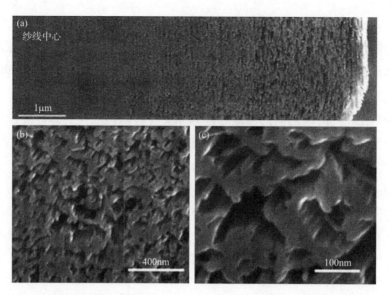

图 7.4　加捻 CNT 纱线纳米管堆积密度分布。(a) CNT 纱线横截面的 SEM 图，显示径向密度分布[25]；(b)(c) SEM 图所示 CNT 束与 CNT 束间孔隙[26]。

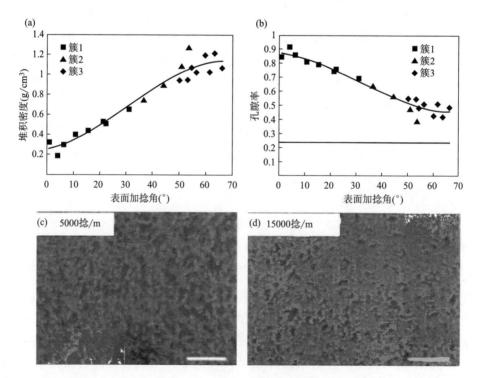

图 7.5　CNT 纱线堆积密度与孔隙率。(a) 表面加捻角与纱线堆积密度间的关系；(b) 表面加捻角与纱线孔隙率间的关系[14]；(c)(d) 两个不同捻度下 CNT 纱线的 FIB 截面 SEM 图[25]。

纺织纱线的纤维填充率[28]。

如果去除加捻纱线中的捻度，则纱线直径会显著增加，如图 7.6 所示。纱线孔隙率的变化主要是由于 CNT 束间的孔隙变宽所致，而 CNT 束内的孔隙变化不大[6]。

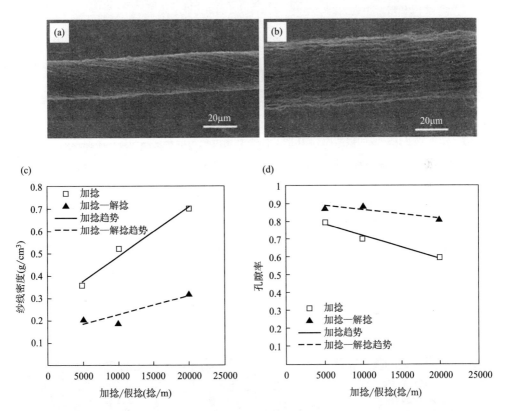

图 7.6　（a）（b）加捻与加捻—未加捻 CNT 纱的 SEM 图；（c）（d）加捻/假捻与纱线密度和孔隙率间的关系[6]。

7.1.3.2　摩擦致密化纱线

在不同摩擦罗拉压力下制备的摩擦致密无捻纱线具有不同的 CNT 堆积密度[29]。在低罗拉压力下，纱线呈现出高密度鞘和低密度芯式排列状态，如图 7.7（a）所示。由于其密度非常低，预计芯线不会对纱线强度有重大贡献。据估计，芯线约占总纱线横截面积的 40%。鞘的平均密度可以用平均纱线密度（0.64g/cm^3）与鞘的面积比例（即 0.6）的比值来估计，由此得出鞘的平均密度为 1.07g/cm^3。

可以通过增加摩擦罗拉之间的压力和降低纱线张力来避免形成低密度的芯线，

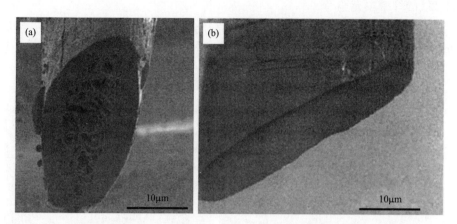

图 7.7 摩擦致密化纱线的横截面 SEM 图。(a) 高密度鞘与低密度芯的低压摩擦致密化 CNT 纱线；(b) 高压摩擦致密化 CNT 纱线显示均匀的 CNT 堆积密度和平整的横截面[29]。

从而制备具有看似均匀的 CNT 堆积密度的带状纱线横截面 ［图 7.7 (b) ］。

7.1.3.3 模具拉伸纱

模具拉伸纱的横截面如图 7.8 所示[30]。通过调整模具头直径来控制纱线直径，如图 7.9 所示，随着模具头直径的增加，模具拉伸过程中的压缩较弱，所得纱线的密度降低。值得注意的是，使用两个小直径模具头 （30μm 和 35μm） 生产的纱线与图 7.5 (a) 中高捻度 CNT 纱线具有相似的纱线密度。

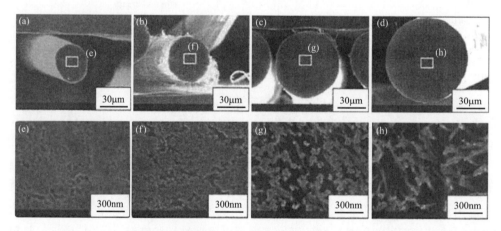

图 7.8 模具拉伸 CNT 纱线的横截面 SEM 图[30]。(a) (e) 30μm；(b) (f) 35μm；(c) (g) 55μm；(d) (h) 75μm。

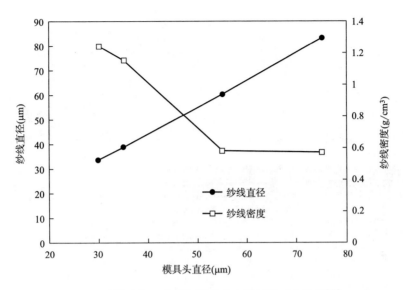

图 7.9　纱线直径、密度与模具头直径间的对应关系[30]。

7.1.3.4　溶剂致密化纤维

无捻溶剂致密化纤维通常呈现出不规则的横截面形状，并且其形状通常沿纤维长度方向变化，这使纤维孔隙率和纳米管堆积密度的估算难度更大。溶剂致密化纱线在纱线横截面中显示出比加捻纱线更均匀的纳米管堆积密度。

Qiu 等[31]利用初纺纤维的纵向截面 SEM 图表征了纳米管束以及束与束之间孔的直径［图 7.10 （a）（b）和（e）］。发现束直径的分布与观察到的束间孔径的直径相似［图 7.10 （d）（e）］。图 7.10 （f）所示为束直径在 20~30nm 达到峰值，而束间孔径在 30~40nm 达到最大值。

Cho 等[32]测量了直接从浮动催化剂法 CVD 炉中拉制的丙酮致密化 CNT 纱线横截面中的纳米管分布（图 7.11 和表 7.1）。初纺丙酮致密纱线的密度为 0.24g/cm³，孔隙率为 0.84，与图 7.5 中的加捻纱线相比，其密度相当低。当丙酮致密纱线用溶剂 1-甲基-2-吡咯烷酮（NMP）或氯磺酸（CSA）进一步处理后，纱线密度增加了一倍以上（表 7.1），纱线孔隙率降低至与捻角为 40°的加捻纱线相似[14]。使用 NMP 和 CSA 处理后纳米管变得扁平。纱线密度的增加使束密度从 12 管/束增加到 40~60 管/束。通过施加 13%的拉伸比，束密度进一步增加到 86 管/束。然而，随着拉伸比从 7%增加到 13%，纱线密度从 0.74g/cm³ 下降到 0.69g/cm³。

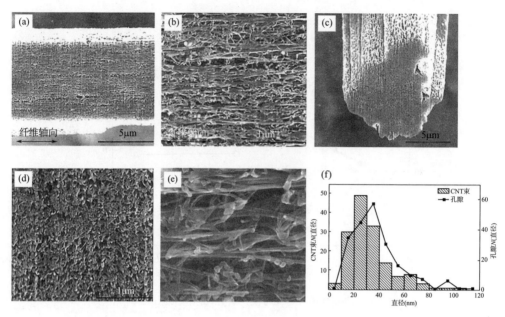

图 7.10 （a）（b）和（c）（d）分别为浮动催化剂化学气相沉积法生产的溶剂致密化 CNT 纱线纵向与径向横截面 SEM 图；（e）CNT 纤维更高放大倍数的纵向截面的 SEM 图，显示束与束之间的孔隙和 CNT 束；（f）横向束直径与孔隙直径直方图[31]。

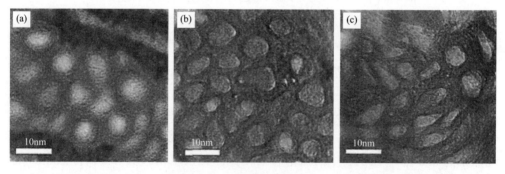

图 7.11 不同处理条件下管与管空间 CNT 束横截面 TEM 图。（a）丙酮致密化 CNT 纱线；（b）经 NMP 进一步处理；（c）在 CSA 中进一步处理，显示纳米管趋向于扁平化[32]。

Wang 等[33] 使用一对压延罗拉来压缩已初步经过溶剂致密化的纱线，初始纱线是直接从浮动催化剂 CVD 炉中生产并经水浴或酒精浴处理的。多达五次压延作用将湿纱固化成带状，纱线密度显著增加，为 1.3～1.8g/cm^{-3}，这可能是文献报道中的最高值。

表 7.1 溶剂致密化纱线的形貌[32]

纱线类型	纱线线密度 （tex）	纱线横截面积 （μm²）	束间距 （nm）	每束的纳米 管数	纱线密度 （g/cm³）a	纱线孔隙率a
初纺纱	0.1	417	61.8	11.7	0.240	0.85
NMP 处理	0.12	208	64.9	44.6	0.577	0.64
NMP（7%牵伸）处理	0.14	243	39.8	—	0.576	0.64
CSA 处理	0.13	218	46.1	64.2	0.596	0.63
CSA（7%牵伸）处理	0.11	148	40	—	0.743	0.54
CSA（13%牵伸）处理	0.11	160	33	85.8	0.688	0.57

a 根据纱线线密度或横截面积和 CNT 密度为 $1.6g/cm^3$（即将纳米管视为实心圆柱体）的计算值。

7.1.4 CNT 的有序性

填充在纤维和纱线中的 CNT 远非理想的平行排列圆柱体。从图 7.12 的 SEM 图中可以观察到簇和拉伸纤维网中 CNT 的波浪形（卷曲）构造、错位和集束[14]。如图 7.12（a）所示，原始簇中的 CNT 有卷曲，但大多数没有相互缠结。在纳米管纤维网拉伸过程中，CNT 从簇中的垂直方向旋转 90°而形成新的水平方向的纤维网［图 2.1（a），第 2 章］。在这个过程中，CNT 不可避免地相互干扰，形成环、钩、反转和交叉等状态，构成一个相互缠结的 CNT 网，如图 7.12（b）所示。比较簇中和拉伸纤维网中 CNT 的配置，很明显，在纤维网拉伸期间施加到 CNT 的张力消除了 CNT 中存在的一些卷曲。范德瓦耳斯力和拉伸纤维网中 CNT 之间的缠结使纤维网具备了干法纺丝工艺所需的强度。

与传统短纤维或者如羊毛或棉等短纤维的纤维网不同，CNT 纤维网一旦形成就不容易拉动或拉伸。在足够的拉伸载荷下，CNT 纤维网会急剧断裂而不是由于单个 CNT 之间的滑动而拉断。这是因为 CNT 通过范德瓦耳斯力和其他相互作用（如无定形碳桥接）彼此牢固连接而构成纤维网，因此不易滑动。在纤维网中观察到的 CNT 的曲折（如钩状、反转和卷曲等）以及无序排列也都会无保留地进入纱线中，而伸直的 CNT 将承受施加到纱线上的张力。最后，卷曲、钩状以及无序状态的错位排列都将导致 CNT 彼此分开，进而使它们之间出现如图 7.12（c）和（d）所示的孔隙。

对 CNT 股线（网、纱线）进行牵伸已被认为是改善 CNT 排列并提高股线强度的有效方法。拉伸过程通常需要使用润滑液或未固化的树脂，从而制备出 CNT 纳米复合材料[34-38]。在某些情况下，在对 CNT 有序化处理后再去除聚合物基质就可以获得纯的 CNT 结构。如图 7.13 所示，相对较低的牵伸（<30%的应变）可以拉直许多 CNT 片段，但无法移除或逆转钩状和缠结的 CNT。

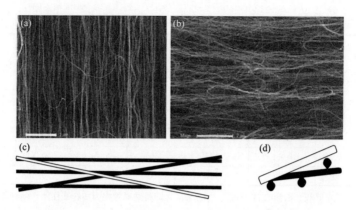

图 7.12 在簇和拉伸纤维网中 CNT 的卷曲和错位。（a）垂直排列 CNT 簇中 CNT 的 SEM 图；（b）拉伸纤维网中 CNT 的 SEM 图[14]；（c）未对齐的伸直纤维的示意图（纵向视图）；（d）未对齐的伸直纤维间空隙示意图［示意图（c）的端部］。

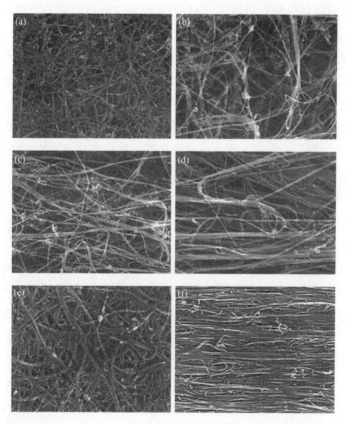

图 7.13 （a）（b）（c）（d）分别为 0、10%、20% 和 30% 应变下纯 MWNT 纤维网的 SEM 图；（e）（f）分别为树脂处理的和 40% 应变下 MWNT 纤维网的 SEM 图，图中应变方向均为横向[38]。

Cho 等[32] 研究表明，通过湿拉伸 NMP 和 CSA 渗透的溶剂致密化 CNT 纱线可以改善 CNT 的有序化排列。图 7.14 所示为 CNT 纱线表面的 SEM 图，可以看出，随着拉伸比的增加，主要 CNT 束的有序化排列得到改善。然而，并没有令人信服的证据表明 CNT 实现了牵伸，因为与牵伸短纤维束和牵伸聚合物长丝所使用的牵伸比相比，所施加的拉伸比非常小（17%）。

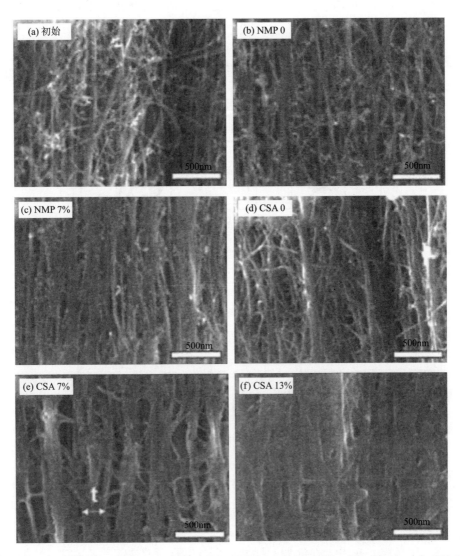

图 7.14　CNT 纤维的 SEM 图。(a) 初始；(b) NMP 0；(c) NMP 7%；(d) CSA 0；(e) CSA 7%；
(f) CSA 13%[32]。

在基于浮动催化剂 CVD 工艺（详见第 3 章）的直接纺丝方法中，在气相中生长的 CNT 在熔炉中形成初始的低密度（气凝胶状态）缠结结构。通过降低气相中纳米管的浓度、降低前驱体进料速率或者增加载气流速都可以降低 CNT 缠结的密度，并且可以以高达 18% 的拉伸比拉伸 CNT 气凝胶，以超过 50m/min 的高速度缠绕，如图 7.15（a）所示[39]。卷绕速度的增加改善了最终纱线中 CNT 的有序化排列［图 7.15（b）和（c）］，使纱线比强度从 0.3N/tex 增加到 1N/tex。

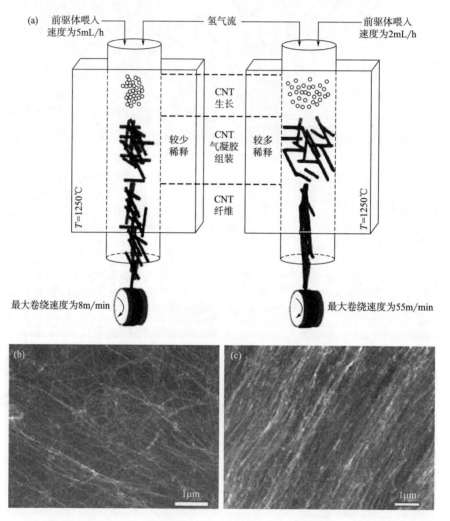

图 7.15　通过稀释反应器中 CNT 浓度控制直接纺丝 CNT 的有序化排列。（a）CNT 纤维直接纺丝
工艺示意图；（b）（c）分别为非定向和定向 CNT 纤维的 SEM 图[39]。

7.2 拉伸强度

7.2.1 拉伸试验条件

许多研究人员使用工程应力单位（MPa 或 GPa）来表示 CNT 纱线的强度和模量。所有 CNT 纱线都是多孔的，即使是低应变也会使纱线直径显著减小。同一纱线的强度表示为 648MPa 还是 1630MPa，具体取决于在计算纱线的应力时使用的是纱线的初始直径还是瞬时直径[14]，因此纺织行业一直使用比拉伸性能来表征。纱线比应力等于施加的张力（单位为 N 或 cN）除以以 tex 为单位的纱线线密度，单位为 N/tex 或 cN/tex（$1cN/tex = 10^{-2}N/tex$）。纱线的比断裂强度又称韧度，将工程应力除以纱线密度得出以 $GPa/(g/cm^3)$ 为单位的纱线比应力，其值与以 N/tex 为单位的值相等。

拉伸试验标距（试样上两个夹持点之间的距离）对拉伸试验结果有重要影响，因为试样总是在其最薄弱的环节断裂，试样越长，其最弱的环节就越薄弱[40]。当标距接近纤维长度时，标距对纱线抗拉强度的影响尤其大，即在比纤维长度稍短的标距下测得的纱线强度将显著高于在比纤维长度略长的标距下测得的纱线强度。CNT 纱线测试最常用的拉伸标距长度为 10mm 和 20mm[10,13-14,41]，这是单个纳米管长度的许多倍。Zhang 等[42] 在 1~20mm 的标距长度下测量了 CNT 纱线的强度，令人惊讶的是，拉伸强度与标距长度的相关性非常弱，如图 7.16（a）所示，这是因为即使是最短标距（1mm）也要比纱线中 CNT 的长度长得多。

另外，拉伸试验中使用的应变速率（$2×10^{-5}~2×10^{-1}1/s$）对干法纺丝 CNT 纱线拉伸性能的影响要大得多，如图 7.16（b）所示[42]。随着应变速率的增加，无论是强度（断裂应力）还是杨氏模量均有所增加，而伸长率（断裂应变）则呈下降趋势。拉伸性能与应变速率的相关性可以通过 CNT 纱线的黏弹性予以解释。在低应变速率下，纱线会逐渐变细，然后在断裂前被拉出，而在高应变速率下，纱线会经历急剧的弹性断裂。距断裂端 100μm 的 SEM 图显示，CNT 在高应变速率下呈波浪状并相互缠结［图 7.16（c）］，但在低应变速率下呈伸直状态且排列良好［图 7.16（d）］。

7.2.2 强度变异性

纱线中的薄弱点是由纱线中的单薄处和结构缺陷引起的。图 7.17 所示为取自

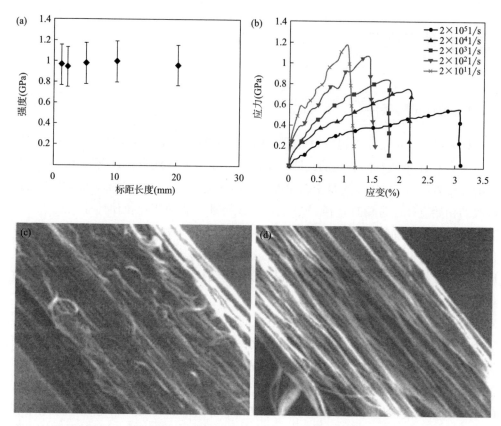

图 7.16　测试条件对 CNT 纱线拉伸性能的影响。（a）CNT 纱线拉伸强度与标距的关系；（b）CNT 纱线在不同应变速率下的应力—应变曲线；（c）（d）分别为在 2×10^{-1} 1/s 和 2×10^{-5} 1/s [42] 应变速率下实验所得纱线在距断裂端 100μm 处的 SEM 图。

连续 CNT 纱线中 50mm 长试样[27] 的直径和线密度的变异性以及 1m 长纱线中拉伸强度的分布[42]。由这组数据计算得出的质量不规则性（标准偏差占平均值的百分比）为 9.5%，优于典型的商业纺织纱线。

　　邓等[43] 应用改进的威布尔（Weibull）强度模型研究了 CNT 纱线的强度分布，得到纱线的杨氏模量、强度和断裂应变分别介于以下范围 2~10GPa、82~490MPa 以及 0.03~0.12，相应的平均值分别为 4.6GPa、170MPa 和 0.068。考虑到纱线直径的分布，威布尔模型可修订为：

$$F(\sigma) = 1 - \exp\left[-d^h\left(\frac{\sigma}{\sigma_d}\right)^m \right] \qquad (7.5)$$

　　其中：$\sigma_d = \sigma_0 L^{-1/m}$；$L$ 为纱线样品长度；d 为纱线直径；h 为与直径相关的参

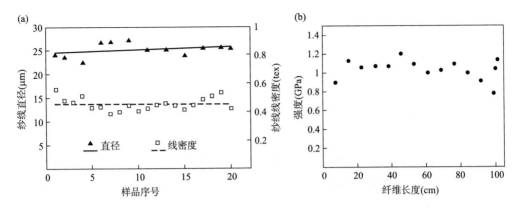

图 7.17　1m 长纱线中 CNT 纱线的变异性。（a）纱线直径和线密度[27]；（b）纱线强度[42]。

数；σ_0 为尺度参数（特征强度）；m 为强度分布散射相关的威布尔形状参数。

　　威布尔形状参数 m 的值越大表示强度分布越窄（散射越小）。研究发现，形状参数 m 为 4.1，直径相关的参数 h 为 5.82。相比之下，CVD 法生长的多壁 CNT 的 m 值为 1.7，在 60mm 标距长度下测得的 Thornel-300 碳纤维的 m 值为 4.5，而在 5mm 标距长度下测得的玻璃纤维的 m 值为 5.12[44]。因此，CNT 纱线的散射比多壁 CNT 的散射要小，但比商业碳纤维和玻璃纤维的散射要大。

　　Zu 等[45] 应用加捻及溶剂致密化方法制备出 CNT 纱线[9]，经 50 次拉伸试验得到的平均强度、杨氏模量和断裂应变分别为（1.2±0.3）GPa、（43.3±7.4）GPa 和 2.7%±0.5%，研究所得威布尔形状参数 m 为 5.44，高于 Deng 等实验测得的参数值[43]。

　　用于制备摩擦致密化纱线摩擦作用的波动性增加了纱线拉伸性能变异的关注。最终，对从 5m 长摩擦致密化 CNT 纱线中随机抽取的 23 个试样进行了测试[29]，获得的威布尔标度参数 T_0 为 54.74 cN/tex，形状参数 m 为 9.72，该值高于上述经过和没有经过溶剂致密化加捻的 CNT 纱线。

7.2.3　影响因素

　　许多因素如纳米管、加工工艺以及纱线结构参数都会影响 CNT 纱线的强度。为了解各相关参数对纱线强度等的影响，已有多位研究者汇编了来自世界各地不同实验室制备的 CNT 纱线的强度结果[4,33,46-49]。与纺织纤维和纱线不同，单个 CNT 力学性能的测试相当复杂，因此少有人开展此方面的工作，相对稀少的样品通常多用于纱线拉伸性能的测试。由于测试条件（如标距）以及纱线结构特性（如纱线孔隙率、直径、捻度）目前尚无标准化，这些都导致难以探讨单个参数对纱线拉伸性能的影响。在这里，我们总结了不同研究小组得出的一些结论，其中一些结论可能相互间存在一定的矛盾。

7.2.3.1 纳米管强度

在纺织工业中，纤维强度和纱线强度之间存在较好的关联性。纤维强度可以通过测试单根纤维或纤维束来获得。测试中使用的纤维束通常包含大约 1000 根纤维，其中一端由夹具固定，另一端经梳理使纤维对齐，并去除夹具未夹持的短纤维。对于通常具有超过 25mm 短纤维长度的棉纤维而言，另一个夹具的位置也就是给定的测试标距长度通常为 3~9mm。这意味着在对纤维束进行测试期间，绝大多数纤维都被夹在两端中。棉纤维束强度与平均单纤维强度之比通常在 0.426~0.52[50]。对于中支棉纱（27tex）而言，其纱线的强度约为纤维束强度的 50%[51]。

实验测定的单个 CNT 的拉伸强度、杨氏模量分别介于 11~150GPa 和 200~1000GPa，这些值（固有强度）考虑了 CNT 的中空中心，而排除空心时其工程强度是较低的。一些纳米管可以压缩成条带状，随着中空中心的空隙变小，其工程强度可以接近极限（固有）强度。到目前为止，在连续制造的 CNT 纱线的强度与组成其结构的纳米管强度之间还没有通过实验建立起直接的对应关系。

Hill 等[52] 测量了取自 3mm 高 CNT 簇的 CNT 束的强度。束测试用标距长度为 1mm，束的两端使用环氧树脂固定。据估计，束中 50% 的纳米管连续跨越整个标距长度。在报道的成束测试中的 CNT 数量约为 100 万，这与典型 CNT 纱线的数量级相同。测量的束强度大小与束尺寸和致密化方法有极高的相关性，实验测试所得最高比强度和模量分别为 1.8 和 88.7N/tex，其所用样品为甲苯致密化的 CNT 束[52]。实验测试所得束强度比其他研究者报道的单个纳米管上测得的值低一到两个数量级，而 Hill 等并未对单个纳米管的拉伸性能进行测量，因此无法建立单个纳米管强度和束强度之间的关系。文献报道提及的 1.8N/texCNT 束强度大约是许多研究者报道的典型 CNT 纱线强度的两倍，这种束—纱线的强度比类似于棉纤维束与细纱之间的强度比[51]。

7.2.3.2 纳米管长度

几个对照实验表明，当使用更长的 CNT 时，纱线强度有增加的趋势。例如，Zhang 等[13] 报道指出，当 CNT 长度从 0.3mm 增加到 0.65mm 时，纱线强度从 0.3GPa 提高到 0.85GPa；当 CNT 长度进一步增加到 1mm 时，平均纱线强度增加到 1.9GPa [53]。Fang 等[41] 将 CNT 簇生长到 0.15~0.4mm 的一系列高度，以便纺出直径（5~7μm）和表面加捻角（17°~21°）的相似纱线，研究发现纱线强度从最短 CNT（0.15mm）的 310MPa 增加到最长 CNT（0.4mm）的约 420MPa。Ghemes 等[4] 研究表明，随着 CNT 长度从 0.8mm 增加到 2.1mm，纱线的强度仅有较少的增加，且纱线强度在 1.4mm 时明显偏低，这是由于纱线样品较粗所致。对照实验中显示的纳米管长度对纱线强度的影响与传统纺织纱线中纤维长度对纱线强度的对应关系基本一致[55]。

然而，当比较不同实验室合成的 CNT 时，由一个实验室制备的长 CNT 纺成的纱线不一定显示出比另一个实验室制备的较短 CNT 的纱线具有更高的强度。例如，应用某实验室制备的 5mm 长的 CNT 纺成的优化纱线的强度为 280MPa[56]，这低于其他实验室所用的更短 CNT 生产的 CNT 纱线的强度[14,41,53-54]。

7.2.3.3　纱线直径

在纺织工业中，随着纱线支数变细，纱线生产成本会急剧上升。这主要是因为细支纱线每米需要更多的捻度，并且在加工过程中由于更严重的质量不匀和更低的断裂力，因此在加工过程中会存在更高的断头率。如果纱线具有良好的均匀度，则通常认为纱线线密度（tex）对纱线强度的影响可以忽略不计。细纱的强度小，是因为纱线均匀度的恶化导致纱线中出现更多的薄弱点。

有些 CNT 纱线的研究报道认为，通过纺制更细的纱线，可以显著提高纱线的强度。Zhang 等[13] 使用 650μm 长的 CNT 生产不同直径的纱线，发现直径为 4μm（0.85GPa）较细纱线强度是直径为 13μm（0.17GPa）较粗纱线强度的五倍。但是研究并没有详细说明这两种纱线的其他参数，如两种纱线是否具有相近的加捻角度。Ghemes 等[54] 报道指出，随着纱线直径的增加，加捻 CNT 纱线的强度和杨氏模量均出现下降。然而，在其实验研究中，捻度水平（捻/m）保持在 4000 捻/mm 的恒定值，而没有考虑纱线直径从 10μm 到 60μm 范围的变化。Fang 等[41] 对纱线直径的影响进行了对比实验，在加捻角保持在近似恒定水平（15°）的情况下，用不同直径的纱线通过改变纤维网幅宽制备出两组纱线，5μm 直径纱线的强度为 430MPa，而 60μm 直径纱线的强度仅为 160MPa。Liu 等[9] 研究表明，细纱强度普遍较高，但纱线直径低于 10μm 时则会产生负面影响。Deng 等[43] 表明纱线强度（σ）随纱线直径（d）的增加而降低，即 $\sigma = 22617.5d^{-1.42}$。

另外，Zhao 等[57] 研究表明，随着纱线直径的增加，纱线强度有普遍增加的趋势，这是由于细纱内部较低的径向压力所致。

7.2.3.4　加捻

在纺细纱过程中，纤维通过由加捻纱线中的同轴纤维螺旋形成的向内压力，即纤维—纤维间摩擦而保持在一起。在低捻度下，由于纤维之间的低压力和低摩擦，纱线会因纤维发生滑移而断裂。在高捻度下，纤维间的高摩擦力在很大程度上阻止了纤维滑移，并且纤维所经受的应变会因其在纱线中的径向位置而有很大差异。高捻纱线断裂的主要原因是由于纤维断裂，这种断裂首先发生在具有最大应变的外部区域，之后传播到整根纱线[8]。此外，由于纤维的倾斜，高捻度降低了纤维强度对纱线强度的贡献率。因此，在中等捻度水平下可以实现最大的纱线强度。

大多数研究者认为，CNT 纱线遵循与纺织纱线相似的捻度—强度（和模量）对应关系[14,41,46,54]［图 7.18（a）和（b）］。Liu 等[9] 对从 CNT 簇中拉制的纤维网制备的纱线进行加捻和丙酮致密化，发现随着加捻角度的增大，CNT 纱线强度和模量都呈降低趋势。由于未经加捻或以其他方式致密化的 CNT 纱线具有非常低的强度，因此捻度和纱线强度/模量之间的完整关系应呈现抛物线形状。Liu 等研究还表明，纱线的断裂应变随着更高捻度的施加而增加，这与纺织纱线的变化趋势大体一致。因此，在纺织细纱中所用的解释理论同样也适用于以范德瓦耳斯力代替纳米管之间的摩擦力所描述的 CNT 纱线的对应关系[5]。在 CNT 纱线中引入更高的捻度可使纱线获得更好的致密化效果，从而产生更强的 CNT 间范德瓦耳斯力。

然而，Zhao 等[57] 报道了一种捻度与纱线强度之间的双峰关系。第二个峰值是因为过高的捻度使纱线内部产生高压力，从而导致 CNT 塌陷。而 CNT 的坍塌增加了 CNT 之间的接触，由此使纱线进一步致密化。

当通过施加相反捻向去除加捻纱中的捻度时，未加捻的纱会保留其大部分初始强度[6]。加捻—解捻作用也被称为假捻，所得假捻纱直径更大［图 7.18（c）］，尽管处于稍低的水平，但还是遵循与加捻母纱线类似的捻度—强度关系［图 7.18（d）］。尽管最终的假捻纱线是无捻的，但是在消除捻度之前纱线内每束中的纳米管仍然会因为范德瓦耳斯力而保持在一起。随着捻度的去除，CNT 束之间的孔径增加，因而纱线孔隙率发生反弹，CNT 束之间孔隙率最终通过无捻纱线中 CNT 束有序性的增加而得到部分补偿。

7.2.3.5　纺纱条件

由 CSIRO 开发的两种纺纱系统，即翼锭纺纱机和上旋纺纱机（见第 2 章）已共同运行了两年多的时间[4]，期间已有多次对这两种纺纱机生产的纱线性能进行比较。一般而言，翼锭纺纱系统所纺纱线通常比上旋纺纱系统所纺纱线具有更紧密的结构，这是由于翼锭纺纱系统更高的纺纱张力所致，翼锭纺纱线的弹性模量相对较高，但断裂应变较低。然而，当强度和模量转换为比拉伸强度（韧度）和

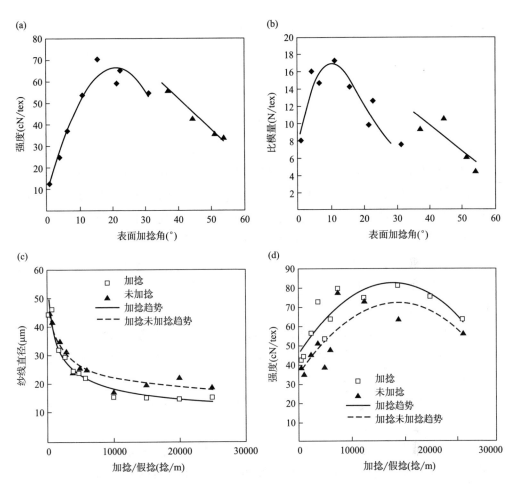

图 7.18　加捻对纱线拉伸性能的影响。(a) CNT 纱线强度与加捻角间的关系；(b) 加捻纱比模量与加捻角的关系[14]；(c) 纱线直径与加捻/假捻捻度的函数；(d) 纱线强度与加捻/假捻捻度的函数[6]。

断裂功（韧性）时，两种系统纺制的纱线之间的差异将不再明显。

　　Tran 等[58] 在翼锭纺纱机上的 CNT 簇和锭子之间引入了一系列摩擦销。这些摩擦销会以两种方式影响纺纱过程，一是增加纱线张力，二是由摩擦销分开的区域沿着纱线逐步引入捻度。这些由摩擦销引起的捻度重新分布即所谓的阻隔加捻[59]。更高的张力增加了纱线的密度，从而产生更紧密的纱线（纱线直径同时减小）、更高的基于应力的强度和模量以及更低的断裂应变。Tran 等[58] 还报道了使用多个窄幅带的益处，遵循用于羊毛纤维纺丝的赛络纺纱方法，以及在纺纱过程中对 CNT 网束的热处理。赛络纺羊毛纺纱是双重毛纱的可选项，由于更低的纱线毛羽（突出的纤维末端）和更高的耐磨性，因此无须上浆就可以进行织造[60]。

7.2.4 致密化方法

CNT 纱线的致密化方法有多种，不同的致密化方法会形成不同的纱线结构，不同致密化方法所实现的纱线致密化程度的通用量化参数就是纱线密度，它直接影响纳米管之间的孔隙和相互间的范德瓦耳斯力，最终影响到纱线的强度。图 7.19 所示为根据相关致密化方法所得纱线的"纱线密度—强度"关系。通过改变捻度水平，加捻致密化可以提供从 $0.1 \sim 1.3 \mathrm{g/cm^3}$ 较大范围的纱线密度。然而，在极高捻度下获得的高纱线密度是以牺牲纳米管倾角为代价的，这对纱线强度的负面影响如图 7.19（a）所示。通过从加捻纱线中去除捻度（或通过使用假捻法直接形成无捻纱线），消除了纳米管的倾斜，但这会导致最初紧密的纱线结构变得松散，在高捻度水平下尤其明显，而且限制了其可获得最高的密度，这反过来又影响纱线强度［图 7.19（b）］。

通过调整模具头的直径，冷拉 CNT 纱线可以获得与加捻法相似的密度水平。相关研究报道的纱线强度在 $1.1 \sim 1.2 \mathrm{g/cm^3}$ ［图 7.19（c）］，与加捻纱线在其约 $0.6 \mathrm{g/cm^3}$ 的最佳密度下的强度相似［图 7.19（a）］。

溶剂致密化无捻纱线通常没有规则的横截面，因此相关的纱线密度很少报道。Cho 等[32] 展示了经过 1-甲基-2-吡咯烷酮（NMP）和氯磺酸（CSA）处理的纱线拉伸后的结果，如图 7.19（d）所示。研究结果表明，纱线密度相当低［相当于图 7.19（b）所示的假捻纱线］，但纱线强度非常高。纱线强度的显著提高归因于纳米管束尺寸的增加、束的压实以及排列的有序化[32]。

在摩擦致密化中[29]，罗拉压力、罗拉速度和纱线张力都会影响摩擦致密化 CNT 纱线的密度和性能。纱线张力由纱线卷取（收集）速度与摩擦罗拉的圆周速度之间的速度比控制。高的纱线卷取比对纱线比模量有积极影响，但对纱线强度的影响不显著。另外，当纱线卷取比从 1.00（零张力）增加到 1.03 时，纱线比模量增加了 56%，为最佳张力水平。

7.2.5 纺丝后处理

Wang 等[33] 报道了通过反复轧制溶剂致密化纱线可以使纱线强度成倍提高。所得扁丝的密度为 $1.3 \sim 1.8 \mathrm{g/cm^3}$，平均强力为 4.34GPa，强度为 $2.4 \sim 3.3 \mathrm{N/tex}$。

Zhang 等[13] 报道称，加捻后处理可以将纱线断裂应力从 0.81GPa 显著增加到

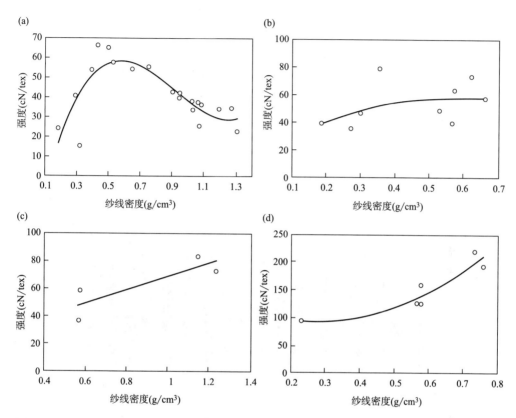

图 7.19　纱线密度与强度关系。(a) 加捻纱线，根据文献［14］数据计算；(b) 假捻纱线，根据文献［6］数据计算；(c) 冷拉纱线，根据文献［30］数据计算；(d) 溶剂致密纱线，根据文献［32］数据计算。

1.91GPa。在加捻后处理过程中，将重物悬挂在 CNT 纱线的一端以提供轴向张力，将纱线的另一端进行卷绕。由重物提供的张力会增加纱线内 CNT 的堆积密度，经加捻后处理，纱线直径从 4μm 减小到 3μm，相应地纱线横截面积减小 44%。Ghemes 等也报道了加捻后处理的类似优势[54]。

　　Liu 等[9] 报道称，通过对加捻纱线进行溶剂致密化处理，可使纱线强度提高83%（从 0.6GPa 增大到 1.1GPa），其中不到一半的增长归因于纱线断裂强力的增加，其余则归因于纱线直径的减小（纱线密度的增加）。Li 等[61] 使用不同的溶剂来致密化从 CNT 簇纺成的低捻纱（加捻角<12°）。图 7.20（a）所示为根据溶剂偶极矩进行的排序。所得纱线的强度与溶剂极性没有明显的相关性。用强极性但非挥发性溶剂（缓慢挥发，如 N,N–二甲基甲酰胺、二甲基亚砜和 N–甲基–2–吡咯

烷酮）致密化的纤维强度比通过挥发性溶剂（快速挥发，如乙醇和丙酮）致密化的纤维强度稍高 100~200MPa。快速挥发的乙醇和丙酮处理的纱线孔隙分布较均匀，而低挥发性溶剂会将 CNT 拉到局部高密度区域，它们之间有较大的孔隙。Cho 等[32] 的研究报道称，通过 NMP 和 CSA 渗透和湿拉伸可以显著提高由浮动催化剂 CVD 工艺生产的无捻 CNT 纱线的比强度［图 7.20（b）］，这是由于纳米管扁平化和有序化使纳米管的堆积密度增加。

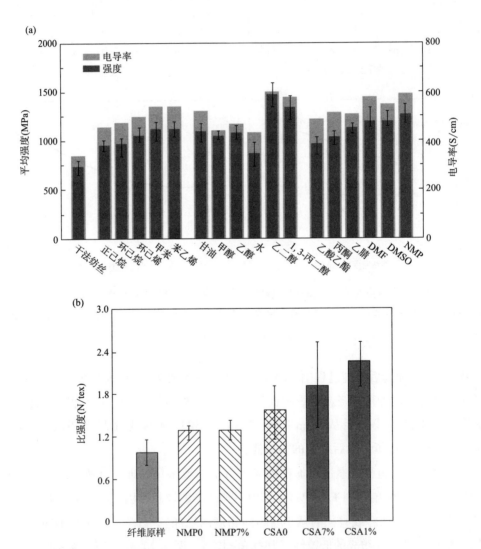

图 7.20　溶剂渗透和湿拉伸后 CNT 纤维的拉伸强度。(a) 不同的溶剂[61]；(b) 在 NMP 和 CSA
中进行湿拉伸，图中的百分比为拉伸比[32]。

电子束和离子束辐照作为工程 CNT 和增强 CNT 结构的后处理方法已进行过研究[62]。通常在真空 SEM 或 TEM 室中进行的单个多壁 CNT 的电子束辐照可以形成增加总断裂力的壁间键[62-63]。在"绳"中的单壁 CNT 可以通过低剂量的电子辐照彼此间相互连接[64]。理论模型表明，CNT 之间的交联可以在辐射产生的间隙碳原子的参与下形成，或者更罕见的是通过羧基之间的辐射诱导化学反应形成[64]。电子束辐照衰减迅速，因此不适用于 CNT 纱线的大规模处理。另外，伽马辐照穿透碳材料的深度很大，可使材料得到均匀处理。

Miao 等[65] 报道称，CNT 纱线在空气中的伽马辐照显著提高了纱线的拉伸强度。与结构松散的纱线相比，结构紧密的纱线（如高捻度纱线）的改善更明显。声波脉冲测试还表明，由于伽马辐照声速增加，因此 CNT 纱线的动态模量增加。X 射线光电子能谱对母体 CNT 簇的分析表明，空气中的伽马辐照显著增加了 CNT 组件中的氧气浓度，与辐射剂量成正比。这表明 CNT 在伽马辐照的电离作用下被氧化，而其氧化物有助于 CNT 之间的相互作用，从而改善了纱线的力学性能。

7.3　动态特性

在拉伸试验机上测量材料的拉伸性能与测试中使用的应变率有关。例如，随着应变率从每分钟 1% 增加到每分钟 100000%[66]，聚合物纤维的杨氏模量可以增加 3 倍。另外，线弹性纤维（如玻璃纤维）的模量不受测试中使用的应变率的影响[67]。

Wang 等[68] 使用自由落体的霍普金森拉杆来测量 CNT 纱线的动态拉伸强度，CNT 纱线的动态强度比使用准静态测试获得的强度要高 35%。这种增强行为可用应变速率函数（Johnson-Cook 模型的简化）表示：

$$\sigma = \sigma_0(1 + 0.0186\ln\dot{\varepsilon}) \tag{7.6}$$

其中：$\dot{\varepsilon}$ 为应变速率，表示基于 $\dot{\varepsilon} = 1/s$ 的无量纲应变；0.0186 为应变速率敏感系数。

纯 CNT 纱线往往在最弱点处断裂，导致纱线沿捻向散开，而经渗透的聚合物复合 CNT 纤维往往会断裂成几个碎片。对于纯 CNT 纱线，应变速率不仅与数百万单个 CNT 有关，还取决于 CNT 之间的相互作用。随着应变速率的增加，CNT 纱线中不规则的缺陷和孔隙可使其强度提高。内部缺陷分布对应变速率有显著的影响。在准静态拉伸速率下，断裂强度以最薄弱环节处的强度为主，但随着应变速率的增加，断裂强度逐渐接近材料的平均强度。

声波应变速率下的拉伸行为可用于阐明聚合物的黏弹特性，该黏弹特性常用于反映聚合物纤维材料中高分子、原纤维和纤维之间的相互作用[69]。在理想的线弹性材料中，材料中的声速（c）与其杨氏模量（E）和质量密度（ρ）遵循波传播方程 $c = \sqrt{(E/\rho)} = \sqrt{E'}$，其中 $E' = E/\rho$（N/tex）为材料的比模量。通过声学方法确定的弹性模量称为动态模量或声波模量。声波模量与准静态模量的比值（E_s/E_{qs}）可作为纺织纤维中的内摩擦和纱线中的纤维—纤维摩擦的指标[70-71]。

对于加捻 CNT 纱线，CNT 的取向度随着纱线捻度的增加而降低，从而使纱线的动态和准静态模量均降低，如图 7.21（a）所示[69]。动态模量和准静态模量之间的比率（E_s/E_{qs}）遵循抛物线曲线，在 30° ～ 40° 的加捻角处达到最大值，如图 7.21（b）所示，这可以通过 CNT 之间的摩擦滑移来解释，并取决于 CNT 与CNT 间的紧密程度和负载下 CNT 与 CNT 相对运动的自由度。随着捻度的增加，接触力增加，而滑动的趋势减小，这两个因素的综合影响在中等捻度水平时趋于平衡。

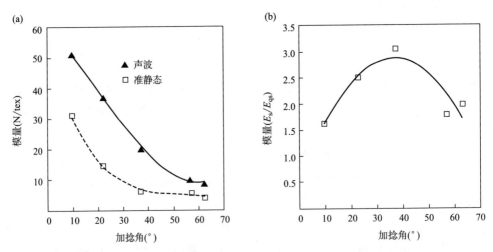

图 7.21　加捻 CNT 纱线的声波与准静态模量。（a）加捻 CNT 纱线的声波和准静态模量；（b）声波模量（E_s）和准静态模量（E_{qs}）之间的比值[69]。

无扭矩 CNT 纱线合股是通过在与单纱捻度相反的方向上将多根单纱捻合在一起而形成的。最终合股纱中的 CNT 弯曲度（错位）大于初始单纱中的 CNT 弯曲度（错位）。这有可能导致纱线强度、动态和准静态模量以及模量比（E_s/E_{qs}）的降低，见表 7.2。模量比的增大可以通过结构中三层单纱之间摩擦力的增加予以解释。另外，在空气中对加捻 CNT 纱线进行伽马辐照处理使 CNT-CNT 发生交联，会增加纱线声波和准静态模量并降低 CNT 之间的摩擦滑动趋势，最终导致模量比降低。由于无捻纱线的结构和较高的 CNT 堆积密度，增加了摩擦致密化 CNT 纱线的有序性和 CNT 与 CNT 间的紧密程度，阻止了纱线中的纳米管间的相对运动，从而具有更高的准静态模量和声波模量以及非常低的模量比。

表 7.2　CNT 纱线的动态和准静态拉伸性能[69]

纱线种类	准静态强度（cN/tex）	比模量（N/tex）		模量比（E_s/E_{qs}）
		准静态	声波	
单根加捻纱	74.3	14.8	37.5	2.5
3-股加捻纱	50.5	8.1	22.4	2.8
伽马辐照加捻纱	87.7	26.1	58.1	2.2
摩擦致密化纱	72.9	56.7	69.4	1.2

7.4　电导率

SWNT 依据其手性可以是金属，也可以是半导体，即单层石墨烯是否包裹成圆柱体（纳米管）。MWNT 中相同石墨烯层的电导率要比同轴层之间（壁之间）低得多[3]。MWNT 中的电阻可以通过对 CNT 进行退火[72] 或通过促进跨壳桥接控制缺陷予以降低。纳米管之间的接触电阻在很大程度上取决于接触区域的原子结构，而且可以相差一个数量级以上。当纳米管处于原子尺度时，纳米管之间可实现最佳电子传输，来自一个纳米管的原子被转移至另一个纳米管的顶部[73]。由于纳米管的结构和所使用的电性能测试方法存在很大差异，合成过程中形成的 CNT 束的电阻率可能会有很大差异。由于无定形碳和其他杂质的存在，基于 MWNT 的宏观结构的电导率通常低于无缺陷的单个 CNT 的电导率，由此导致散射并使接触电阻增大[74-75]。

Chen 等[76] 报道了随机以及有序排列的 CNT 薄膜的电导率对纳米管结构（管壁数量和直径）的影响。随机排列的薄膜是将 CNT 簇（长度为 500~600μm）分散在有机溶剂中制成的，而有序排列的薄膜是使用罗拉加压法对 CNT 簇进行铺层制成的。两种类型的薄膜表现出相似的电导率并在平均管壁数为 2.7 时达到峰值，该值对应的纳米管平均直径为 5.4nm。该峰值的出现可归因于抵消效应，即纳米管电导率的增加与随着纳米管管壁数的增加而逐渐降低的 CNT 堆积密度之间的抵消作用。

  Aliev 等[77] 测量了包括纱线在内的不同 CNT 组件电阻率与温度的关系（图 7.22）。与通常在金属材料中观察到的正系数不同，所有 MWNT 组件都显示出负的电阻—温度系数（$dR/dT<0$），表明它们具有半导体特征。研究认为，虽然有序的 MWNT 的较长重叠不能大大减少电子跳跃过程的障碍数量，但有序性的改善大大降低了电子路径和电阻率。

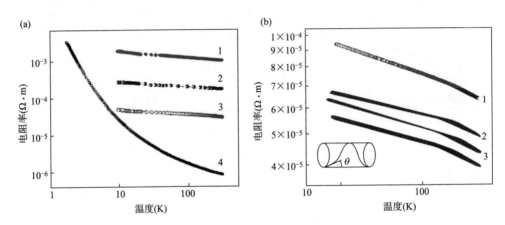

图 7.22 不同类型 CNT 组件电阻率与温度的关系。(a) MWNT 片（致密化），垂直于拉伸方向（1），由相同 CVD 生长的 MWNT 簇制成的随机沉积巴克纸（2），致密 MWNT 片平行于拉伸方向（3），SWNT（HiPCO）巴克纸（4）；(b) 三层 MWNT 片材（1），三层纱（2），捻角为 23°的单股纱（3），捻角为 29°的单股纱（4）[77]。

  由 CNT 簇纺制的 CNT 纱线在室温下的电导率介于 $1.5×10^4 \sim 4.1×10^4$ S/m[5,13,27,78-80]。其电导率分布值范围较宽的主要原因是纱线孔隙率的差异，而纱线孔隙率取决于生产纱线所用的致密化方法。对具有不同孔隙率水平的纱线的电导率进行比较时，通常比较其比电导率。

  若 T 为纱线的线密度（tex），R 为测得的电阻（Ω），而 l 为测量中使用的标距（m），则纱线的比电导率（S/m）／（g/cm³）或 S·m/tex 可由下式[27] 予以计算：

$$\sigma_{sp} = \frac{l}{RT} × 10^9 \tag{7.7}$$

  Miao[27] 研究证明了电导率与 CNT 纱线孔隙率的相关性。加捻纱线的电导率与纱线密度呈线性关系，如图 7.23（a）所示。当将电导率转化为比电导率时，则其增长趋势非常缓慢［图 7.23（b）］。这表明加捻并没有显著改善纱线中 CNT 之间的电接触，如图 7.23（c）和（d）所示，当加捻纱线中的捻度通过施加反向加捻予以去除时，纱线的直径会增加，而导电率降低，但纱线的比电导率几乎没有变化。这是因为纱线直径的增加几乎都是由 CNT 束之间的空间增加引起的，而每个束内的管—管接触并没有显著变化[6]。

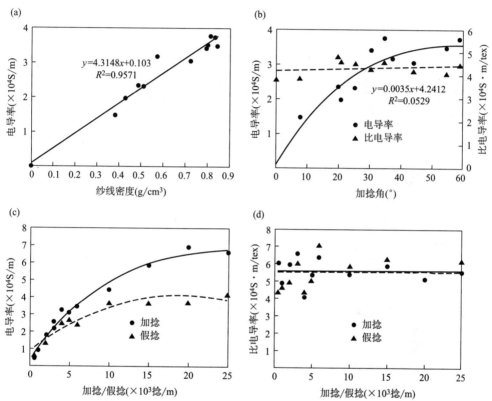

图 7.23　（a）（b）分别为基于文献 [27] 数据所得干纺 CNT 纱线的纱线密度和加捻角对电导率的影响；（c）（d）分别为基于文献 [6] 数据所得干纺 CNT 纱线的加捻/假捻对电导率和比电导率的影响。

　　同样，纱线生产中使用的摩擦条件对摩擦致密化 CNT 纱线的比电导率的影响并不显著[29]。

　　表 7.3 所示为不同方法生产的 CNT 纤维和纱线的电导率的比较。然而，许多研究者没有提供具体的电导率或纱线密度，因此无法对这些值进行标准化以便于比较。一般而言，从 MWNT 簇干纺所得纱线具有相似的电导率。不同研究者报道的电导率值间的差异在很大程度上是因为纱线密度的差异引起的。使用浮动催化剂法直接从炉中纺出的纱线的电导率要比从簇中干法纺丝获得的纱线高出约为 1 个

数量级，主要原因在于浮动催化剂法所纺纱线多为 DWNT 或者为 SWNTs 和 MWNTs 的混合物。溶液法所纺不同类型的 CNT 纱线具有从金属到半导体广泛的电导率。

表 7.3　文献报道的不同方法生产的 CNT 纱线的电导率

CNT 类型		致密化方法	电导率（×10⁴S/m）	参考文献
从簇中干法纺纱	MWNT	加捻	3	[5]
	MWNT	加捻	1.7~4.1	[13]
	MWNT	致密	5	[10]
	MWNT	加捻	4~7	[6, 27]
	MWNT	初纺	4.16	[81]
	MWNT	加捻	4.3	[82]
	MWNT	加捻+溶剂致密	4~9	[9]
	MWNT	加捻	4~8	[83]
从反应炉中干法纺纱	SWNT/MWNT	初纺	83	[84]
	压平 DWNT	初纺	50	[85]
	压平 DWNT	初纺	19	[86]
	主要是 DWNT	溶剂致密+罗拉致密	182~227	[33]
溶液法纺纱	SWNT	挤压	0.1	[87]
	SWNT	挤压	50	[88]
	氩气生长 SWNT	挤压	0.067	[89]
	MWNT	挤压	0.8	[90]
	SWNT	挤压	83.33	[91]
	SWNT	挤压	290	[92]

已经提出了许多后处理方法来提高 CNT 纤维和纱线的电导率，包括热处理[93]、辐照[94]、酸处理[95]、碘掺杂[96] 以及金属涂层[97-98] 等，有关 CNT 纱线后处理的详细讨论见第 6 章。

7.5　导热系数

CNT 沿其长度轴向是良好的热导体，但在纳米管轴径向是良好的绝缘体。在室温下，单个 CNT 沿其轴向的导热系数为 3000~3500W/(m·K)[99-100]，沿其径向的导热系数约为 1.52W/（m·K）。相比之下，铜的导热系数为 350~400W/（m·K），聚丙烯腈基（PAN）碳纤维[101] 纵向的导热系数为 7~60W/（m·K），横向的导热系数为 0.5~1.2W/（m·K）。

据报道，从 MWNT 簇拉制的纤维网在其平行方向的导热系数为 50W/（m·K），其纱线的导热系数为 26W/（m·K）[77]。单个纳米管和宏观材料之间有近两个数量级的差异，表明热传输主要由 CNT 宏观材料中管与管之间的众多高的结点热阻主导。

Behabtu 等[92] 报道表明，溶液纺丝 CNT 纤维的平均导热系数为（8±15）W/（m·K），经过碘掺杂后增加到 635W/（m·K）。Gspann 等[102] 通过浮动催化剂 CVD 方法生产 CNT 纤维，在溶剂蒸发过程中对其进行 5%拉伸处理以改善纳米管的排列。该过程使纱线在室温下的导热系数高达（770±10）W/（m·K）。Koziol 等[103] 使用 Veeco explorer AFM 热探针装置测量通过浮动催化剂 CVD 方法生产的初纺 CNT 纤维的导热系数，发现其导热系数在室温附近达到最高 [（1255±317）W/（m·K）]，然后导热系数随着探针温度的升高而降低。这些值约为单个 CNT 的 1/3，但远高于铜和金等高导热金属的导热系数。

7.6　强度

一个常被问到的问题是是否可以进一步改善 CNT 纤维和纱线的性能。如第 8 章所述，许多优秀文献[104-106] 试图使用不同的组织几何模型、力学性质和 CNT 的载荷转移机制来回答这个问题。在这里，我们对在纺织纤维中应用聚合物的固有特性方面已经取得的成果进行了总结，以阐明未来商业 CNT 纤维和纱线的发展前景。

表 7.4 所示为聚合物拉伸性能的理论值和由这些聚合物制成的商业纤维的实际值的比较。Hongu 等[107] 总结的理论比强度（韧度）和模量均来自理想的聚合物，包括完全取向和无限长的分子链。文献中以传统单位（g/旦）给出的理论值已转换为 N/tex。需要注意的是，理论值使用理想材料的理论密度（如碳晶体密度为 2.266g/cm³）进行转换，而商业纤维的实际值则使用商业纤维密度（如碳纤维密度为 1.8g/cm³）来计算。表格右侧两列数据为利用率，是商业纤维的实际值与其理论值的百分比。

表7.4　理论与实际纤维的强度

纤维		理论值（N/tex）[107]		实际值（N/tex）		利用率（%）	
		韧性	模量	韧性	模量	韧性	模量
商品化纤维	纤维素（棉）纤维	12.0	91	0.45	14.4	3.8%	15.8%
	聚酰胺纤维	28.4	127	0.90	6.0	3.2%	4.7%
	聚酯纤维	20.9	92	0.90	14.4	4.3%	15.6%
	聚丙烯腈纤维	17.6	75	0.45	7.7	2.6%	10.2%
	聚丙烯纤维	33.5	250	0.90	9.0	2.7%	3.6%
高性能纤维[108]	Spectra 1000	33.5	250	3.2	108.2	9.5%	43.3%
	纯 Dyneema	33.5	250	4.1	130	12.2%	52.1%
	Kevlar 29	21.2	135	2.0	49.3	9.5%	36.5%
	Kevlar 49	21.2	135	2.1	77.8	9.9%	57.6%
	Kevlar 149	21.2	135	1.6	99.3	7.6%	73.6%
	碳纤维	44.1	441	2.8	222	6.3%	50.3%

表7.4将纤维分为两组。第一组是用于工业应用的商品化长丝，它们通常比其短纤维的性能更强，但棉除外，因为棉是一种由超过90%的纤维素组成的短纤维，表中的棉纤维强度和模量是以标准的文森特（Vincent）棉测试所得，这是最强的商品棉类型[109]之一。表7.4数据显示，这些纤维中的实际强度是其理论强度的2.6%~4.3%，实际模量是其理论模量的3.6%~15.8%。

第二组纤维包括Kevlar、Spectra、Dyneema和碳纤维，是非常适合高值化最终用途的高性能纤维，如用于人体防弹和具有挑战性的工程结构材料，尽管其实际值已经很高，远高于第一组（商品化纤维），但是也只占其理论强度的7.6%~12.2%和理论模量的36.5%~73.6%。

纺织纤维的实际值仅达到其理论值一小部分的原因是纤维结构的缺陷，例如，分子链长度和排列无序性等的实际限制以及制备时产生的缺陷。这些都可以归因于现有制备技术的不足及生产过程中管理的欠缺。高性能纤维通常由超高分子量聚合物制成，采用复杂的加工方法如凝胶纺丝和超拉伸以实现非常高的分子链取向，而商品纺织纤维是由较低分子量聚合物制成，使用的工艺比高性能纤维更简单，并且通常采用不太复杂的加工方法以降低生产成本，这些纤维与高性能纤维相比可能存在更多的缺陷。因此，商品化纤维对初始聚合物特性的利用率远低于高性能纤维。

为进行比较，我们将单层石墨烯的强度和模量作为 CNT 的理论值，通常认为其值分别约为 130GPa 和 1.0TPa[110]。基于石墨烯（碳晶体）的密度为 2.266g/cm³，CNT 的理论比强度（韧度）和比模量分别为 57.4 和 441N/tex。

如果未来的商用 CNT 纱线能够将其理论强度发挥到与商品化纤维相同的水平，那么其比强度有望达到 1.5~2.5N/tex，这已被许多的研究者报道过。如果利用率能够提高到高性能纤维的利用率，未来的 CNT 纱线比强度有望达到 4.3~7N/tex，比模量达到 161~325N/tex。基于 1.8g/cm³ 的密度，这些值分别折合为 7.7~12.6GPa 和 290~585GPa，远高于任何商业纤维所能达到的力学性能。

7.7　总结与展望

CNT 具有非常高的力学性能以及优异的电导率和导热系数。纤维和纱线是研究者已知的利用这些特性的有效结构。目前开发的 CNT 纤维和纱线仅利用了单个 CNT 力学性能、电学性能以及热学性能中的一小部分。传统纺织纱线的结构力学在许多情况下为探索 CNT 纱线的结构和性能之间的关系提供了有效的参考。强的范德瓦耳斯力、初始 CNT 的无序性和独特的纳米界面特性为高性能 CNT 纤维和纱线的研究与开发带来了挑战和机遇。CNT 的致密化和有序化是用于提高 CNT 纤维和纱线中纳米管之间的载荷转移效率和电导率常用的两种方法。根据纺织行业的经验，CNT 纤维很可能是可制备的性能最强的纤维。

参考文献

［1］M. -F. Yu, O. Lourie, M. J. Dyer, et al., Strength and breakig mechanism of multiwalled carbon nanotubes under tensile load, Science 287 (5453) (2000) 637-640.

［2］R. Zhang, Q. Wen, W Qian, et al., Superstrong ultralong carbon nanotubes for mechanical energy storage, Adv. Mater. 23 (2011) 3387-3391.

［3］J. Hone, M. C. Llaguno, N. M. Nemes, et al., Electrical and thermal transport properties of magnetically aligned single wall carbon nanotube films, Appl. Phys. Lett. 77 (5) (2000) 666-668.

［4］M. Miao, Yarn spun from carbon nanotube forests: production, structure, properties and applications, Particuology 11 (4) (2013) 378-393.

［5］M. Zhang, K. Atkinson, R. H. Baughman, Multifunctional carbon nanotube yarns by downsizing an ancient technology, Science 306 (5700) (2004) 1358-1361.

［6］M. Miao, The role of twist in dry spun carbon nanotube yarns, Carbon 96 (2016) 819-826.

［7］C. Gégauff, Force et elasticite des files en coton, Bull. Soc. Ind. Mulliouse 77 (1907) 153-213.

［8］J. W. S. Hearle, P. Grosberg, S. Backer, Structural Mechanics of Fibers, Yarns, and Fabrics, Wiley-Interscience, New York, 1969.

［9］K. Liu, Y. Sun, R. Zhou, et al. , Carbon nanotube yarns with high tensile strength made by a twisting and shrinking method, Nanotechnology 21 (4) (2010) 045708.

［10］S. Zhang, L. Zhu, M. L. Minus, et al. , Solid-state spun fibers and yarns from 1-mm long carbon nanotube forests synthesized by water-assisted chemical vapor deposition, J. Mater. Sci. 43 (13) (2008) 4356-4362.

［11］L. Xiao, P. Liu, L. Liu, et al. , Barium-functionalized multiwalled carbon nanotube yarns as low-work-function thermionic cathodes, Appl. Phys. Lett. 92 (15) (2008) 153108.

［12］S. A. Khodier, Measurement of wire diameter by optical diffraction. Opt. Laser Technol. 36 (1) (2004) 63-67.

［13］X. Zhang, Q. Li, Y. Tu, et al. , Strong carbon-nanotube fibers spun from long carbon-nanotube arrays, Small 3 (2) (2007) 244-248.

［14］M. Miao, J. McDonnell, L. Vuckovic, et al. , Poisson's ratio and porosity of carbon nanotube dry-spun yarns, Carbon 48 (10) (2010) 2802-2811.

［15］K. Atkinson, S. Hawkins, C. Huynh, et al. , Multifunctional carbon nanotube yarns and transparent sheets: fabrication, properties, and applications, Phys. B Condens. Matter 394 (2) (2007) 339-343.

［16］J. E. Booth, Principles of Textile Testing, 1969.

［17］C. Laurent, E. Flahaut, A. Peigney, The weight and density of carbon nanotubes versus the number of walls and diameter, Carbon 48 (10) (2010) 2994-2996.

［18］N. Chiodarelli, O. Richard, H. Bender, et al. , Correlation between number of walls and diameter in multiwall carbon nanotubes grown by chemical vapor deposition,

Carbon 50 （5） （2012） 1748-1752.

［19］ C. Van Wyk, Note on the compressibility of wool, J. Text. Inst. Trans. 37 （12） （1946） 285-292.

［20］ S. Toll, Packing mechanics of fiber reinforcements, Polym. Eng. Sci. 38 （8） （1998） 1337-1350.

［21］ W. Morton, K. Yen, The arrangement of fibres in fibro yarns, J. Text. Inst. Trans. 43 （2） （1952） 60-66.

［22］ P. Grosberg, W. Oxenham, M. Miao, The insertion of 'rwist' into yarns by means of air-jets. Part I : an experimental study of air-jet spinning, J. Text. Inst. 78 （3） （1987） 189-203.

［23］ J. Lappage, D. Crook, E. Garbutt, Yarn manufacture by the rub–felting process, in: Proceedings of the Seventh International Wool Textile Research Conference Tokyo （1985） 418-426.

［24］ M. Miao, S. M-CC, Air interlaced yarn structure and properties, Text. Res. J. 65 （8） （1995） 433-440.

［25］ K. Sears, C. Skourtis, K. Atkinson, et al. , Focused ion beam milling of carbon nanotube yarns to study the relationship between structure and strength, Carbon 48 （15） （2010） 4450-4456.

［26］ D. Zhang, M. Miao, H. Niu, et al. , Core-spun carbon nanotube yarn supercapacitors for wearable electronic textiles, ACS Nano 8 （5） （2014） 4571-4579.

［27］ M. Miao, Electrical conductivity of pure carbon nanotube yarns, Carbon 49 （12） （2011） 3755-3761.

［28］ C. A. Lawrence, Advances in Yarn Spinning Technology, Woodhead Publishing Ltd. , Oxford, 2010.

［29］ M. Miao, Production, structure and properties of twistless carbon nanotube yarns with a high densiry sheath, Carbon 50 （13） （2012） 4973-4983.

［30］ K. Sugano, M. Kurata, H. Kawada, Evaluation of mechanical properties of untwisted carbon nanotube yarn for application to composite materials, Carbon 78 （2014） 356-365.

［31］ J. Qiu, J. Terrones, J. J. Vilatela, et al. , Liquid infiltration into carbon nanotube fibers: effect on structure and electrical properties, ACS Nano 7 （10） （2013） 8412-8422.

［32］H. Cho, H. Lee, E. Oh, et al. , Hierarchical structure of carbon nanotube fibers, and the change of structure during densification by wet stretching, Carbon 136 (2018) 409-416.

［33］J. Wang, X. Luo, T. Wu, et al. , High-strength carbon nanotube fibre-like ribbon with high ductility and high electrical conductivity, Nat. Commun. 5 (2014) 3848.

［34］J. Wang, M. Miao, Z. Wang, et al. , A method of mobilizing and aligning carbon nanotubes and its use in gel spinning of composite fibres, Carbon 57 (2013) 217-226.

［35］W. A. Chapkin, J. K. Wenderott, A. I. Taub, Length dependence of electro-statically induced carbon nanotube alignment, Carbon (2018).

［36］X. L. Xie, Y. W Mai, X. P. Zhou, Dispersion and alignment of carbon nano-tubes in polymer matrix: a review, Mater. Sci. Eng. R. Rep. 49 (4) (2005) 89-112.

［37］A. M. H. Amani, S. Alireza, S. M. Mousavi, et al. , Electric field induced alignment of carbon nanotubes: methodology and outcomes, carbon nanotubes, in: M. M. Rahman (Ed.), Carbon Nanotubes: Recent Progress, IntechOpen, 2018.

［38］R. Downes, S. Wang, D. Haldane, et al. , Strain-induced alignment mech-anisms of carbon nanotube networks, Adv. Eng. Mater. 17 (3) (2015) 349-358.

［39］B. Alemán, V. Reguero, B. Mas, et al. , Strong carbon nanotube fibers by drawing inspiration from polymer fiber spinning, ACS Nano 9 (7) (2015) 7392-7398.

［40］F. T. Peirce, Tensile tests for cotton yarns. Part 5. "Weakest link" theorems on the strength of long and of composite specimens, J. Text. Inst. Trans. 17 (1926) 355-368.

［41］S. Fang, M. Zhang, A. A. Zakhidov, et al. , Structure and process-depend-ent properties of solid-state spun carbon nanotube yarns, J. Phys. Condens. Matter 22 (33) (2010) 334221.

［42］Y. Zhang, L. Zheng, G. Sun, et al. , Failure mechanisms of carbon nano-tube fibers under different strain rates, Carbon 50 (8) (2012) 2887-2893.

［43］F. Deng, W. Lu, H. Zhao, et al. , The properties of dry-spun carbon nano-tube fibers and their interfacial shear strength in an epoxy composite, Carbon 49 (5) (2011) 1752-1757.

［44］A. H. Barber, R. Andrews, L. S. Schadler, et al. , On the tensile strength distribution of multiwalled carbon nanotubes, Appl. Phys. Lett. 87 (20) (2005) 203106.

[45] M. Zu, Q. Li, Y. Zhu, et al., The effective interfacial shear strength of carbon nanotube fibers in an epoxy matrix characterized by a microdroplet test, Carbon 50 (2012) 1271-1279.

[46] Y. Jung, Y. S. Cho, J. W Lee, et al., How can we make carbon nanotube yarn stronger? Compos. Sci. Technol. 166 (2018) 95-108.

[47] J. Jia, J. Zhao, G. Xu, et al., A comparison of the mechanical properties of fibers spun from different carbon nanotubes, Carbon 49 (4) (2011) 1333-1339.

[48] M. D. Yadav, K. Dasgupta, A. W Patwardhan, et al., High performance fibers from carbon nanotubes: synthesis, characterization, and applications in composites. A review, Ind. Eng. Chem. Res. 56 (44) (2017) 12407-12437.

[49] W. Lu, M. Zu, J. -H. Byun, et al., State of the art of carbon nanotube fibers: opportunities and challenges, Adv. Mater. 24 (14) (2012) 1805-1833.

[50] I. Frydrych, Relation of single fiber and bundle strengths of cotton, Text. Res. J. 65 (9) (1995) 513-521.

[51] P. E. Sasser, F. M. Shofner, Y. T. Chu, et al., Interpretations of single fiber, bundle, and yarn tenacity data, Text. Res. J. 61 (11) (1991) 681-690.

[52] F. A. Hill, T. F. Havel, A. J. Hart, et al., Enhancing the tensile properties of continuous millimeter-scale carbon nanotube fibers by densification, ACS Appl. Mater. Interfaces 5 (15) (2013) 7198-7207.

[53] Q. W. Li, X. F. Zhang, R. F. DePaula, et al. Sustained growth of ultralong carbon nanotube arrays for fiber spinning, Adv. Mater. 18 (23) (2006) 3160-3163.

[54] A. Ghemes, Y. Minami, J. Muramatsu, et al., Fabrication and mechanical properties of carbon nanotube yarns spun from ultra-long multi-walled carbon nanotube arrays, Carbon 50 (12) (2012) 4579-4587.

[55] M. Mao, J. H. Xin, Engineering of High-Performance Textiles, Woodhead Publishing, 2017.

[56] C. Jayasinghe, S. Chakrabarti, M. J. Schulz, et al., Spinning yarn from long carbon nanotube arrays, J. Mater. Res. 26 (5) (2011) 645-651.

[57] J. Zhao, X. Zhang, J. Di, et al., Double-peak mechanical properties of carbon-nanotube fibers, Small 6 (22) (2010) 2612-2617.

[58] C. D. Tran, W. Humphries, S. M. Smith, et al., Improving the tensile strength of carbon nanotube spun yarns using a modified spinning process, Carbon 47

（11）（2009）2662-2670.

［59］M. Miao, Mechanisms of yarn twist blockage, Text. Res. J. 68 （2）（1998） 135-140.

［60］D. E. A. Plate, Sirospun new spinning technique for worsted weaving yarn, J Australas. Text. 2 （1）（1982）10-12.

［61］S. Li, X. Zhang, J. Zhao, et al., Enhancement of carbon nanotube fibres using different solvents and polymers, Compos. Sci. Technol. 72 （12）（2012）1402- 1407.

［62］A. V. Krasheninnikov, F. Banhart, Engineering of nanostructured carbon materials with electron or ion beams, Nat. Mater. 6 （2007）723-733.

［63］B. Peng, M. Locascio, P. Zapol, et al., Measurements of near-ultimate strength for multiwalled carbon nanotubes and irradiation-induced crosslinking improvements, Nat. Nanotechnol. 3 （10）（2008）626-631.

［64］A. Kis, G. Csányi, J. P. Salvetat, et al., Reinforcement of single-walled carbon nanotube bundles by intertube bridging, Nat. Mater. 3 （3）（2004）153-157.

［65］M. Miao, S. Hawkins, J. Cai, et al., Effect of gamma irradiation on the mechanical properties of carbon nanotube yarns, Carbon 49 （14）（2011）4940-4947.

［66］W. H. Charch, W. W. Moseley Jr., Structure-property relationships in synthetic fibers: Part 1: structure as revealed by sonic observations, Text. Res. J. 29 （1959）525-535.

［67］J. C. Smith, P. J. Shouse, J. M. Blandford, et al., Stress-strain relationships in yarns subjected to rapid impact loading, part 7: stress-strain curves and breaking-energy data for textile yarns, Text. Res. J. 31 （1961）721-734.

［68］P. Wang, X. Zhang, R. V. Hansen, et al., Strengthening and failure mechanisms of individual carbon nanotube fibers under dynamic tensile loading, Carbon 102 （2016）18-31.

［69］M. Miao, Characteristics of carbon nanotube yarn structure unveiled by acoustic wave propagation, Carbon 91 （2015）163-170.

［70］W. J. Lyons, Dynamic properties of filaments, yarns, and cords at sonic frequencies, Text. Res. J. 19 （3）（1949）123-135.

［71］G. F. S. Hussain, K. R. K. Iyer, N. B. Patil, Influence of mercerization and crosslinking on the dynamic and static moduli of cotton yarns, Text. Res. J. 52 （1982）

663-665.

[72] N. Matsumoto, A. Oshima, G. Chen, et al., Elucidating the effect of heating induced structural change on electrical and thermal property improvement of single wall carbon nanotube, Carbon 87 (2015) 239-245.

[73] A. Buldum, J. P. Lu, Contact resistance between carbon nanotubes, Phys. Rev. B 63 (161403) (2001) 1-4.

[74] A. Bachtold, M. Henny, C. Terrier, et al., Contacting carbon nanotubes selectively with low-ohmic contacts for four-probe electric measurements, Appl. Phys. Lett. 73 (2) (1998) 274-276.

[75] H. Dai, E. W. Wong, C. M. Lieber, Probing electrical transport in nanomaterials: conductivity of individual carbon nanotubes, Science 272 (1996) 523-526.

[76] G. Chen, D. N. Futaba, S. Sakurai, et al., Interplay of wall number and diameter on the electrical conductivity of carbon nanotube thin films, Carbon 67 (2014) 318-325.

[77] A. E. Aliev, C. Guthy, M. Zhang, et al., Thermal transport in MWCNT sheets and yarns, Carbon 45 (15) (2007) 2880-2888.

[78] X. Zhang, K. Jiang, C. Feng, et al., Spinning and processing continuous yarns from 4-inch wafer scale super-aligned carbon nanotube arrays, Adv. Mater. 18 (12) (2006) 1505-1510.

[79] X. Zhang, Q. Li, T. G. Holesinger, et al., Ultrastrong, stiff, and lightweight carbon-nanotube fibers, Adv. Mater. 19 (23) (2007) 4198-4201.

[80] P. D. Bradford, A. E. Bogdanovich, Electrical conductivity study of carbon nanotube yarns, 3-d hybrid braids and their composites, J. Thermoplast. Compos. Mater. 42 (2008) 1533-1545.

[81] G. Xu, J. Zhao, S. Li, et al., Continuous electrodeposition for lightweight, highly conducting and strong carbon nanotube-copper composite fibers, Nanoscale 3 (10) (2011) 4215-4219.

[82] K. Liu, F. Zhu, L. Liu, et al., Fabrication and processing of high-strength densely packed carbon nanotube yarns without solution processes, Nanoscale 4 (11) (2012) 3389-3393.

[83] M. B. Jakubinek, M. B. Johnson, M. A. White, et al., Thermal and electrical conductivity of array-spun multi-walled carbon nanotube yarns, Carbon 50 (1)

(2012) 244-248.

[84] Y. Li, I. Kinloch, A. Windle, Direct spinning of carbon nanotube fibers from chemical vapor deposition synthesis, Science 304 (5668) (2004) 276-278.

[85] X. H. Zhong, Y. L. Li, Y. K. Liu, et al., Continuous multilayered carbon nanotube yarns, Adv. Mater. 22 (6) (2010) 692-696.

[86] X. Zhong, R. Wang, Y. Wen, Effective reinforcement of electrical conductivity and strength of carbon nanotube fibers by silver-paste-liquid infiltration processing, Phys. Chem. Chem. Phys. 15 (11) (2013) 3861-3865.

[87] B. Vigolo, A. Penicaud, C. Coulon, et al., Macroscopic fibers and ribbons of oriented carbon nanotubes, Science 290 (2000) 1331-1334.

[88] L. M. Ericson, H. Fan, H. Peng, et al., Macroscopic, neat, single-walled carbon nanotube fibers, Science 305 (5689) (2004) 1447-1450.

[89] J. Steinmetz, M. Glerup, M. Paillet, et al., Production of pure nanotube fibers using a modified wet-spinning method, Carbon 43 (11) (2005) 2397-2400.

[90] S. Zhang, K. K. Koziol, I. A. Kinloch, et al., Macroscopic fibers of well-aligned carbon nanotubes by wet spinning, Small 4 (8) (2008) 1217-1222.

[91] V. A. Davis, A. N. G. Parra-Vasquez, M. J. Green, et al., True solutions of single-walled carbon nanotubes for assembly into macroscopic materials, Nat. Nanotechnol. 4 (12) (2009) 830.

[92] N. Behabtu, C. C. Young, D. E. Tsentalovich, et al., Strong, light, multifunctional fibers of carbon nanotubes with ultrahigh conductivity, Science 339 (6116) (2013) 182-186.

[93] J. F. Niven, M. B. Johnson, S. M. Juckes, et al., Influence of annealing on thermal and electrical properties of carbon nanotube yarns, Carbon 99 (2016) 485-490.

[94] F. Su, M. Miao, H. Niu, et al., Gamma-irradiated carbon nanotube yarn as substrate for high-performance fiber supercapacitors, ACS Appl. Mater. Interfaces 6 (4) (2014) 2553-2560.

[95] P. Liu, D. C. Hu, T. Q. Tran, et al., Electrical property enhancement of carbon nanotube fibers from post treatments, Colloids Surf. A Physicochem. Eng. Asp. 509 (2016) 384-389.

[96] Y. Zhao, J. Wei, R. Vajtai, et al., Iodine doped carbon nanotube cables

exceeding specific electrical conductivity of metals, Sci. Rep. 1 (2011) 83.

[97] D. Zhang, Y. Zhang, M. Miao, Metallic conductivity transition of carbon nanotube yarns coated with silver particles, Nanotechnology 25 (27) (2014) 275702.

[98] L. K. Randeniya, A. Bendavid, P. J. Martin. et al., Composite yarns of multiwalled carbon nanotubes with metallic electrical conductivity, Small 6 (16) (2010) 1806-1811.

[99] E. Pop, D. Mann, Q. Wang, et al., Thermal conductance of an individual single-wall carbon nanotube above room temperature, Nano Lett. 6 (1) (2006) 96-100.

[100] P. Kim, L. Shi, A. Majumdar, et al., Thermal transport measurements of individual multiwalled nanotubes, Phys. Rev. Lett. 87 (21) (2001) 215502.

[101] L. H. Peebles, Carbon fibers: Formation, Structure, and Properties, CRC Press, 2018.

[102] T. S. Gspann, S. M. Juckes, J. F. Niven, et al., High thermal conductivities of carbon nanotube film and micro-fibres and their dependence on morphology, Carbon 114 (2017) 160-168.

[103] K. K. Koziol, D. Janas, E. Brown, et al., Thermal properties of continuously spun carbon nanotube fibres, Phys. E. 88 (2017) 104-108.

[104] E. Gao, W. Lu, Z. Xu, Strength loss of carbon nanotube fibers explained in a three-level hierarchical model, Carbon 138 (2018) 134-142.

[105] J. J. Vilatela, J. A. Elliott, A. H. Windle, A model for the strength of yarn-like carbon nanotube fibers, ASC Nano 5 (3) (2011) 1921-1927.

[106] X. Zhang, Q. Li, Enhancement of friction between carbon nanotubes: an efficient strategy to strengthen fibers, ACS Nano 4 (1) (2009) 312-316.

[107] T. Hongu, M. Takigami, G. O. Phillips, New Millennium Fibers, Elsevier, 2005.

[108] A. Pregoretti, M. Traina, A. Bunsell, Handbook of Tensile Properties of Textile and Technical Fibers, Woodhead Publishing Limited, Cambridge, 2009.

[109] W. E. Morton, J. W. S. Hearle, Physical Properties of Textile Fibres, third ed., The Textile Institute, Manchester, 1993.

[110] C. Lee, X. Wei, J. W. Kysar, et al., Measurement of the elastic properties and intrinsic strength of monolayer graphene, Science 321 (5887) (2008) 385-388.

第8章　碳纳米管纱线的力学建模

Xiaohua Zhang[a,b]

[a]纺织科技创新中心，东华大学，上海，中国
[b]中国科学院苏州纳米技术与纳米仿生研究所，苏州，中国

8.1　引言

由于宏观材料生产的多级组装过程，CNT 在宏观尺度上的利用为一对多模式[1]。一维（1D）CNT 组件即 CNT 纱线，或者 CNT 纤维，由于其重量轻、强度和模量高、柔韧性好、导电性和导热性高，已成为最重要的新材料之一。CNT 纱线的发展可以分为三个阶段：①纺纱方法的探索（2000—2007 年）；②生产规模化、性能提升和多功能化（2008—2014 年）；③解决与工业化相关的问题（从 2015 年起可能需要十多年的时间）。在第一阶段，开发了三种纱线成形方法，即溶液纺丝[2-5]、从预先合成的垂直排列的 CNT 簇纺丝[6-9] 和从在高温反应器中形成的缠结 CNT 气凝胶直接纺丝[10-15]。随后，研究人员的注意力转向溶液纺丝凝固过程的背后以实现高电学性能的机制研究[16-18]、纱线结构控制及气凝胶基纱线的连续生产[19-28]、具有更高的强度和导电性的簇基纱线[29-35] 以及先进的动态力学性能[36-38]。CNT 纱线的潜在应用包括可穿戴能量存储和收集装置[39-52]、轻量线材[53-59] 以及执行器[34,60-67]。正如几篇综述[68-73] 报道的，对 CNT 纱线的研究现已转向工业化。全球已成立多家制造公司，如 Q-Flo Ltd.（2004 年在英国诺丁汉成立）、Nanocomp Technologies, Inc.（2004 年在美国莱巴嫩成立，2012 年迁至美国梅里马克）、苏州创意纳米碳有限公司（2011 年在中国苏州成立）、Super C, Inc.（2016 年在中国深圳成立）和 DexMat（2015 年在美国休斯顿成立）。

尽管在前两个阶段已取得了许多成就，但对不同纺丝方法形成的 CNT 纱线结构的基础力学仍然缺乏基本的了解。作为一种组装材料，CNT 纱线的力学性能主要取决于其管间作用力，而不是单个 CNT 的固有强度。根据所采用的纱线成形方法，纱线性能受到许多结构参数的影响，包括纱线的捻度、纱线中纳米管的堆积

密度、排列有序性、缠结和伸直程度、直径、长度、管壁厚度以及纳米管的表面改性。目前主要通过对比实验对这些参数进行研究。理论建模是探索这些参数产生影响的基本原理和优化纱线结构和性能的重要工具。在本章中，我们回顾了 CNT 纱线性能的力学建模和数值模拟的最新进展。

首先本章介绍了一个广泛使用的纱线几何模型；其次介绍了纳米管间相互作用模型，尤其是对 CNT 之间的载荷传递有强烈影响的滑动摩擦；最后利用分子力学（MM）、分子动力学（MD）、粗粒度分子动力学（CGMD）以及多尺度建模对微观结构进行优化。在本章的最后部分，我们讨论了旨在提高 CNT 纱线机械性能的未来研究方向和实验。

8.2　CNT 纱线的分析模型

由于 CNT 纱的结构与通常将短纤维加捻而制成的传统短纤纱的结构相似，因此给出了"CNT 纱"这一术语。然而，CNT 纱线和短纤维纺制的短纤纱之间也存在明显的区别。短纤纱横截面中纤维数量通常为 40 至数百个，而直径为 $10\mu m$ 的 CNT 纱横截面中 CNT 数量可能高达 100 万个[36]。由于 CNT 的直径非常小，CNT 纱线中的"管—管"界面或接触面积与短纤纱中的"纤维—纤维"界面在本质上是不同的。范德瓦耳斯力对 CNT 纱线中"管—管"间的界面起着非常重要的作用。强烈的范德瓦耳斯力使 CNT 形成束，并保持到最终纱线中。基于凝固和气凝胶的 CNT 纱线组装结构不同于簇纺纱的纱线结构，这使得建立一个共同适用于所有类型 CNT 纱线的通用理论变得复杂化，尽管存在这些差异，常规短纤纱的通用方程和模型仍然可以为 CNT 纱线的研究提供一些借鉴。

8.2.1　加捻纱线的连续模型

在理想化的短纤维纱线（图 8.1）中，任意纤维在径向位置 r（$0 \leqslant r \leqslant R$）处的加捻角 $\theta(r)$ 可以定义为 $\tan\theta(r) = 2\pi r/H$，其中 H 为加捻一圈的纱线长度，R 为纱线的外半径。因此，表面加捻角 α 与捻度（$T = 1/H$）的关系为 $\tan\alpha = 2\pi RT$。这种同轴螺旋模型首先由一个多世纪前的 Gegauff[74] 提出。Morton 和 Yen 认为加捻时纤维会改变它们在纱线中的径向位置，称为纤维滑移[75]。纤维滑移的长度是指纤维从纱线表面移动到内部并再回到表面的距离[76]。考虑到这些参数，Hearle 等[77] 提出了一种在纱线力学中被广泛应用的理论处理方法，该分析得出了纱线拉伸模量（E_γ）与组分纤维拉伸模量（E_f）之比的方程，见下式：

$$E_\gamma / E_f = \cos^2\alpha [1 - k\cosec\alpha] \tag{8.1}$$

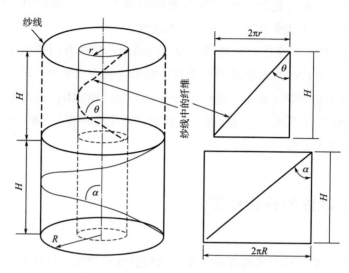

图 8.1　加捻短纤维的同轴螺旋模型。

其中 k 为"滑移系数"，随着纤维长度、线密度和纤维间摩擦的增加以及纤维缠结的增加而减小[71]。对于线弹性纤维，式（8.1）中的模量可以用它们相应的强度代替。

许多研究者已使用该方程来表示 CNT 纱线的拉伸强度和表面加捻角之间的关系[7,78-80]。对 CNT 纱线而言，其最佳加捻角约为 20°，与常规短纤维纱相似。也有实验表明，CNT 纱线的强度—捻度具有不同关系。Zhao 等[29] 报道了在 27°~30°加捻角处存在第二个强度峰值，并将该峰值归因于薄壁 CNT 的结构变形，这是由纳米尺度引起的一种现象。为了进一步了解这种第二峰值，提出一个与 CNT 纱线内部径向压力相关的连续体力学模型。该连续模型是基于将 CNT 束视为无穷小（数十纳米）的纳米尺寸，以 $s(r)$ 和 $P_r(r)$ 分别表示位于径向位置 r 的 CNT 束的横截面积和内部径向压力，r 和 $r+dr$ 之间薄层中的 CNT 束数量为 $dn(r) = 2\pi r\cos\theta(r)dr/s(r)$。在拉伸应变 ξ 下，CNT 束上的载荷力 $F(r)=E(r)s(r)\xi$，其中 $E(r)$ 是 CNT 束的弹性模量。将 $F(r)$ 的轴向分量相加并除以总横截面积后，可得到 CNT 束在最大应力下开始断裂时的强度：

$$\sigma_\gamma = \int_0^R \frac{dn(r)F(r)\cos\theta(r)}{\pi R^2} = \frac{2H^2\xi}{R^2}\int_0^R \frac{E(r)rdr}{(2\pi r)^2 + H^2} \tag{8.2}$$

通常，随着束的横截面积减小，CNT 束被进一步压缩并变得更强，这表明 $E(r)$ 随 $s(r)$ 单调递增，即 $E[s(r)]$。另外，由于 CNT 束是可压缩的，$s(r)$ 大小取决于径向压力分布，因此 Zhao 等[29] 提出了线性的 $E[s(r)]$ 和单调递减的 $s[P_r(r)]$。主要观察结果是随着 H 减小（加捻角增大），$P_r(r)$ 的最大值出现在 $r \approx 0.5R$ 处。这意味着内部径向压力可能变得足够高以致 CNT 的结构塌陷。Zhao 等考虑到坍塌现象，通过将 $s(r)$ 设置为较小值而 $P_r(r)$ 高于临界值。这种处理使 α 在 15°~20° 和 >30° 处理论上有两个强度峰值，与其实验结果一致[29]。该模型可用于计算每层 CNT 对纱线强度的贡献。CNT 纱线内部深处的径向压力通常小于纱线表面附近的径向压力，换言之，纱线外层遮盖了纱线内部（"拱形效应"），纱线的成形过程也证实了这一点[81]。

8.2.2　双尺度断裂力学模型

因为上述模型仅扩展到包括纱线内部径向压缩的基本纱线几何形状，因此是一个粗略的模型，不能轻易用于预测 CNT 纱线的拉伸性能，如塑性变形和断裂伸长率。Rong 等[82] 使用双尺度断裂力学模型来定量研究加捻对 CNT 纱线力学性能的影响。他们将组分 CNT 分为两个尺度等级：被加捻形成纱线的 CNT 束和存在于束之间的无定形 CNT 线。CNT 线比 CNT 束要小得多。在张紧状态时，CNT 束承受大部分载荷，而无定形 CNT 线充当束之间不完美界面以传递剪切应力。这种模型让人联想到用于描述从 CNT 簇干法拉伸形成 CNT 片材的模型，其中大尺寸的束由较小的束或单个纳米管连接[83]。在簇中，小束的密度在决定 CNT 簇的可纺性方面起着关键作用。随着应变的增加，越来越多的 CNT 线被拉伸，从而开始承受拉伸应力。在双尺度模型中，假设一根 CNT 纱线由 N 个 CNT 束组成，其扭曲角为 θ，其中 n 束已经开始断裂，通过总结这些不同束的贡献并调整拉伸过程中断裂束的比例，可以获得 CNT 纱线的弹性和类塑性行为。这种模型虽然复杂，但可以很好地描述张力对 CNT 束的断裂过程。

8.2.3　基于管间接触的断裂模型

上述双尺度断裂力学模型没有充分考虑管间接触和剪切强度，而这是决定纱线力学性能的最重要因素。Vilatela 等[21] 提出了一个简单的断裂模型，类似于 Daniels 在 1945 年使用的纱线模型[84]，它包括一组平行的刚性杆，其相对滑动模式如图 8.2 所示。拉伸应力施加到纤维的任一端，当纤维状要素假定在远低于纤维状要素内部失效强度的应力下滑出接触时导致失效。估计剪切破坏的总面积和界面剪切强度，通过要素之间的剪切确定断裂强度。为此，提出了预测比强度的公式（单位为 N/tex）：

$$\sigma_\gamma = \frac{1}{\nu_G} \Omega_1 \Omega_2 \tau_F \frac{L}{8} \times 10^6 \tag{8.3}$$

图 8.2　CNT 纱线的简单断裂模型[21]。（a）纤维元素集合的简单模型；（b）纤维的拉伸断裂，包括纤维间的剪切失效；（c）实际 CNT 纤维拉伸试验中纤维断裂的 SEM 图（比例尺 10μm）。

其中：ν_G 为单个石墨烯片的面密度（$0.75 \times 10^{-6} \text{kg/m}^2$）；$\tau_F$ 为剪切界面断裂强度；L 为纤维的平均长度；Ω_1 和 Ω_2 分别为要素外侧的石墨烯总量的分数和接触要素之间的表面分数。由于使用了比应力，该方程可被简化并且符合以下规律：纱线强度与短纤维的长度、短纤维之间的静摩擦系数以及短纤维之间的接触表面积成正比[85-86]。

Vilatela 等指出，相邻 CNT 的接触面积由它们的多边形化程度或者塌陷程度决定，而这又取决于 CNT 的直径和层数。因此，由连续弹性理论、MM 以及透射电子显微照片的图像分析可知，更大的直径和薄壁 CNT 具有更大的接触程度。一项实验表明，双壁（或者二到四壁的较壁数）CNT 纱线具有最佳的力学性能[30]。CNT 中的轴向应力是通过相邻 CNT 之间剪切应力转移形成的，因此与 CNT 的长度成正比，这与不同方法和研究小组制备的 CNT 纤维的数据相一致。预计气凝胶纺制的 CNT 纱线的拉伸强度为 3.54N/tex，通过更精确的工艺控制和可能的后处理操作可提高管间接触材料的剪切强度，预计可获得更高的值（5N/tex）。

8.2.4 蒙特卡洛（Monte Carlo）模型

除上述模型外，还有其他理论模型展示了纱线断裂的相关机制，如将纱线视为平行纤维束的 Daniels 模型[84]，与纤维长度、捻角和纤维滑移等相关影响的 Hearle 模型[77]。Porwal 等在 Daniels 模型基础上开发出蒙特卡洛（Monte Carlo，MC）模型，其使用改进的等负荷分配规则预测加捻纱线的统计强度[87]。这种模型考虑了纤维强度的统计学分布以及纱线在张力作用下模拟纤维的起始和连续断裂过程。后来，该模型被用作通过设计载荷分配规则来预测 CNT 纱线的机械强度[88-89]。这些模型通常将界面相互作用简化为静摩擦定律，需要对纤维施加横向压力以使载荷传递。然而，模型预测和实验观察之间也存在差异，特别是模型中错误地描述了载荷传递能力，因为当重叠距离增加时，载荷总是线性增加[90]。为了解决这个问题，Wei 等提出了一种新的 MC 模型来预测纱线的力学性能[91]。

图 8.3 所示为由纤维构成的加捻纱线的六边形紧密堆积结构示意图[91]，其纤维由 60～100 个 CNT 束组成，单根纤维的轴向位置是随机分布的，从而其重叠长度也呈随机分布。每根纤维都沿纤维轴呈一维排列。不同于之前的模型[87-89]，Wei 等采用了一种算法来区分两个相邻纤维之间的"有效"和"无效"接触。对于"有效"接触，剪切滞后模型的弹性解用于计算每根纤维中的最大拉伸应力分布。如果一根纤维的一端位于相邻纤维的两端之间，则其接触被定义为"有效"，即载荷可以通过它们的界面在两根相邻纤维之间有效传递，如图 8.3 中的纤维 1 和纤维 2 之间。否则，如果一根纤维比相邻纤维短，并且第一根纤维的两端都被相邻纤维

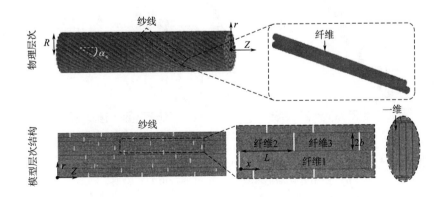

图 8.3 理想化纱线的示意图。从左到右依次为纱线模型、随机分布纤维和由一维离散纤维的横截面图；三维理想加捻纱线的（顶部）层次结构，以及 MC 模型中的（底部）纱线层次结构[91]。

完全包围，如图 8.3 中的纤维 1 和纤维 3 之间，则其接触是"无效"的。通过"无效"接触传递的载荷可以忽略不计，因此"有效"接触的总面积是预测纱线强度的关键。在较差的组装中，邻近纤维数量的减少会导致承载能力的降低。因此，对于孔隙率为 p 的纱线，可以通过使用因子（$1-p$）来引入微孔隙率。除了接触因素，模型中还包含其他相关因素，如可以使用随机强度值来描述纤维强度的变化并定义纤维断裂的开始和发展。

基于该模型，研究了由双壁和多壁 CNT 组成的 CNT 纱线。首先，对双壁 CNT 束（直径为 30nm 和平均长度为 5μm）进行威布尔分析得到尺度因子 $\sigma_0 =$ 2.8GPa 和形状因子 $m = 2.2$ ［图 8.4 （a）］，这是分析纱线强度的重要因素。此外，根据模型分析可知，导致"束—束"连接处滑动的外加应力是搭接长度 L 的函数：

$$\sigma_\gamma = \frac{2\tau_f}{b\lambda}tanh\left(\frac{\lambda L}{2}\right) \tag{8.4}$$

其中：τ_f 为界面剪切应力；$2b$ 为等效纤维细度；$\lambda = \sqrt{2G/(Ebh)}$ 为纤维弹性模量 E、界面剪切模量 G 和界面厚度 h 的函数[90]。用上述方程拟合实验剪切结果表明，有效剪切模量 $G = 10$MPa，有效剪切强度 $\tau_f = 350$MPa，如图 8.4 （b）所示。

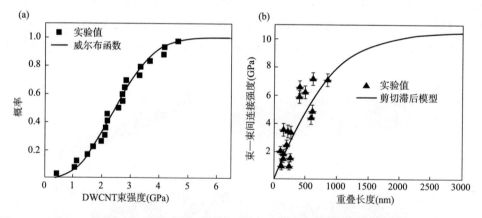

图 8.4　双壁 CNT 纱线（NU 纱线）的力学性能[91]。（a）与实验值相比单个束强度的威布尔分析；（b）使用剪切滞后模型拟合成对平行束的实验剪切结果。

随后，对 CNT 纱线进行 MC 模拟。在每次模拟开始时，威布尔尺度因子和形状因子用于分配随机分布的纤维单元的强度。当对纱线施加外部载荷时，以纤维和界面的力学参数为输入因素，使用载荷分配规则确定纤维上的应力分布，然后不断增加外部载荷，直到无法平衡额外载荷，最大外加载荷即记录为纱线强度。此模型可用于预测纱线强度，例如，由西北大学制备的双壁 CNT 纱线（NU 纱线）强度为（1.45±0.07）GPa，Rice 大学制备的多壁 CNT 纱线（Rice 纱线）强度为（1.2±0.07）GPa。除了精确预测纱线强度外，该模型还揭示了两种纱线不同的主要失效机制。对于 NU 纱线，第一束断裂发生得很早，应力为 0.2GPa，并且断裂速率逐渐加快，直至纱线断裂；而 Rice 纱线的断裂发生得较晚，应力为 1.0GPa。

尽管这些模型在一定程度上较为理想，但仍然难以用于描述发生在微观和细观尺度层面现象，这对于揭示 CNT 纱线潜在力学性能具有重要意义。

8.3　CNT 间的载荷传递

与传统的纺织纱线类似，CNT 间的接触决定着 CNT 纱线的刚度和强度，这是因为 CNT 间的相互滑移决定了 CNT 束的拉伸行为[92]。基于使用 Lennard-Jones 势的 MM 方法，Qian 等研究者[93] 预测，要使（10，10）CNT 束达到 11GPa 的强度，CNT 需要达到约 4μm 的接触长度。Suekane 等[94] 测量了 CNT 间的静摩擦力，发现对低结晶度 CNT 而言，其静摩擦力随着重叠长度的增加而增加，而高结晶度 CNT 的静摩擦力几乎与重叠长度无关。Paci 等[95] 对决定 CNT 间摩擦力的相关因素进行了详细的密度泛函理论分析，发现原始 CNT 的管间剪切强度非常小，估计小于 0.24MPa。相反的是，由于管端存在的缺陷和官能团成为导致剪切变化的主要阻力，孔隙等缺陷不仅会增加管间摩擦，还会显著削弱管间作用力。制备高强度 CNT 纱线的关键因素是通过设计管间接触或者 CNT 有序化排列来增强管间摩擦力，而不是依靠简单的范德瓦耳斯力将它们集聚在一起。化学功能化虽然可以增加对管的强度影响很小的"管与管"间摩擦，但推拉效应会使大量的力发生抵消。共价交联是生产高强 CNT 基纱线最具潜力的途径[95]。

平整的 CNT 表面可以增强管间滑动摩擦。Zhang 等[96] 制备了直径更大的 CNT，即（23，0）管束、（30，0）管束和具有随机手性（RC）的 CNT，并发现超过一定压力后这些管会塌陷并保持压力解除后的结构。例如，16×（23，0）管束（包含 16 个 CNT）可以在 0.05GPa 压力下完全塌陷，16×RC 束可以在 0.2GPa 压力下完全塌陷。MD 模型显示相邻 CNT 之间的滑动摩擦从未塌陷到塌陷时可以增加 1.5~4 倍，如图 8.5 所示。对于 16×（23，0）束，相应的管间接触导致每个碳原子具有的 0.1meV/Å 的高脱钩力（静摩擦力）。塌陷后，管间摩擦增加到 0.4~0.45meV/Å。在 RC 情况下，虽然摩擦力小了两个数量级，但滑动摩擦力从 0.0017meV/Å 增加到 0.0026meV/Å，仍可增加 50% 以上。管塌陷导致管间结构发生变化，通过对分布函数进行计算可知，摩擦增强归因于 CNT 壁的石墨状堆叠。

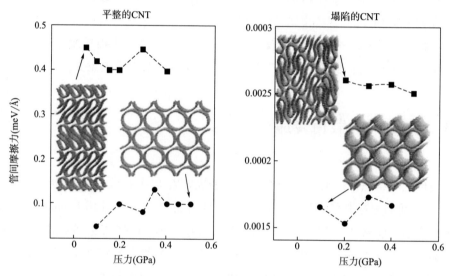

图 8.5　CNT 束结构塌陷后滑动摩擦力从约 0.1 增加到 0.4meV/Å。尽管摩擦力小于 0.002meV/Å，
但对于包含随机手性的束，塌陷后摩擦力增加约 1.5 倍[96]。

　　为了增强管间摩擦，通常在 CNT 之间引入聚合物分子。这些聚合物包括环氧树脂[97]、聚酰亚胺[31]、双马来酰亚胺[32,34]、与邻酚二苯基团共轭的聚乙烯亚胺[98]、聚多巴胺[99] 以及使用最广泛的聚乙烯醇（PVA）等[3,7,30,32,97,100]。通常认为引入这些长链或交联聚合物会增强 CNT 的界面剪切性能。已经有许多关于分散在聚合物基质中的 CNT 被拉出的 MD 和 MM 研究报道[101-103]。然而，这些研究并不能直接用于分析聚合物增强 CNT 纱线的力学行为。对于前者，聚合物分子彼此之间相互缠结或交联形成基体，而 CNT 没有组装在一起；而对于后者，聚合物分子被引入 CNT 组件中，特别是 CNT 束中，改变了 CNT 之间的界面特性。

　　为了解聚合物分子如何影响 CNT 之间的滑动，对 PVA 改性的 CNT 接触点进行了 MD 模拟，如图 8.6 所示[104]。当 PVA 大分子链被引入 CNT 束中时，大部分聚合物大分子的链段位于相邻 CNT 之间形成的凹槽中，而大分子链的一些短链段跨越 CNT 之间的接触线，在管状结构上形成压痕（变形）［图 8.6（a）］。当 CNT 相对于彼此滑移时，该压痕的位置会沿 CNT 移动。这种连续变形伴随着能量耗散，表现为管间摩擦。这种新机制可以将摩擦力增加多达 8 倍，从每个碳原子 $0.0032\mathrm{meV/\mathring{A}}$ 到 $0.0081\sim0.0255\mathrm{meV/\mathring{A}}$［图 8.6（b）和（c）］。当 PVA 分子链穿过 CNT-3 和 CNT-16 之间的接触线时，发现最高摩擦为 $0.0255\mathrm{meV/\mathring{A}}$，其次是 CNT-6 和 CNT-16 之间的 $0.0250\mathrm{meV/\mathring{A}}$，以及 CNT-5 和 CNT-16 之间的 $0.0205\mathrm{meV/\mathring{A}}$［图 8.6（a）］。模拟结果表明，在 CNT 之间穿行的聚合物大分子链网可以形成具有高力学性能的复合材料。

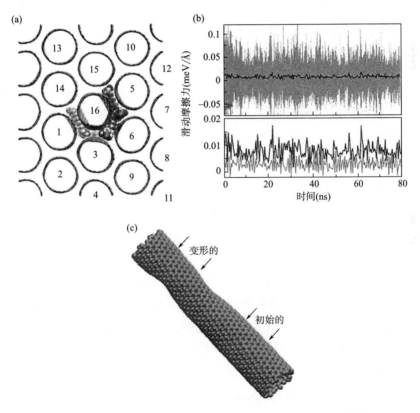

图 8.6　PVA 改性 CNT 接触体摩擦增强[104]。（a）PVA 分子环绕 CNT-16 模拟区；（b）（顶部）灰色线是通过固定 CNT-11 作用在 CNT-5 上的瞬时牵引力（1 次/2ps）；黑色线是每 400ps 的平均摩擦力。（底部）与作用在 CNT-9 上的拉力相比（灰色曲线），作用在 CNT-5（黑色曲线）上的摩擦力要高得多；（c）PVA 引起的 CNT-16 结构变形。

8.4 CNT 纱线的微观结构演变

虽然已经在 CNT 纱线的制造及其物理和力学性能的表征上进行了大量研究，但仍然缺乏对纱线微观结构演变的详细分析。由于 CNT 纱线是由大量 CNT 组成，并且纱线中存在复杂且成对的管间范德瓦耳斯相互作用，因此使用完整的原子 MD 模型来模拟结构演变是不可行的。因此，CGMD 成为用于大规模 CNT 组件力学研究的有效细观建模工具。此外，多尺度建模可用于更复杂的 CNT 组件的处理，下面将就这些模拟方法按照其计算能力的顺序进行讨论。

8.4.1 分子动力学

预测 CNT 纱线的力学性能是一个复杂的过程。CNT 之间的滑移对于确定纱线力学行为至关重要，CNT 束的断裂可能导致纱线的突然断裂。实际上，CNT 的非有序排列、松散堆积、CNT 缠结以及 CNT 之间柔性聚合物的存在都可能在外部载荷下导致 CNT 纱线产生塑性变形。例如，PVA 渗透的 CNT 纱线通常比其母体纯 CNT 纱线更强更韧。为便于理解增韧机制，Beese 等[105] 进行了相邻 CNT 剪切的 MD 模拟，以计算添加 PVA 的界面刚度，CNT 与四聚体聚（甲基丙烯酸甲酯）（PMMA）大分子链共价连接。模拟表明，引入的 PVA 与 CNT 上的聚合物涂层有强烈的相互作用，并使相邻 CNT 连接。

为了揭示纳米尺度中存在的变形机制，进行了相邻 CNT 剪切的 MD 模拟，以计算添加 PVA 的界面强度。如图 8.7 (a) 所示，随着 PVA 的含量增加至 20%（质量分数），由于在 CNT 表面形成单层 PVA，其剪切强度达到最高值。在拉紧时，PVA 分子被拉伸 [图 8.7 (b)]。然而，如果 PVA 含量过高（质量分数 60%），则会形成厚的 PVA 层以便在不拉伸单个 PVA 分子的情况下发生变形，其对应的剪切强度显著降低。显然，这项研究与 PVA 浸渍的 CNT 束的模拟结果完全不同[104]，因为界面剪切特性已从 CNT—CNT 接触转变为聚合物分子链之间的连接。尽管如此，它表明 CNT 之间的薄聚合物层可以使 CNT 束具有一定的可塑性。

共价交联是改善管间载荷转移的最有效方式。Kis 等[106] 报道，通过管间交联，CNT 束的弯曲模量增加了 30 倍。Cornwell 等[107] 的研究表明，大 CNT 束中 CNT 之间的间隙碳原子交联可以显著增加 CNT 之间的载荷转移，如图 8.8 所示，每个纤维长度的最大应力随着交联原子浓度的增加而增加，因为 CNT 之间增强的载荷转移显著阻碍了相互滑移，从而共价交联的 CNT 可以同时表现出高强度和高模量。其 MD 模拟还表明，（5,5）CNT 的理论强度可高达 60GPa。

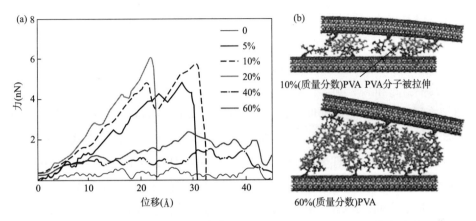

图 8.7　PVA 渗透对 CNT 间界面强度的影响[105]。（a）同 PVA 含量相关的力—位移关系；（b）10%（质量分数）PVA（顶部）和 60%（质量分数）PVA（底部）在 9Å 剪切位移下的 MD 模拟图。

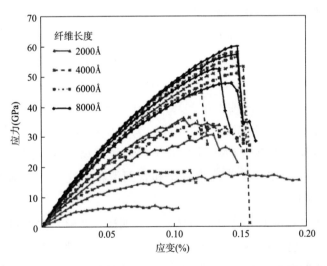

图 8.8　初始交联浓度分别为 0.125%、0.250%、0.500% 和 0.750%，纤维长度分别为 2000Å、4000Å、6000Å 和 8000 Å 的分子模拟的应力—应变曲线。每个纤维长度从低到高、曲线交联浓度也是从低到高[107]。

　　除了拉伸 CNT 纱线时的基本侧滑现象外，许多其他因素也会影响纱线的力学性能，尤其是 CNT 组件随时间推移其微观结构发生变化。由于当前的计算能力不允许对 CNT 组件进行全原子 MD 模拟，因此可以使用粗粒度模型予以简化。

8.4.2 粗粒度分子动力学

由于计算能力的提升，CGMD 已成为研究 CNT 组件结构演变最成功的工具。在 CGMD 模拟中，单个 CNT 由一系列由弹簧连接的珠子组成的模型表示[108-112]。与弹簧拉伸和弯曲有关的能量可以表示为 $E_\gamma = 1/2k_\gamma(r - r_o)^2$ 和 $E_\theta = 1/2k_\theta(\theta - \theta_0)^2$。其中：$k_\gamma$ 和 k_θ 分别为价键的刚度和角刚度；r_0 和 θ_0 分别为平衡弹簧长度和相邻弹簧之间的角度。更准确地说，也可以 $E_T = k_T(1 + m\cos\beta)$ 的形式引入二面角，其中 β 是与四个相邻珠子相关的二面角，$m = 1$ 或 -1 对应于 $\beta_0 = 180°$ 或 $0°$ 的平衡二面角[113]。相邻的 CNT 通过珠子之间的范德瓦耳斯按照 $E_{pair} = 4\varepsilon[(\sigma/d)^{12} - (\sigma/d)^6]$ 相互作用。其中：σ 为距离参数；ε 为平衡时的能量阱深度；d 为两个相互作用的珠子之间的距离。原则上，这种 CG 模型也适用于模拟渗透到 CNT 纱线中的聚合物[114]。

Liu 等[111] 使用 CGMD 模拟了具有随机和规则 CNT 堆叠的 CNT 纱线的拉伸行为。在这两种情况下，CNT 在外部加捻载荷下卷曲并被 CNT 间的范德瓦耳斯力集聚，并发现在纵横交错和缠结模式上存在显著差异（图 8.9）。在从随机堆叠获得的纱线中，不同层中的 CNT 在加捻和范德瓦耳斯间力的耦合作用下集聚形成均匀的圆柱体 [图 8.9（a）]。另外，从规则堆叠获得的纱线则显示出不同的形态 [图 8.9（b）]。CNT 在某些区域形成独特、均匀的纵横交错模式，而且由于范德瓦耳斯力相互作用的不足，其交错在重叠区域会解开。该结果表明，一定程度的 CNT 缠结有助于 CNT 纺成纱线，类似于传统纺纱过程中的纤维滑移。同时，研究发现随机堆叠的 CNT 纱线的拉伸强度更高，这也揭示了三种微观结构的演变机制，即 CNT 拉伸、纤维解捻和管间滑移，这也正确描述了加捻和管间相互作用的影响。

Mirzaeifar 等采用类似 CGMD 的方法研究了加捻（纺丝）对 CNT 纱线组装的影响[115]。CGMD 方法桥接了两个不同的长度尺度，从原子级的 CNT 变形到更大尺寸的模型。模拟结果表明，由于相互作用面积的增加，加捻可提高 CNT 束之间的剪切作用，这与分析模型预测的结果一致。此外，由于束中单个 CNT 横截面的变形严重，对束的过度加捻反而会削弱管间的相互作用。

Bratzel 等[114] 研究了含聚合物的 CNT 的力学性能。对非共价交联的 CNT/聚合物束进行了纳米管拉出试验和束拉伸试验。发现交联长度和浓度会影响拉伸强度和韧性。通过对 1.5nm 长的交联聚合物和质量分数为 17% 的聚合物进行交联，束

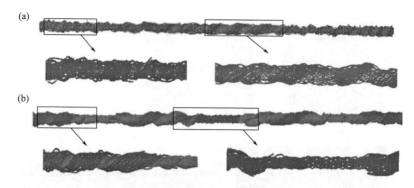

图 8.9　加捻后不同 CNT 堆叠纱线的结构重组[111]。初始结构为两个随机堆叠（a）或规则堆叠
（b）的 CNT 薄膜。顶层和底层的 CNT 分别用浅色和深色表示。

的强度和韧性分别可以增加 4 倍和 5 倍。

由于机械载荷下微观结构演变的普遍性，CNT 网的力学性能可以为 CNT 纱线的拉伸力学提供坚实的研究基础。基于 CGMD 模拟，Xie 等[116] 报道了 CNT 在单轴张力下的机械行为与其微观结构演变密切相关，如图 8.10 所示。在施加张力的初始阶段，范德瓦耳斯力结合位点的局部拉伸导致仿射变形，整个材料的面内应力是均匀的 [图 8.10（a）和（b）]。随着张力的增加，泊松效应引起的横向收缩导致多孔网状结构的压缩 [图 8.10（c）]。此外，当一些 CNT 集聚在一起形成几个主丝线状结构时，会发生一些明显的变化 [图 8.10（d）和（e）]。最后，变形区域变成非仿射状，CNT 网最终在这些丝线状结构中的一些部位因失去管间约束而发生破裂 [图 8.10（f）]。

除了静态拉伸行为，CNT 组件，包括纱线、薄膜和气凝胶等还表现出阻尼效应[36,38,117-118]，很好地理解这种动态力学性能对分析其他纱线性能也非常有帮助。Yang 等[113] 研究了随机缠结的长 CNT 网对不同振幅、频率以及不同温度下施加的循环剪切应变的机械响应。CGMD 模拟表明，温度与频率不变的滞后是由于范德瓦耳斯力相互作用引起系统中单个纳米管的不稳定分离或附着所致。Won 等[119] 报告说，相邻 CNT 的压缩和解压缩以及有序化和缠结的程度决定着空间变化的局部模量，为未来 CNT 组件高振动阻尼的耗散源分析提供了新的方法。

8.4.3　其他模型

CNT 纱线中的载荷转移是一种发生在不同的长度尺度上的复杂现象。除了完

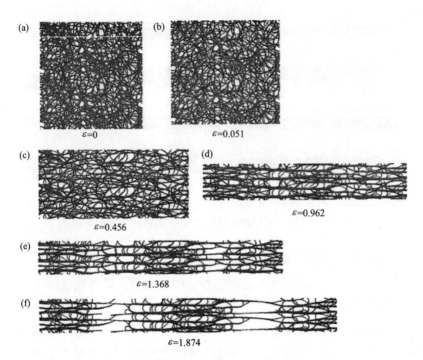

图 8.10　CNT 网在拉伸载荷下的结构演变。(a)～(f) 分别为 0、0.051%、0.456%、0.962%、1.368%和 1.874%应变水平下的结构[116]。

整的原子模拟和粗粒度处理外，基于形态力学相关的分层模型也有助于 CNT 纱线力学性能的探究。Rao 等[120] 提出了三维 （3D） 形态和 CNT 纱线的完整拉伸行为的耦合分析和有限元模型，如图 8.11 所示。多尺度模型是根据从 SEM 图像中获取的几何特征提出的 ［图 8.11 (a)］，CNT 形态是利用波纹幅度和波长通过空间曲线予以描述，每个 CNT—CNT 接触强度的分析公式用于构建处于载荷下纱线的 3D 模型，滑移 CNT 通过接触将负载转移到固定的 CNT 上 ［图 8.11 (b)］。由于 CNT 之间的波纹分布，CNT 在空间中的 3D 排列沿轴向发生变化 ［图 8.11 (c)］，然后使用有限元方法模拟每一步变化的接触分布 ［图 8.11 (d)］。

　　由直径为 10nm 的四管壁 CNT 组成的典型纱线的模拟显示，纱线强度为 1.59N/tex，如图 8.11 (e) 所示。其应力—应变曲线最初是线性的，随后是黏滑行为，峰值载荷之后应力减小。为了解载荷转移的机制，图中还绘制了每个负载步骤水中剩余接触负载与初始负载比值 N_c/N_0 的变化轨迹 ［图 8.11 (e)］。通常，随着纱线中应力的增加，接触点逐渐受力。当较弱的接触点断开时，该接触点附近的 CNT 断开的同时发生分离和松弛，最终的结果就是这些 CNT 片段虽然仍然保

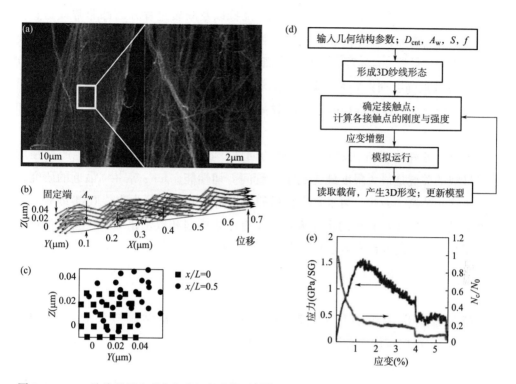

图 8.11　CNT 纱线的层次形态与分析数值模型[120]。（a）干法纺丝纱线的 SEM 图；（b）CNT 纱线离散化 3D 形态模型，每个 CNT 都有特定的波纹，其形状取决于波纹的波幅和波长；（c）横截面显示 CNT 中心在固定端（$x/L=0$）和中心轴位置（$x/L=0.5$）的定位，显示 CNT 曲折形状导致的各向异性；（d）模型架构，在增加应变和求解各载荷的有限元模型之前，重新计算形态和接触几何形状；（e）直径为 10nm 的四管壁 CNT 组成的 CNT 纱线的模拟拉伸行为，应力和剩余接触部分与施加应变的关系图。

持完整，但不再承载任何载荷。模拟表明，CNT—CNT 接触的渐进式黏滑和断裂导致出现孤立的载荷路径，导致纱线断裂并使纱线强度低于固有 CNT 强度的 10%。

8.5　总结与展望

　　CNT 纱线的组装参数，如组成 CNT 的加捻角、堆积密度、排列有序性、缠结和伸直度，以多种方式影响纱线的力学性能，使纱线力学建模变得非常复杂。简单的分析建模只能定性地预测纱线性能，而原子模拟仅适用于纳米级。基于细观模型的粗粒度处理在研究纱线的致密化、加捻以及断裂过程方面都非常成功。在更高的尺度规模上，原子和粗粒度工具显示出明显的局限性，因此多尺度建模技术更为实用。最近，Gao 等[121] 使用三级分层模型来解决此类问题。从单个 CNT 到 CNT 纱线的强度损失分为三个级别的弱化机制，即由于单个 CNT 中存在缺陷引起的应力局部化、紧密堆积的束中的载荷传递不足以及 CNT 纱线中束的孔隙率和交错。

通过对各种建模方法和模拟结果的回顾，我们可以得出结论：生产高强度 CNT 纱线的关键是最大限度地提高纳米管间剪切性能，Jung 等[122] 最近的研究也证实了这一结论。为此，纳米复合材料的仿生结构设计[123] 为改善 CNT 纱线力学性能提供了一些非常有用的指导方针：①有序化排列和致密化 CNT；②聚合物渗透和交联；③表面改性和界面共价交联。

致谢

感谢国家自然科学基金（51561145008）、中国科学院青年创新促进会（2015256）、江西省优秀青年基金（2018ACB21023）的支持。

参考文献

［1］ L. Liu, W. Ma, Z. Zhang, Macroscopic carbon nanotube assemblies：preparation, properties, and potential applications, Small 7 (11) (2011) 1504-1520.

［2］ B. Vigolo, A. Pénicaud, C. Coulon, et al. , Macroscopic fibres and ribbons of oriented carbon nanotubes, Science 290 (5495) (2000) 1331-1334.

［3］ A. B. Dalton, S. Collins, E. Muñoz, et al. , Super-tough carbon-nanotube fibres. Nature 423 (6941) (2003) 703.

［4］ L. M. Ericson, H. Fan, H. Peng, et al. , Macroscopic, neat, single-walled carbon nanotube fibres. Science 305 (5689) (2004) 1447-1450.

［5］ M. E. Kozlov, R. C. Capps, WM. Sampson, et al. , Spinning solid and hollow polymer-free carbon nanotube fibres. Adv. Mater. 17 (5) (2005) 614-617.

［6］ K. Jiang, Q. Li, S. Fan, Spinning continuous carbon nanotube yarns. Nature 419 (6909) (2002) 801.

［7］ M. Zhang, K. R. Atkinson, R. H. Baughman, Multifunctional carbon nanotube yarns by downsizing an ancient technology. Science 306 (5700) (2004) 1358-1361.

［8］ X. Zhang, K. Jiang, C. Feng, et al. , Spinning and processing continuous yarns from 4 - inch wafer scale super - aligned carbon nanotube arrays. Adv. Mater. 18 (12) (2006) 1505-1510.

［9］ Q. Li, X. Zhang, R. F. DePaula, et al. , Sustained growth of ultralong carbon nanotube arrays for fibre spinning. Adv. Mater. 18 (23) (2006) 3160-3163.

［10］ C. Liu, H. M. Cheng, H. T. Cong, et al. , Synthesis of macroscopically long ropes of well - aligned single - walled carbon nanotubes. Adv. Mater. 12 (16) (2000) 1190-1192.

［11］ H. W. Zhu, C. L. Xu, D. H. Wu, et al. , Direct synthesis of long single - walled carbon nanotube strands. Science 296 (5569) (2002) 884-886.

［12］ Y. L. Li, I. A. Kinloch, A. H. Windle, Direct spinning of carbon nanotube fibres from chemical vapor deposition synthesis. Science 304 (5668) (2004) 276-278.

［13］ K. Koziol, J. Vilatela, A. Moisala, et al. , High - performance carbon nano- tube fibre. Science 318 (5858) (2007) 1892-1895.

［14］ G. Liu, Y. Zhao, K. Deng, et al. , Highly dense and perfectly aligned single-walled carbon nanotubes fabricated by diamond wire drawing dies. Nano Lett. 8 (4) (2008) 1071-1075.

［15］ W. Ma, L. Liu, R. Yang, et al. , Monitoring a micromechanical process in macroscale carbon nanotube films and fibres. Adv. Mater. 21 (5) (2009) 603-608.

［16］ V. A. Davis, A. N. G. Parra-Vasquez, M. J. Green, et al. , True solutions of single-walled carbon nanotubes for assembly into macroscopic materials. Nat. Nanotechn- ol. 4 (12) (2009) 830-834.

［17］ N. Behabtu, C. C. Young, D. E. Tsentalovich, et al. , Strong, light, multi- functional fibres of carbon nanotubes with ultrahigh conductivity. Science 339 (6116) (2013) 182-186.

［18］ X. Wang, N. Behabtu, C. C. Young, et al. , Highampacity power cables of tight- ly-packed and aligned carbon nanotubes. Adv. Funct. Mater. 24 (21) (2014) 3241-3249.

［19］ X. H. Zhong, Y. L. Li, Y. K. Liu, et al. , Continuous multilayered carbon nanorube yarns. Adv. Mater. 22 (6) (2010) 692-696.

［20］ J. J. Vilatela, A. H. Windle, Yarn - like carbon nanotube fibres. Adv. Ma- ter. 22 (44) (2010) 4959-4963.

［21］ J. J. Vilatela, J. A. Elliott, A. H. Windle, A model for the strength of yarn-like carbon nanotube fibres. ACS Nano 5 (3) (2011) 1921-1927.

[22] L. Kurzepa, A. Lekawa-Raus, J. Patmore, et al., Replacing copper wires with carbon nanotube wires in electrical transformers. Adv. Funct. Mater. 24 (5) (2014) 619-624.

[23] A. Lekawa-Raus, J. Patmore, L. Kurzepa, et al., Electrical properties of carbon nanotube based fibres and their future use in electrical wiring. Adv. Funct. Mater. 24 (24) (2014) 3661-3682.

[24] R. M. Sundaram, K. K. K. Koziol, A. H. Windle, Continuous direct spinning of fibres of single-walled carbon nanotubes with metallic chirality. Adv. Mater. 23 (43) (2011) 5064-5068.

[25] C. Paukner, K. K. K. Koziol, Ultra-pure single wall carbon nanotube fibres continuously spun without promoter. Sci. Rep. 4 (2014) 3903.

[26] T. S. Gspann, F. R. Smail, A. H. Windle, Spinning of carbon nanotube fibres using the floating catalyst high temperature route: purity issues and the critical role of sulphur. Faraday Discuss. 173 (2014) 47-65.

[27] S. Boncel, R. M. Sundaram, A. H. Windle, et al., Enhancement of the chanical properties of directly spun CNT fibres by chemical treatment. ACS Nano 5 (12) (2011) 9339-9344.

[28] J. Qiu, J. Terrones, J. J. Vilatela, et al., Liquid infiltration inro carbon nanotube fibres: effect on structure and electrical properties. ACS Nano 7 (10) (2013) 8412-8422.

[29] J. Zhao, X. Zhang, J. Di, et al., Double-peak mechanical properties of carbon nanotube fibres. Small 6 (22) (2010) 2612-2617.

[30] J. Jia, J. Zhao, G. Xu, et al., A comparison of the mechanical properties of fibres spun from different carbon nanotubes. Carbon 49 (4) (2011) 1333-1339.

[31] C. Fang, J. Zhao, J. Jia, et al., Enhanced carbon nanotube fibres by polyimide. Appl. Phys. Lett. 97 (18) (2010) 181906.

[32] S. Li, X. Zhang, J. Zhao, et al., Enhancement of carbon nanotube fibres using different solvents and polymers. Compos. Sci. Technol. 72 (12) (2012) 1402-1407.

[33] F. Meng, J. Zhao, Y. Ye, et al., Carbon nanotube fibres for electrochemical applications: effect of enhanced interfaces by an acid treatment. Nanoscale 4 (23) (2012) 7464-7468.

［34］ F. Meng, X. Zhang, R. Li, et al., Electro-induced mechanical and thermal responses of carbon nanotube fibres. Adv. Marer. 26 （16） （2014） 2480-2485.

［35］ C. Jiang, X. Yang, J. Zhao, et al., Densifying carbon nanotubes on assembly surface by the self-contraction of silk fibroin. Appl. Surf. Sci. 436 （2018） 66-72.

［36］ J. Zhao, X. Zhang, Z. Pan, et al., Wide-range tunable dynamic property of carbon-nanotube-based fibres. Adv. Macer. Interfaces 2 （10） （2015） 1500093.

［37］ J. Zhao, Q. Li, B. Gao, et al., Vibration-assisted infiltration of nano-compounds to strengthen and functionalize carbon nanotube fibres. Carbon 101 （2016） 111-119.

［38］ J. Zhao, F. Wang, X. Zhang, et al., Vibration damping of carbon nanotube assembly materials. Adv. Eng. Mater. 20 （3） （2018） 1700647.

［39］ M. D. Lima, S. Fang, X. Lepró, et al., Biscrolling nanotube sheets and functional guests into yarns. Science 331 （6013） （2011） 51-55.

［40］ T. Chen, S. Wang, Z. Yang, et al., Flexible, light-weight, ultrastrong, and semiconductive carbon nanotube fibres for a highly efficient solar cell. Angew. Chem. Inc. Ed. 50 （8） （2011） 1815-1819.

［41］ T. Chen, Z. Cai, Z. Yang, et al., Nitrogen-doped carbon nanotube composite fibre with a core-sheath structure for novel electrodes. Adv. Mater. 23 （40） （2011） 4620-4625.

［42］ T. Chen, L. Qiu, Z. Cai, et al., Intertwined aligned carbon nanotube fibre based dye-sensitized solar cells. Nano Lett. 12 （5） （2012） 2568-2572.

［43］ T. Chen, L. Qiu, Z. Yang, et al., An integrated "energy wire" for both photoelectric conversion and energy storage. Angew. Chem. Int. Ed. 51 （48） （2012） 11977-11980.

［44］ J. Ren, L. Li, C. Chen, et al., Twisting carbon nanotube fibres for both wire-shaped micro-supercapacitor and micro-battery. Adv. Macer. 25 （8） （2013） 1155-1159.

［45］ J. Ren, Y. Zhang, W. Bai, et al., Elastic and wearable wire-shaped lithium-ion battery with high electrochemical performance. Angew. Chem. Int. Ed. 53 （30） （2014） 7864-7869.

［46］ K. Wang, Q. Meng, Y. Zhang, et al., High-performance two-ply yarn supercapacitors based on carbon nanotubes and polyaniline nanowire arrays. Adv. Mater 25 （10） （2013） 1494-1498.

［47］Q. Meng, K. Wang, W Guo, et al. , Thread–like supercapacitors based on one–step spun nanocomposite yarns. Small 10 （15） （2014） 3187–3193.

［48］H. Lin, W. Weng, J. Ren, et al. , Twisted aligned carbon nanotube/silicon composite fibre anode for flexible wire–shaped lithium–ion battery. Adv. Mater. 26 （8） （2014） 1217–1222.

［49］S. Pan, Z. Yang, P. Chen, et al. , Wearable solar cells by stacking textile electrodes. Angew. Chem. Int. Ed. 53 （24） （2014） 6110–6114.

［50］S. Pan, H. Lin, J. Deng, et al. , Novel wearable energy devices based on aligned carbon nanotube fibre textiles. Adv. Energy Mater. 5 （4） （2015） 1401438.

［51］D. Zhang, M. Miao, H. Niu, et al. , Core–spun carbon nanotube yarn supercapacitors for wearable electronic textiles. ACS Nano 8 （5） （2014） 4571–4579.

［52］C. Choi, J. A. Lee, A. Y. Choi, et al. , Flexible supercapacitor made of carbon nanotube yarn with internal pores. Adv. Mater. 26 （13） （2014） 2059–2065.

［53］L. K. Randeniya, A. Bendavid, P. J. Martin, et al. , Composite yarns of multiwalled carbon nanotubes with metallic electrical conductivity. Small 6 （16） （2010） 1806–1811.

［54］G. Xu, J. Zhao, S. Li, et al. , Continuous electrodeposition for lightweight, highly conducting and strong carbon nanotube–copper composite fibres Nanoscale 3 （10） （2011） 4215–4219.

［55］C. Subramaniam, T. Yamada, K. Kobashi, et al. , One hundred fold increase in current carrying capacity in a carbon nanotube–copper composite. Nat. Commun. 4 （2013） 2202.

［56］R. Sundaram, T. Yamada, K. Hata, et al. , Electrical performance of lightweight CNT–Cu composite wires impacted by surface and internal Cu spatial distribution.

［57］J. Zou, D. Liu, J. Zhao, et al. , Ni nanobuffer layer provides light–weight CNT/Cu fibres with superior robustness, conductivity, and ampacity. ACS Appl. Mater. Interfaces 10 （9） （2018） 8197–8204.

［58］B. Han, E. Guo, X. Xue, et al. , H. Hou, Fabricating and strengthening the carbon nanotube/copper composite fibres with high strength and high electrical conductivity. Appl. Surf. Sci. 441 （2018） 984–992.

［59］R. Sundaram, T. Yamada, K. Hata, et al. , The importance of carbon nanotube wire density, structural uniformity, and purity for fabricating homogeneous carbon

nanotube–copper wire composites by copper electrodeposition. Jpn. J. Appl. Phys. 57 （4）
（2018） 04FP08.

［60］ Y. Shang, X. He, Y. Li, et al. , Super – stretchable spring – like carbon
nanotube ropes. Adv. Mater. 24 （21） （2012） 2896–2900.

［61］ Y. Shang, Y. Li, X. He, et al. . Highly twisted double – helix carbon nano-
tube yarns. ACS Nano 7 （2） （2013） 1446–1453.

［62］ Y. Shang, X. He, C. Wang, et al. , Large–deformation, multifunctional ar-
tificial muscles based on single–walled carbon nanotube yarns. Adv. Eng. Mater. 17 （1）
（2015） 14–20.

［63］ W. Guo, C. Liu, F. Zhao, et al. , A novel electromechanical actuation
mechanism of a carbon nanotube fibre. Adv. Mater. 24 （39） （2012） 5379–5384.

［64］ J. Foroughi, G. M. Spinks, G. G. Wallace, et al. , Torsional carbon nano-
tube artificial muscles. Science 334 （6055） （2011） 494–497.

［65］ M. D. Lima, N. Li, M. J. de Andrade, et al. , Electrically, chemically,
and photonically powered torsional and tensile actuation of hybrid carbon nanotube yarn
muscles. Science 338 （6109） （2012） 928–932.

［66］ K. Y. Chun, S. H. Kim, M. K. Shin, et al. , Hybrid carbon nanotube yarn
artificial muscle inspired by spider dragline silk. Nat. Commun. 5 （2014） 3322.

［67］ J. A. Lee, Y. T. Kim, G. M. Spinks, et al. , All–solid–state carbon nano-
tube torsional and tensile artificial muscles. Nano Lett. 14 （5） （2014） 2664–2669.

［68］ N. Behabtu, M. J. Green, M. Pasquali, Carbon nanotube – based neat fi-
bres. Nano Today 3 （5–6） （2008） 24–34.

［69］ W. Lu, M. Zu, J. H. Byun, et al. , State of the art of carbon nanotube fi-
bres: opportunities and challenges. Adv. Mater. 24 （14） （2012） 1805–1833.

［70］ X. Zhang, Q. Li, Toward multifunctional carbon nanotube fibres, in:
Q. Zhang （Ed. ）, Carbon Nanotubes and Their Applications, Pan Stanford Publishing,
Singapore, 2012.

［71］ M. Miao, Yarn spun from carbon nanotube forests: production, structure,
properties and applications. Particuology 11 （4） （2013） 378–393.

［72］ J. Di, X. Zhang, Z. Yong, et al. , Carbon–nanotube fibres for wearable de-
vices and smart textiles. Adv. Mater. 28 （47） （2016） 10529–10538.

［73］ D. Janas, K. K. Koziol, Carbon nanotube fibres and films: synthesis, applications and perspectives of the direct－spinnig method. Nanoscale 8 （47） （2016） 19475-19490.

［74］ C. Gégauff, Force et elasticite des files en coton, Bull. Soc. Ind. Mulhouse 77 （1907） 153-213.

［75］ W. E. Morton, K. C. Yen, The arrangement of fibres in fibro yarns. J. Text. Inst. 43 （2） （1952） 60-66.

［76］ B. S. Gupta, Fibre migration in staple yarns part Ⅲ: an analysis of migration force and the influence of the variables in yarn structure. Text. Res. J. 42 （3） （1972） 181-196.

［77］ J. W. S. Hearle, P. Grosberg, S. Backer, et al. , Structural Mechanics of Fibres, Yarns, and Fabrics, Wiley-Interscience, New York, 1969.

［78］ M. Miao, J. McDonnell, L. Vuckovic, et al. , Poissons ratio and porosity of carbon nanotube dry-spun yarns. Carbon 48 （10） （2010） 2802-2811.

［79］ S. Fang, M. Zhang, A. A. Zakhidov, et al. , Structure and process-dependent properties of solid－state spun carbon nanotube yarns. J. Phys. Condens. Matter 22 （33） （2010） 334221.

［80］ K. Liu, Y. Sun, R. Zhou, et al. , Carbon nanotube yarns with high tensile strength made by a twisting and shrinking method. Nanotechnology 21 （4） （2010） 045708.

［81］ J. Zhao, X. Zhang, Y. Huang, et al. , A comparison of the twisted and untwisted structures for one－dimensional carbon nanotube assemblies. Mater. Des. 146 （2018） 20-27.

［82］ Q. Rong, J. Wang, Y. Kang, et al. , A damage mechanics model for twisted carbon nanotube fibres. Acta Mech. Solida Sin. 25 （4） （2012） 342-347.

［83］ A. A. Kuznetsov, A. F. Fonseca, R. H. Baughman, et al. , Structural model for dry－drawing of sheets and yarns from carbon nanotube forests. ACS Nano 5 （2） （2011） 985-993.

［84］ H. E. Daniels, The statistical theory of the strength of bundles of threads. I Proc. R. Soc. Lond. A 183 （995） （1945） 403-435.

［85］ J. Gregory, Cotton yarn structure Part Ⅳ－the strength of twisted yarn elements in relation to the properties of the constituent fibres. J. Text. Inst. 44 （11） （1953） 499-514.

［86］O. W. Morlier, R. S. Orr, J. N. Grant, The relation of length to other physical properties of cotton fibres. Text. Res. J. 21 (1) (1951) 6-13.

［87］P. K. Porwal, I. J. Beyerlein, S. L. Phoenix, Statistical strength of a twisted fibre bundle: an extension of daniels equal - load - sharing parallel bundle theory. J. Mech. Mater. Struct. 1 (8) (2006) 1425-1447.

［88］P. K. Porwal, I. J. Beyerlein, S. L. Phoenix, Statistical strength of twisted fibre bundles with load sharing controlled by frictional length scales. J. Mech. Mater. Struct. 2 (4) (2007) 773-791.

［89］I. J. Beyerlein, P. K. Porwal, Y. T. Zhu, et al., Scale and twist effects on the strength of nanostructured yarns and reinforced composites. Nanotechnology 20 (48) (2009) 485702.

［90］X. Wei, M. Naraghi, H. D. Espinosa, Optimal length scales emerging from shear load transfer in natural materials: application to carbon-based nanocomposite design. ACS Nano 6 (3) (2012) 2333-2344.

［91］X. Wei, M. Ford, R. A. Soler-Crespo, et al., A new Monte Carlo model for predicting the mechanical properties of fibre yarns. J. Mech. Phys. Solids 84 (2015) 325-335.

［92］M. F. Yu, B. S. Files, S. Arepalli, et al., Tensile loading of ropes of single wall carbon nanotubes and their mechanical properties. Phys. Rev. Lett. 84 (24) (2000) 5552-5555.

［93］D. Qian, W. K. Liu, R. S. Ruoff, Load transfer mechanism in carbon nanotube ropes. Compos. Sci. Technol. 63 (11) (2003) 1561-1569.

［94］O. Suekane, A. Nagataki, H. Mori, et al., Static friction force of carbon nanotube surfaces. Appl. Phys. Express 1 (6) (2008) 064001.

［95］J. T. Paci, A. Furmanchuk, H. D. Espinosa, et al., Shear and friction between carbon nanotubes in bundles and yarns. Nano Lett. 14 (11) (2014) 6138-6147.

［96］X. Zhang, Q. Li, Enhancement of friction between carbon nanotubes: an efficient strategy to strengthen fibres. ACS Nano 4 (1) (2010) 312-316.

［97］W. Ma, L. Liu, Z. Zhang, et al., High-strength composite fibres: realizing true potential of carbon nanotubes in polymer matrix through continuous reticulate architecture and molecular level couplings. Nano Lett. 9 (8) (2009) 2855-2861.

［98］S. Ryu, Y. Lee, J. W. Hwang, et al.. High strength carbon nanotube fibres fabricated by infiltration and curing of mussel-inspired catecholamine polymer. Adv. Mater. 23（17）（2011）1971–1975.

［99］S. Ryu, J. B. Chou, K. Lee, et al. , Direct insulation–to–conduction trans-formation of adhesive catecholamine for simultaneous increases of electrical conductivity and mechanical strength of CNT fibres. Adv. Mater. 27（21）（2015）3250–3255.

［100］K. Liu, Y. Sun, X. Lin, et al. , Scratch–resistant, highly conductive. and high–strength carbon nanotube–based composite yarns. ACS Nano 4（10）（2010）5827–5834.

［101］S. J. V Frankland, V. M. Harik, Analysis of carbon nanotube pull–out from a polymer matrix. Surf. Sci. 525（1–3）（2003）103–108.

［102］Y. Li, Y. Liu, X. Peng, et al. , Pull–out simulations on interfacial proper-ties of carbon nanotube–reinforced polymer nanocomposites. Comput. Mater. Sci. 50（6）（2011）1854–1860.

［103］B. Arash, Q. Wang, V. K. Varadan, Mechanical properties of carbon nano-tube/polymer composites. Sci. Rep. 4（2014）6479.

［104］X. Zhang, Sliding friction at poly（vinyl alcohol）–modified carbon nanotube interfaces. Mater. Res. Express 5（1）（2018）015007.

［105］A. M. Beese, S. Sarkar, A. Nair, et al. , Bio–inspired carbon nanotube–polymer composite yarns with hydrogen bond–mediated lateral interactions. ACS Nano 7（4）（2013）3434–3446.

［106］A. Kis, G. Csányi, J. P. Salvetat, et al. , Reinforcement of single–walled carbon nanotube bundles by intertube bridging. Nat. Mater. 3（3）（2004）153–157.

［107］C. E Cornwell, C. R. Welch, Very–high–strength（60–GPa）carbon nano-tube fibre design based on molecular dynamics simulations. J. Chem. Phys. 134（20）（2011）204708.

［108］T. Chang, H. Gao, Size–dependent elastic properties of a single–walled car-bon nanotube via a molecular mechanics model. J. Mech. Phys. Solids 51（6）（2003）1059–1074.

［109］M. J. Buehler, Mesoscale modeling of mechanics of carbon nanotubes：self–assembly, self–folding, and fracture. J. Mater. Res. 21（11）（2006）2855–2869.

［110］S. W. Cranford, M. J. Buehler, In silico assembly and nanomechanical char-acterization of carbon nanotube buckypaper. Nanotechnology 21（26）（2010）265706.

［111］X. Liu, W. Lu, O. M. Ayala, et al. , Microstructural evolution of carbon nanotube fibres: deformation and strength mechanism. Nanoscale 5 (5) (2013) 2002-2008.

[112] J. Zhao, J. W Jiang, L. Wang, et al., Coarse-grained potentials of single-walled carbon nanotubes. J. Mech. Phys. Solids 71 (2014) 197-218.

[113] X. Yang, P. He, H. Gao, Modeling frequency- and temperature-invariant dissipative behaviors of randomly entangled carbon nanotube networks under cyclic loading Nano Res. 4 (12) (2011) 1191-1198.

[114] G. H. Bratzel, S. W. Cranford, H. Espinosa, et al., Bioinspired noncovalently crosslinked "fuzzy" carbon nanotube bundles with superior toughness and strength J. Mater. Chem. 20 (46) (2010) 10465-10474.

[115] R. Mirzaeifar, Z. Qin, M. J. Buehler, Mesoscale mechanics of twisting carbon nanotube yarns. Nanoscale 7 (12) (2015) 5435-5445.

[116] B. Xie, Y. Liu, Y. Ding, et al., Mechanics of carbon nanotube networks: microstructural evolution and optimal design. Soft Matter 7 (21) (2011) 10039-10047.

[117] M. Xu, D. N. Futaba, T. Yamada, et al., Carbon nanotubes with temperature-invariant viscoelasticity from -196℃ to 1000℃. Science 330 (6009) (2010) 1364-1368.

[118] Q. Liu, M. Li, Y. Gu, et al., Interlocked CNT networks with high damping and storage modulus. Carbon 86 (2015) 46-53.

[119] Y. Won, Y. Gao, M. A. Panzer, et al., Zipping, entanglement, and the elastic modulus of aligned single-walled carbon nanotube films. Proc. Natl. Acad. Sci. U. S. A. 110 (51) (2013) 20426-20430.

[120] A. Rao, S. Tawfick, M. Bedewy, et al., Morphology-dependent load transfer governs the strength and failure mechanism of carbon nanotube yarns. Extreme Mech. Lett. 9 (2016) 55-65.

[121] E. Gao, W. Lu, Z. Xu, Strength loss of carbon nanotube fibres explained in a three-level hierarchical model. Carbon 138 (2018) 134-142.

[122] Y. Jung, Y. S. Cho, J. W. Lee, et al., How can we make carbon nanotube yarn stronger? Compos. Sci. Technol. 166 (2018) 95-108.

[123] Y. Han, X. Zhang, X. Yu, et al., Bio-inspired aggregation control of carbon nanotubes for ultra-strong composites. Sci. Rep. 5 (2015) 11533.

第III部分　应用

第9章　基于碳纳米管纱线的传感器

Jude C. Anike，Jandro L. Abot
美国天主教大学机械工程系，华盛顿，美国

9.1　引言

  CNT 具有优异的力学、电学、热学和光学特性，可单独或组合使用来生产智能传感器或多功能材料[1-11]。它们具有高的长径比，非常适合长时间和连续感应。例如，它们的高表面积可用于沉积材料以制备混合功能材料，或使其功能化以制备用于各种应用的电极[1]。因其 1D 结构中的电子散射最小，平均自由程为数十微米，因此 CNT 表现出弹道传导性[2]。机械应变可能会导致 CNT 纤维的电气特性发生可重现性的变化，从而可将其用作机电传感器[6-7]。相关变化包括与应变相关的电感、电容和电阻等应用。此外，CNT 纤维对拉伸、压缩、弯曲和扭转应变较为敏感，由 CNT 宏观组件制成的传感器的工作原理包括：由于机械应变引起的电阻率或电阻的变化，即所谓的压阻；由于机械应变引起的电感和电容变化；由于温度变化引起的电阻率变化，即所谓的热电阻率[8]；由于磁场变化而引起的电阻变化，即所谓的磁阻[9]；由于温度、压力、质量和应变变化而引起的机械谐振频率变化，进而引起的电阻变化等[10]。与电气特性的其他变化相比，电导或电阻的变化占主导地位[1-3]，其原因是电荷载流子在变形下很容易分离，导致电阻增加。对于非常小的应变，表现出弹性变形；当应变消除时，导电网络完全恢复，从而电阻降低。塑性形变则不同，虽然去除应变时电阻变为零，但仍有滞后现象[12]。基于上述相关工作原理，可以利用 CNT 纤维的特性作为应变传感器、热传感器、压力传感器、质量传感器以及化学传感器。

  CNT 纱线的压电电阻率来自两种类型的电阻变化：一是 CNT 的固有电阻；二是邻近或接触的纳米管的管间电阻[13]。固有电阻 R_i 是 CNT 纱线的电阻，是由于碳—碳（C—C）键的拉伸或电荷载流子的分离引起的。管间电阻分解可为接触电阻、纳米管的物理接触的 R_C 或当纳米管被小间隙隔开时的隧道电阻 R_T。根据 Simmons 的相关研究[14]，两个电极之间的区域发生隧道效应的条件是：电极中的电子具有足够的热能来克服势垒并在导带中流动，并且势垒足够薄以允许其因电隧道效应而穿透。

隧道电阻计算式如下：

$$R_\mathrm{T} = \frac{dh^2}{Ae^2\varphi} \mathrm{e}^{\frac{4\pi d}{h}\varphi}$$ (9.1)

式中：d 为 CNT 之间的隧道距离；h 为普朗克常数；A 为有效横截面积；e 为电子电量；φ 由下式给出：

$$\varphi = \sqrt{2m\delta}$$ (9.2)

式中：m 为电子质量；δ 为相邻 CNT 之间的势垒高度。

由式（9.1）可知，R_T 随 d 非线性增加，形成非线性压阻。

由于接触的 CNT 数量巨大，因此 CNT 纤维的管间电阻较高。CNT 的长短或离散长度意味着接触电阻将在轴向应变下的压阻中发挥部分作用。考虑到 CNT 没有跨越整个纤维长度，预计固有电阻在压阻响应中的作用很小，因此可以得出结论：CNT 纤维的压阻是由管间电阻发挥作用的。CNT 长度的增加将增加纤维中固有电阻的贡献并减少由于接触引起的管间电阻的影响。当自由或纯 CNT 纤维被拉伸时，以下变形机理预计占主导地位：①由于纤维离散和键断裂导致的接触断裂。②滑移[15]。第一种现象导致接触电阻增加。在有基体存在的情况下，多孔纤维的基体渗透阻碍了电子穿越隧道，因此隧道效应似乎驱动了压阻效应。

在表征传感器时需要考虑的一个重要因素是灵敏度，即对输入参数的给定变化所对应的输出变化。对于应变测量仪器，这由电阻的相对变化 $\Delta R/R_0$ 与机械应变的比值表示。

CNT 纱线的灵敏度可以用下式所示的仪器灵敏度因子表示：

$$GF = \frac{\Delta R/R_0}{\varepsilon} = \frac{\Delta R/R_0}{\Delta L/L_0}$$ (9.3)

式中：R_0 为初始电阻；ΔR 为电阻的变化；ε 为应变，其定义为长度变化 ΔL 与初始长度 L_0 的比值。

尽管 SWCNT 基的压阻应变传感器灵敏度因子 GF 值已大于 2900[16]，但是 CNT 纤维基的压阻应变传感器灵敏度因子却低于该值。据报道，纯 CNT 纤维的仪器灵敏度因子约为 0.5[11,15]。纤维中 CNT 束之间的接触电阻占主导地位，意味着单个 CNT 中固有电阻的贡献在 CNT 纤维中最小。在纺织术语中，术语"纱线"表示纤维或纤维束的聚集体，然而，当描述 CNT 纤维时，在本文的上下文中，术语"纱线"和"纤维"可互换使用。

9.2　损伤传感器

对 CNT 纤维压阻率的建议应用之一是作为复合材料部件和结构的实时结构健康监测（SHM）的应变传感器。SHM 可提供包括潜在损伤在内的结构健康状态的恒定和即时反馈[17]。SHM 方法包括振动分析、应变仪、光导纤维传感器、应力波传播技术以及其他几种方法[18-35]。这些方法是基于压电电阻影响[18]、共振监测[19,20]、压电效应[21-23]、电容变化[24-27]，或者光学特性方面的变化[28-33,36] 等引起的应变并通过微应变传感器予以捕获。

在所有 SHM 技术中，CNT 纤维因其中空结构而具有的低重量，从而受到更多关注，当结合其高的长经比和多功能特性时，是复合结构的理想材料[5,37-40]。在这种方法中，可以在大面积的结构上创建基于 CNT 的传感器网格，并用于监测结构中的应变场或损坏。当载荷施加到结构上并且应变到达 CNT 光纤传感器时，它将根据损伤的大小触发 CNT 的电阻值发生相应的变化。而当载荷被移除时，CNT 纤维的电阻值会恢复。这一概念是将 CNT 纱线集成在层压复合材料中，形成一个连续的传感器电路，它们固有的压阻灵敏度甚至可以捕获主体材料内的微量应变[40]。在层压复合材料中，结构分层主要是由于层间应力和基体失效引起的层间分离。分层对复合材料的完整性造成相当大的损坏[40-43]，几乎可以发生在层压板的任何地方，如边缘、表面附近或层压复合材料的中心。虽然分层损伤的大小范围可能会有很大差异，但它可能会影响在材料几何形状变化检测技术方面的检测能力，如金属箔应变仪，它更适合于表面应变检测，或需要复杂设备以及数据分析的光学纤维监测。已有研究报道了 CNT 纱线传感器对层压复合材料模式 II 主导的分层检测能力[39-42]。分层的确切位置及其进展的确定可以通过不同纱线传感器组合配置来实现，如图 9.1 所示，其中包括缝合纱线传感器和横向或纵向纱线传感器。穿过层压板厚度的缝合纱线传感器仅允许确定分层；需要额外的横向纱线传感器平行于复合层压层并沿着梁的宽度方向确定分层或损坏的精确位置。值得一提的是，电阻变化显著增加的损坏检测不需要高度精确的电阻测量，因此两点探针测量被认为是合适且足够的。

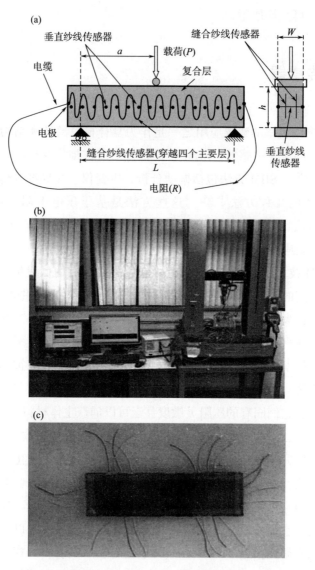

图9.1 （a）经受三点弯曲自感应复合材料样品的实验装置示意图：缝合纱线和垂直纱线传感器的层压复合样品的侧面和端部横截面图[40]；（b）实验装置图，包括机械测试系统和 LCR（电感—电容—电阻）读取器和一个受三点弯曲影响的自感应复合样品；（c）装有 CNT 纱线传感器的层压复合材料样品的照片[43]。

图9.2 所示为使用 CNT 纱线传感器测试所得的结果。集成在层压复合材料中的 CNT 纱线传感器已被证明能够进行分层检测[39-43]。具有玻璃平纹结构和组合传感器配置的自感应复合样品的机械/电响应装置如图9.2 所示。以 P 表示负

载，以 t 表示负载作用时间，以 ΔR 表示电阻变化或实际电阻与初始电阻的差值。样品中的分层是通过负载曲线（事件 A）中最大负载的突然减少来识别的。分层由缝合纱线传感器进行检测，这可以通过对不确定性的抵抗力的增加来证明（事件 B1/B2）。事件 B1/B2 和 A 之间的时间差为 214s。较小的时间差意味着纱线传感器几乎可以立即捕获分层。纱线传感器的响应表明它不仅能够检测分层，而且能够在层压复合材料样品的负载响应中表明它（事件 A）之前预测分层（事件 B1/B2）。此外，纱线传感器能够承受超过最大负载的载荷，并且能够在不发生电路故障的情况下捕获分层。如图 9.2 所示，纱线传感器在事件 A 发生 94s 后发生损伤（事件 C1）。分层的确切位置及其进展的确定可以通过不同纱线传感器的组合配置来实现，如图 9.2 所示，其中包括缝合纱线传感器和横向或纵向纱线传感器。缝合在层压板厚度上的纱线传感器仅允许检测脱层；需要额外的横向纱线传感器平行于复合层压层并沿着梁的宽度方向确定分层或损坏的精确位

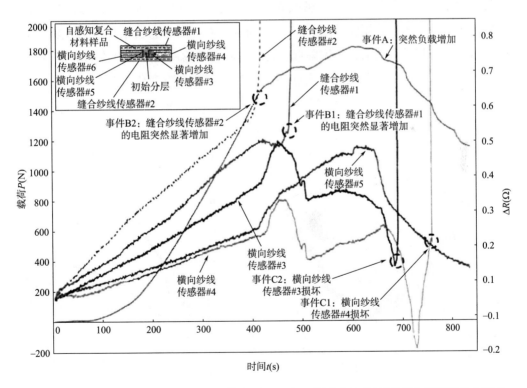

图 9.2　应用组缝合织与横向/纵向纱线传感器配置对 32 层玻璃/环氧树脂复合材料样品主要分层进行局部检测的负载和电阻变化时间曲线[43]（嵌入的小图：集成纱线传感器层压复合材料示意图）。

置。Abot 等[42] 观察到，最靠近分层的纱线传感器首先失效，随后其他横向传感器随着分层传播并到达它们的位置而失效。用 CNT 纤维传感器获得的结果已经用其他方法进行了验证，包括使用原位光纤和整个层压复合材料样品后测试的 X 射线断层扫描。

9.3　扭矩传感器

大多数需要旋转定位和高扭矩产生以获得机械性能的应用往往体积庞大，设计复杂，不适合纳米技术应用。加捻 CNT 纱线可用作高性能运动系统，如除了弯曲和收缩外还需要扭转旋转的人造肌肉和微机械装置的执行器。除了它们相对较高的强度外[44]，其纳米尺寸和高长径比对于扭转传感很有吸引力。CNT 纱线中的扭转加速度可以双向驱动，以将机械能转换为电能。这可以应用于通过施加加捻旋转产生电信号的传感器中，图 9.3[45-46] 所示为 CNT 纱线加捻时电阻的变化。对 CNT 纱线施加扭转载荷后，电阻降低，这表明施加的捻度增加了纤维间的紧实度，从而增加纳米管和负压阻之间的电接触。加捻引起的电阻变化大多是可逆的，但据报道，由于基体失效，复合 CNT 纤维在超过 12.9% 的更高剪切应变下产生不可逆的电阻变化 ［图 9.3 (b)][46]。

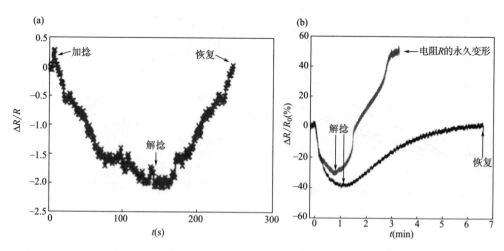

图 9.3　加捻引起的相对电阻—时间曲线。(a) $t = 0$ 时开始加捻，R 因纤维中施加的剪切应变而发生变化，通过将圆盘反向旋转到相等角度来释放纱线中的应变[45]；(b) 在复合 CNT 纤维中施加剪切应变导致电阻降低[46]。

　　与加捻的 CNT 纱线相比，未加捻的 CNT 纱线在扭转位移中电阻显著增加。图 9.4 所示为未加捻 CNT 纱线的相对电阻—时间曲线和相应的角位移—时间曲线。这是因为加捻的 CNT 纱线具有更大的抗扭转性。

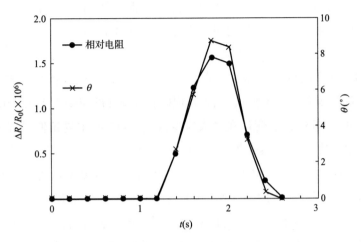

图 9.4　未加捻 CNT 纱线在扭转位移中的相对电阻—时间曲线和相应的角位移—时间曲线[45]。

9.4　可穿戴传感器

　　CNT 可伸缩传感器越来越多地被开发用于包括应变测量仪器在内的柔性功能电子设备。CNT 可伸缩应变仪可以检测远超传统金属箔应变片极限更大的应变（典型的应变大于 10%）。CNT 纤维传感器独特的机械顺应性使其适用于涉及生物组织接口的应用，例如健康监测与康复、软体机器人以及人体运动检测。

　　已有多种形式的 CNT 被用于人体运动检测[47-63]。例如，Suzuki 等[47] 使用来自可纺阵列的干纺 MWCNT 片材与弹性树脂黏合材料：聚碳酸酯—聚氨酯树脂（PCU）/聚四亚甲基醚乙二醇—聚氨酯（PTMGU）基材，其传感器具有良好稳定性，可达到 180000 次循环。Yamada 等[48] 展示了一种电阻应变仪，用于探索生长的 SWCNT 阵列的横向断裂，其中裂纹的受控打开和关闭导致重复拉伸和释放时可再现的电阻响应。该设备可以检测出高达 280% 的应变，并且具有非常小的超调量和松弛量。Shin 等[49] 探索了用氨基甲酸乙酯渗透的 MWCNT 阵列，将聚氨酯（PU）基材溶液直接过滤到阵列中以创建一个传感器，该传感器在轴向拉伸时表现出 1400% 的最大应变。Foroughi 等[50] 在氨纶上针织干纺 MWCNT 片材，可实现 900% 的拉伸和高达 1000 次循环的使用稳定性。然而，该传感器的灵敏度低于金属箔应变计。由于这两个传感器都是使用 CNT 片材织造而成，因此可以预测纤维或阵列的长径比更适合于高灵敏度应变传感器。在另一项研究中，Cai 等[51] 报道了一种电容应变仪，它使用两层 CVD 生长的 CNT 薄膜作为可伸缩电极和一块有机硅弹性体作为介电层组装成平行板电容器。拉伸时，装置中弹性体的横向变形导致电容增加，结果发现电容与施加的应变成正比。由于 CNT-基板/电极优异的拉伸性，应变计在最大应变高达 300% 的重复拉伸过程中表现出稳定可靠的压阻响应。Takahashi 等[52] 报道了一种使用可拉伸 SWCNT 有源矩阵背板的灵活压力传感器，但是，该传感器无法达到使用柔性基板的可拉伸传感器的应变测量能力。Ryu 等[53] 用干纺 CNT 纤维制造了一种用于人体运动检测的可高度伸缩和可穿戴的设备，该设备是在柔性 Ecoflex™ 基板上制造的，具备测量大于 900% 应变的高灵敏度，并具有快速响应性能和良好的耐用性。研究者将双轴应变仪以玫瑰花结形式配置集成到传感器中以测量复杂的人体运动，该传感器为便携式，并且在高达 10000 次循环使用后仍表现出良好的灵敏度和可重复性。

据报道，将 CNT 纱线嵌入 Ecoflex™ 基板中，电阻的变化范围更广[45,53]。这种配置还可防止 CNT 纱线由于恶劣使用条件或天气而出现任何形式的劣化。图 9.5 所示 CNT 纱线 Ecoflex™ 传感器可以测量大于 1000% 的应变。不同组件之间的稳定界面也起着至关重要的作用，因为微小的界面滑移或脱粘可能导致整个设备的失效。

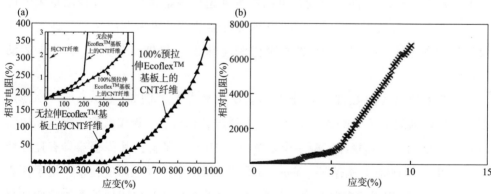

图 9.5　电阻—应变曲线。（a）无支撑（纯）CNT 纤维、无拉伸 Ecoflex™ 基板上 CNT 纤维以及 100% 预拉伸 Ecoflex™ 基板上 CNT 纤维；应变范围从 0 到 450%（插图）[53]；（b）CNT 纱线-Ecoflex™ 传感器[45]。

　　将 CNT 纱线应变传感器连接到身体相关部位可用于测量运动或监测运动能力。该传感器用于测量触摸和手腕运动，如图 9.6 所示。当传感器被触摸时，电阻下降，一旦触摸停止，电阻开始恢复。图 9.6（g）所示为传感器捕捉的手腕运动，阻力随着手腕拱起呈线性增加，并在放松时减小。从表 9.1 中也可以看出，基于 CNT 纤维的应变传感器具有可穿戴拉伸传感器最高报道的应变系数之一。

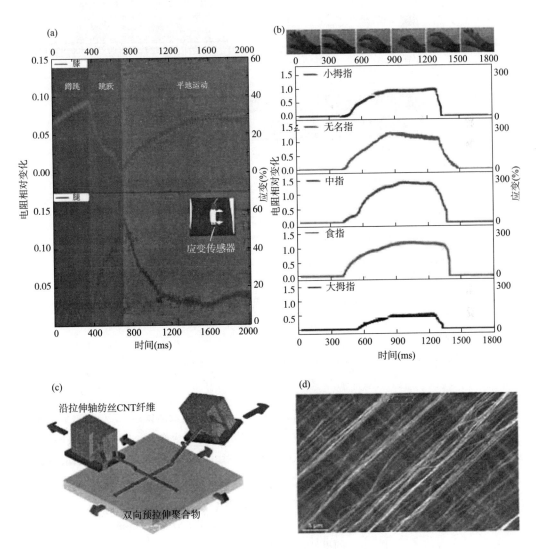

图 9.6

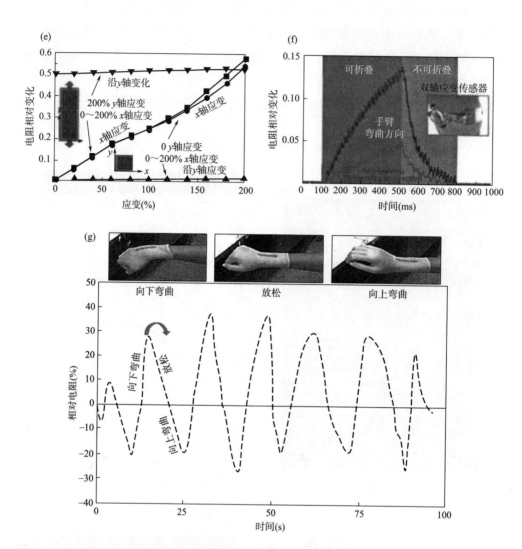

图 9.6 可穿戴、极具弹性的 CNT 纤维基应变传感器（100%预应变基板）[53]。（a）放置于膝关节和腿后肌群上的应变传感器监测跳跃时相对电阻（和估算的应变）—时间曲线；（b）安装可穿戴应变传感器的手套的光学图像与抓取运动的相对电阻（和估算的应变）—时间曲线；（c）双轴应变传感器制造过程示意图；（d）双轴应变传感器的 SEM 图；（e）双轴 CNT 纤维应变传感器电阻—应变曲线；（f）放置于肘部上双轴应变传感器的相对电阻—时间曲线，x 轴与手臂平行，y 轴与关节点旋转轴（平行）；（g）监测手腕运动的 CNT 纱线-Ecoflex™ 传感器显示的相对电阻—时间曲线[45]。

表 9.1　宏观 CNT 组件的压阻式应变传感器比较

参考文献	[53]	[47]	[48]	[49]	[50]	[45]
生产方法	干法纺从簇中制备 MWCNT 纤维	干法纺从簇中制备 MWCNT 薄片	干法纺 MWCNT 薄片	用氨基甲酸乙酯渗透 MWCNT 矩阵	干法纺 MWCNT 薄片	干法纺从矩阵中制备 MWCNT 纤维
基质	弹性 Ecoflex	弹性树脂（PCU 树脂/PTMGU）	PDMS	聚氨酯（PU）	氨纶	硅橡胶
黏结方式	范德瓦耳斯力/涂覆	树脂涂层	范德瓦耳斯力	PU 溶液直接渗透	针织	矩阵中嵌入
最大应变（%）	440	200	280	1400	900	50
最大 GF	47	10	0.8	1.1	0.4	>1000
稳定性（循环次数）	最高循环 10000 次	180000	10000	100	1000	—
响应时间	10~12ms	15ms	14ms	—	—	10~20ms

9.5　箔片式应变仪

最近，由 CNT 纱线组成的箔片式应变仪已有报道[64-65]。箔片式应变仪传感器包含连接到柔性基板的压阻膜层，其常用的金属成分是康铜，一种由 55%~60%的 Cu 和 45%~40%的 Ni 组成的合金。康铜温度系数低，适合作为电阻线圈，在很宽的温度范围内具有恒定的电阻率，并且具有高的压缩电阻。柔性基板充当柔顺结构，将输入的力转换为压阻层中的局部应变，以此可以监测电阻率的变化，并因压阻效应将其与应变相关联。压阻层中的应变可以通过连接惠斯通电桥进行电信号转换以提高传感器的灵敏度并补偿温度产生的不良影响。箔片式应变仪可以捕获非常低的应变波动，最大范围约为 5%[66-67]，半导体应变仪虽然具有比金属应变仪更高的应变系数，但是半导体应变仪对温度的敏感性限制了它们的监测效率。

基于 Abot 等[64] 对相关参数的研究，制造出具有非常高灵敏度的原型 CNT 纱线箔片式应变仪传感器。在参数研究中使用的模型是单层结构，其中 CNT 纤维的压阻元件浸入聚合物基板中，如图 9.7 所示。由于 CNT 纱线不能形成一个连续相，可采用等应变或 Voigt 模型获得压阻层的力学性能，然后通过均质化 CNT 纱线和聚合物基体的性能来计算应变仪传感器的有效性。所用聚合物可以是具有弹性模量 E_m、

泊松比 ν_m 和电阻率 ρ_m 的各向同性材料（下标 m 和 f 分别表示聚合物基体和 CNT 纤维）。CNT 纤维被认为是具有弹性模量 E_{1f} 和 E_{2f}、泊松比 ν_f、剪切模量 G_{12f}、电阻率 ρ_{11f} 和 ρ_{22f} 的横向各向同性材料。箔片式应变仪传感器的灵敏度是通过改变其几何形状和材料参数来计算的，包括应变仪传感器的形状、尺寸以及施加的载荷。

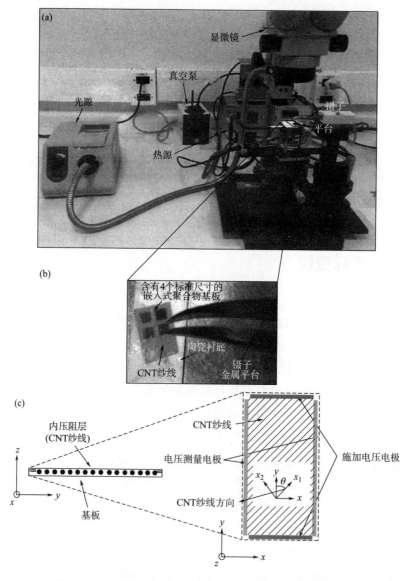

图 9.7 （a）CNT 纱线置于基质中的初期实验装置图，该实验装置由具有可调节平台和真空连接的显微镜组成；（b）可调平台的特写；（c）包含 CNT 纱线的箔片式应变仪传感器横截面示意图。内插图：CNT 纱线在单向配置排列的顶部示意图[65]。

当牵引力与 CNT 纱线方向相对一致时，应变传感器达到最高灵敏度，但是实际上应变仪传感器对所有牵引力均敏感[64]。据报道，传感器内压阻层的尺寸、几何形状和相对位置显著影响应变仪传感器的性能[64]。泊松比越高，间距因子越低，应变仪的灵敏度越高，间距系数由归一化后的 CNT 纱线间距表示，即 CNT 纱线间距与 CNT 纱线直径的比值。

应变仪的设计目标是最优化材料的位置和配置，以最大限度地提高其对外部载荷的敏感性。从相对电阻—应变曲线（图 9.8）和 GF（图 9.8）可以看出，这些由 CNT 纱线组成的箔片式应变仪传感器可以灵敏地捕获应变，并且可以循环使用。

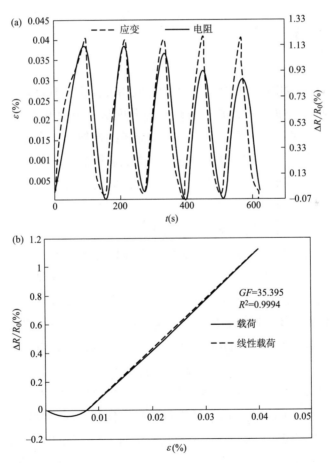

图 9.8　300μm/min 位移速率循环载荷下箔片式应变仪的机电响应。（a）应变和相对电阻在五个循环载荷中的变化；（b）第一次循环载荷的相对电阻—应变曲线和相应的应变系数[65]。

基于这些发现，研究者一直在努力设计使用 CNT 纱线的柔性和可伸缩的箔片式应变仪。研究目标是拥有一种箔片式应变仪，它可以测量更高一个数量级的应变，并且其灵敏度至少比使用康铜线的传统箔片式应变仪高一个数量级。为实现这一目标，首先要考虑的是传感器的基板。原型 CNT 纱线箔片式应变仪设计中使用的基板是 Kapton HNTM 聚酰亚胺薄膜。聚酰亚胺薄膜可以制备得非常薄，并且易于加工，也就是说，它们可以维持由激光原型机钻孔形成的微通道（凹槽）。最重要的是，它们的热膨胀系数（CTE）接近于 CNT 纱线。使用弹性体作为基板还可以达到基板所需的所有要求。目前有一项研究仍在进行中，它可能对大应变表面箔片式应变仪的生产具大重大影响。

9.6　热传感器

温度对 CNT 纱线电阻响应的影响在传感应用方面也具有特殊意义。CNT 纤维同时具有金属和非金属特性，它们的热阻随温度从一个值变为另一个值，例如，从金属性质转变为半导体性质。由于电荷载流子的低散射，金属在室温下的导电性最强，另外，半导体的电阻率随着温度的降低而增加，并且它们在绝对零度下表现出绝缘体特性。随着温度的升高，由于自由电荷载流子的迁移率和实用性或浓度的增加，电子被热激发到更高的能带。一般而言，随着温度的降低，CNT 纤维的电导率增加，或者电阻率降低，而高于 $110^{[68]}$ ~200K$^{[9]}$ 以后，电阻 R 随着温度 T 的增加反而增加，就像在有序的 CNT 纤维的零区域 R/T 图中显示出的金属特性一样（图 9.9），这是由于 CNT 对纤维形态（如连接和缠结）的内在影响。

电阻率随温度的降低而降低的现象会持续到交叉温度以下，低于此温度会发生逆转，并会像半导体一样开始增加。目前，已有对 CNT 纤维交叉温度更宽范围值的研究报道，其范围为 40~110K$^{[3,9,68-70]}$。这种传输行为是由于跳跃和局域化等现象引起的$^{[3,71-73]}$。根据 Yanagi 等的研究，传输电子的局域态交叉取决于金属和半导体 CNT 的相对含量，而据报道，在纯金属 SWCNT 网中不存在跳跃势垒$^{[72]}$。而按照 Bulmer 等$^{[68]}$ 的研究，由于纤维位于绝缘体到金属过渡段的金属侧，CNT 纤维的电阻率开始稳定在 2K 以下，明显接近绝对零值。因此，通过使用磁传输模型，可消除跳跃产生的影响，因为跳跃发生在电荷载流子所在的绝缘体到金属过渡的绝缘体一侧。考虑到这个模型，纳米管的长度和有序性对于获得类似金属的导电性比金属 CNT 浓度等其他因素更为重要，因为与长度离散且未有序排列的

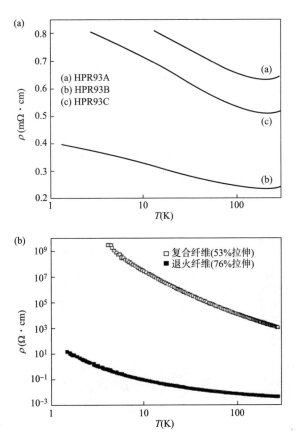

图 9.9　（a）三种纯 CNT 纤维的四点探针电阻率—温度曲线。随着有序性的改善，电阻率在所有温度下都呈降低趋势。低温下的非金属行为随着 $T \to 0$ 非发散行为趋于平稳，而在 200K 以上可观察到金属行为[9]；（b）复合纤维（53%拉伸）和退火纤维（76%拉伸）CNT 纤维的电阻率—温度曲线（对数—对数标度）[75]。

CNT 网相比，长且有序排列的 CNT 网中的外在连接更少。

　　据报道，纤维的形态会影响 ρ—T 曲线的特征。当纤维结构具有更好的排列、纯度、碳纳米管的堆积密度、掺杂剂以及金属 CNT 所占组分更高时，可以获得金属特征的电阻—温度曲线[3,69-70,72-74]。考虑到这些因素，这些材料的类半导体行为的电阻不会随着温度的降低而有显著增加，如图 9.9（a）所示，除了偏离这种形态[9]。

　　对于集成在环氧树脂中的 CNT 纤维的另一种偏差也已有文献报道。Badaire 等[75] 观察到退火 CNT 纤维的电阻率在受到拉伸后会降低，这与复合纤维的电阻率表现不同。对 53%拉伸的复合纤维和 76%拉伸的退火纤维的 $\rho(T)$ 测量结果如

图 9.9（b）所示，数据显示，300K 下复合纤维的 ρ 超过了退火纤维的 4~5 个数量级。这表明不仅两种纤维的形态，而且两种形态中的传导机制都会影响它们的热阻特性。Le 等[8] 研究了自由 CNT 纱线和集成在聚合物基体中的 CNT 纱线经受加热和自由冷却循环的热阻响应，如图 9.10 所示，所选样品在三个加热/冷却循环下的热阻行为显示热阻系数为负值，也就是说如早期报道的 R 随温度升高而降低。但是如图 9.10（c）所示，即使高达 300K，在 R—T 曲线中也没有观察到过渡行为。这表明在影响热阻率的加热和冷却循环期间可能会发生一些分子重排和隧道效应，需要进一步的研究来充分解释这种行为。

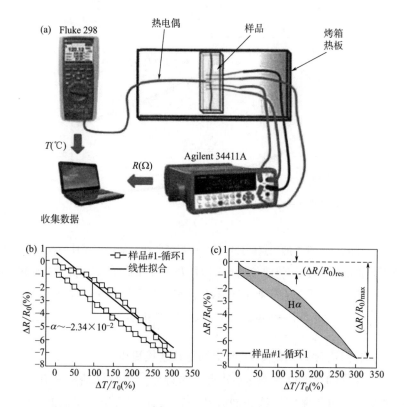

图 9.10　（a）热阻测量系统示意图[8]；（b）CNT 纤维复合材料样品第一次加热线性拟合；
（c）从热阻表征中获得的滞后循环参数[8]。

为了证明复合材料中 CNT 纱线的多功能传感能力，Kahng 等[76] 研究了 MWC-NT 纱线在不锈钢测试梁上的应变与温度的关系。通过在不锈钢测试梁上以惠斯通电桥配置排列 4 股 CNT 纱线，同时测量应变随温度的变化。输出桥电流（表示为测试梁上平行路径上的两个电流的总和，每条路径具有两根串联纱线）而不是电阻，如图 9.11 所示。在室温下 CNT 纤维束的灵敏度为 1.39~1.75mV/V/1000με，而 CNT 纱线桥的温度敏感性为 91μA/℃，桥电流随温度的升高而增加。桥电流的这种增加趋势与其他研究者报道的 CNT 纱线的负温度系数电阻一致[69-73]。

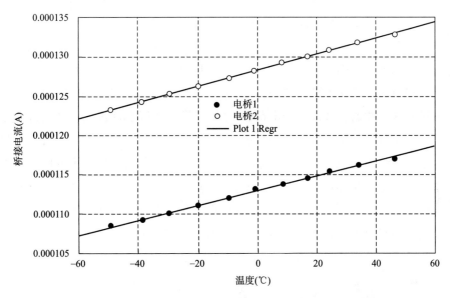

图 9.11　相同温度范围外部温度监测串联电阻到电桥的桥接电流。每根纱线的电流小于 100μA[76]。

9.7　生化传感器

CNT 纤维具有良好的电接触性能，非常适合用于电化学设备。CNT 纤维的孔隙率和高表面积已被用于驱动分子级的酶与其他化学物质的相互作用，以有效捕获和促进电子转移反应[77]。CNT 纤维基电极被认为可用于神经递质检测的碳纤维微电极替代品[78-79]。相比而言，CNT 纤维更敏感，微电极可以表现出快速的电子转移性能。Zhu 等[80-81] 研究表明由 CNT 纤维制成的微电极可以加速生物分子的氧化还原过程，从而实现低电位检测的高灵敏度。葡萄糖传感电极就是通过在 CNT 纤维表面吸附介质而构建成的。

Bourourou 等[82] 从含有 MWCNTs 和 PAN 的溶液中通过静电纺丝纤维来生产生物电化学传感电极。这些纤维的腈基被化学还原为胺基并在 pH 为 5 时被质子化。由此产生的带正电荷的纳米纤维在水溶液中发生溶胀，增加了 CNT 的暴露表面并促进了小分子和离子向导电 CNT 的扩散。电极通过氨基的活化进行生物功能化，而多酚氧化酶（PPO）通过共价结合固定在 PAN—MWCNTs 纤维上。PPO—PAN—NH$_2$—CNT 纤维电极由于其有效的共价链合可以感应有机化合物，使用该电极对邻苯二酚进行电酶法监测时，在饱和邻苯二酚浓度下获得的灵敏度为 18mA mol^{-1}L，最大电流值达到 10.66μA，检测限为 0.9μmol^{-1}。

Kim 等[83] 的研究表明，当涂覆或浸渍在电解质中时，CNT 纱线被电解质充电并形成超级电容器。图 9.12 所示为用于在 0.1M HCl 中收集拉伸能量的 Twistron 收集器（通过旋转数千个 CNT 束制成）的配置、结构和性能[83]。如图 9.12（a）所示，通过对纱线加捻，纱线上的电荷因 CNT 纤维束的压实而放大，从而降低了整体电容。CNT 纱线的电容可能与施加的应变相关［图 9.12（d）］。此外，通过超级电容器内纤维的加捻产生的电荷移动可用于获取和存储电势，还可以通过加捻 CNT 纱线的加捻和拉伸运动来收集能量。通过拉伸和放松 CNT 纱线制成紧密捻合纱线，Kim 等[83] 开发了一种将运动作为电能收集和存储的方法，可以通过控制捻度以及同手性和异手性卷曲纱线的组合体来优化电能的产生。

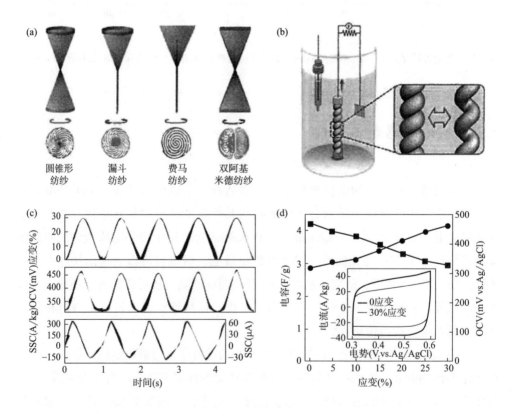

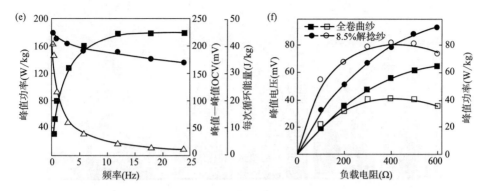

图 9.12　（a）圆锥形、漏斗、费马和双阿基米德纺纱法（顶部）及其所得纱线横截面（底部）示意图；（b）电化学浴中系绳扭转卷绕收集器电极、计数器以及参考电极示意图，显示拉伸前后的卷绕纱线；（c）对圆锥形纺卷绕收集的纱线施加拉伸应变之前（右）和之后（左）在开路电压（OCV）和短路电流（SCC）下的正弦曲线变化；（d）对（c）制备的纱线施加应变后的电容和开路电压 OCV。（内插图）0 和 30%应变下的伏安曲线；（e）8.5%无捻卷绕收集的 50%拉伸纱线的峰值功率与频率的关心，峰—峰值 OCV 和每个周期的能量；（f）当以 1Hz 拉伸至最大可逆伸长率时，卷曲纱线（正方形）和部分解捻卷曲纱线的峰值功率和峰值电压负载电阻[83]。

　　在某种意义上，由于电化学电荷可以用于驱动，因此该电化学过程是一个可逆过程。CNT 纱线可用作电化学供电驱动的全固态扭转及拉伸人造纱线肌肉。最近的研究报道显示，高度加捻的 MWCNT 纱线可以产生包括耦合旋转和轴向收缩等独特的机械驱动[84]。扭转和拉伸驱动是通过在电化学充/放电过程中电解质离子流入/释放实现的，或者是通过客体材料（如石蜡）的热膨胀/收缩实现的。图 9.13 所示为用于扭转和拉伸驱动的 MWCNT 纱线结构，将单纱合股和加捻以形成卷曲纱。从图 9.13 可以看出，用作扭转肌的单股非卷绕纱线表面具有较高的孔隙率，允许电解液渗入纱线，同时，高度取向的纤维结构有助于增强纱线方向的强度和电导率。

　　关于 CNT 纤维的电磁特性有几种可能的应用。由于它们的高导电性以及高长径比，即使在超低载荷下，CNT 纤维也可以提供较长的导电路径。这一特性扩展了它们在电磁和射频干扰屏蔽复合材料、静电耗散材料、类似聚合物或者更多非导电介质抗静电材料等方面的应用[85]。

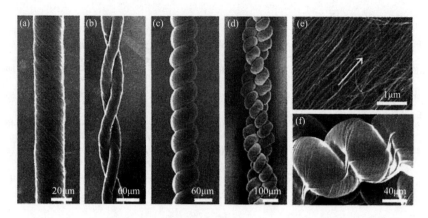

图 9.13　（a）（b）分别为纯单股纱线和双股纱线的 SEM 图，适用于两股形式填充电解质时的扭转驱动；（c）（d）分别为纯纱线、单股和合股、卷曲纱线的 SEM 图，适用于以两股形式填充电解质时的拉伸驱动；（e）纯加捻纺纱侧面放大 SEM 图，箭头表示纤维方向；（f）被 PVA/H$_2$SO$_4$ 固体凝胶电解质完全渗透的合股卷曲纱线的 SEM 图[84]。

9.8　总结与展望

　　CNT 纱线是 CNT 的纤维状连续组件，具有独特的压阻响应而被发掘作为传感器。本章介绍并讨论了各种 CNT 纱线传感器的概念和最新发展，这些传感器可以测量应变、扭矩、温度以及损伤检测、人体运动和化学物质，以及其的用途，包括在聚合物和复合材料中的集成应用。由于其独特的碳结构、尺寸和压电阻抗特性，这些传感器将被继续开发并使其更实用且经济，包括用于在许多工程领域中对结构、设备和组件进行实时集成监测。然而，开发更坚固的 CNT 纱线，包括制备具有相似手性和结构的 CNT，通过控制捻度和孔隙率等参数来定制纱线的特性，以及限制其非线性时间相关现象仍将是一个挑战。

参考文献

　　[1] A. Alamusi, N. Hu, H. Fukunaga, et al., Piezoresistive strain sensors made from carbon nanotubes based polymer nanocomposites, Sensors 11 (11) (2011) 10691–10723.

　　[2] C. Berger, P. Poncharal, Y. Yi, et al., Ballistic conduction in multiwalled

carbon nanotubes, J. Nanosci. Nanotechnol. 3 (2003) 171-177.

［3］ N. Behabtu, C. C. Young, D. E. Tsentalovich, et al., Strong, light, multi-functional fibers of carbon nanotubes with ultrahigh conductvicy, Science 339 (2013) 182.

［4］ N. Behabtu, M. J. Green, M. Pasquali, Carbon nanotube–based neat fibers, Nano Today 3 (2008) 24-34.

［5］ I. Kang, M. J. Schulz, et al., A carbon nanotube strain sensor for structural health monitoring, Smart Mater. Struct. 15 (2006) 737-748.

［6］ Y. X. Liang, Y. J. Chen, T. H. Wang, Low–resistance gas sensors fabricated from multiwalled carbon nanotubes coated with a thin oxide layer, Appl. Phys. Lett. 85 (2004) 666-668.

［7］ P. Qi, O. Vermesh, M. Grecu, et al., Toward large arrays of multiplex func-tionalized carbon nanotube sensors for highly sensitive and selective molecular detection, Nano Lett. 3 (2003) 347-351.

［8］ H. H. Le, G. Brodeur, M. Cen–Puc, et al., Piezoresistive and thermo–pie-zoresistive response of constrained carbon nanotube yarns towards their use as integrated sensors, in: Proceedings of 31st American Society for Composites Conference, Williams-burg, VA, 2016.

［9］ W. Zhou, J. Vavro, C. Guthy, et al., Single wall carbon nanotube fibers ex-truded from super–acid suspensions: preferred orientation, electrical, and thermal trans-port, J. Appl. Phys. 95 (2004) 650.

［10］ C. Li, E. T. Thostenson, T. W Chou, Sensors and actuators based on carbon nanotubes and their composites: a review, Compos. Sci. Techol. 68 (2008) 1227-1249.

［11］ H. Zhao, Y Zhang, P. D. Bradford, et al., Carbon nanotube yarn strain sensors, Nanotechnology 21 (2010) 305502.

［12］ J. C. Anike, A. Bajar, J. L. Abot, Time–dependent effects on the coupled mechanical–electrical response of carbon nanotube yarns under tensile loading, J. Carbon Res. 2 (2016) 3.

［13］ W. Obicayo, T. Liu, A review: carbon nanotube–based piezoresistive strain sensors. J. Sensors (2012) 652438.

［14］ J. G. Simmons, Generalized formula for the electric tunnel effect between simi-lar electrodes separated by a thin insulating film, J. Appl. Phys. 34 (1963) 1793-1803.

[15] J. C. Anike, K. Belay, J. L. Abot, Piezoresistive response of carbon nanotube yarns under tension：rate effects and phenomenology, New Carbon Mater. 33 (2) (2018) 140-154.

[16] C. Stampfer, A. Jungen, R. Linderman, et al. , Nanoelectromechanical displacement sensing based on single-walled carbon nanotubes, Nano Lett. (7) (2006) 1449-1453.

[17] C. Boller, F. K. Chang, Y. Fujino, Encyclopedia of Structural Health Monitoring, Wiley, Chichester, England, 2009.

[18] R. He, P. Yang, Giant piezoresistance effect in silicon nanowires, Nat. Nanotech. 42 (2006) 42-46.

[19] R. M. Langdon, Resonant sensors：a review, J. Phys. E Sci. lnstrum. 18 (1985) 103-115.

[20] G. Stemme, Resonant silicon sensors, J. Micromech. Microeng. 1 (1991) 113-125.

[21] J. W Gardner, V. K. Varadan, O. O. Awadelkarim, Microsensors, MEMS and Smart Devices, Wiley, New York, NY, 2001.

[22] J. Sirohi, I. Chopra, Fundamental understanding of piezoelectric strain sensors, J. Intel. Mat. Syst. Str. 11 (2000) 246-257.

[23] C. Liu, Piezoelectric sensing and actuation, in：Foundations of MEMS, second ed. , Prentice Hall, Upper Saddle River, NJ, 2012.

[24] W. C. Heerens, Application of capacitance techniques in sensor design, J. Phys. E Sci. lnstrum. 19 (1986) 897-906.

[25] R. Puers, Capacitive sensors：when and how to use them, Sensor. Actuat. A-Phys. 38 (1993) 93-105.

[26] L. K. Baxter, Capacitive Sensors：Design and Applications, Wiley-JEEE Press, Piscataway, NJ, 1996.

[27] L. L. Chu, L. Que, Y. B. Gianchandani, Measurements of material properties using differential capacitive strain sensors, J. Microelectromech. Syst. 11 (2002) 489-498.

[28] J. D. Weiss, Fiber-optic strain gauge, J. Lightwave Tech. 7 (1989) 1308-1318.

[29] J. Dakin, B. Culshaw, Optical Fiber Sensors：Principals and Components,

vol. 1, Artech, Boston, MA, 1988.

[30] B. Culshaw, J. Dakin, Optical Fiber Sensors: Systems and Applications, vol. 2, Artech, Norwood, MA, 1989.

[31] E. Udd, Fiber Optic Sensors: An Introduction for Engineers and Scientists, Wiley, New York, NY, 1991.

[32] R. M. Measures, Structural Monitoring With Fiber Optic Technology, Academic Press, San Diego, CA. 2001.

[33] D. C. Betz, G. Thursby, B. Culshaw, et al., Advanced layout of a fiber Bragg grating strain gauge rosette, J. Lightwave Techol. 24 (2006) 1019-1026.

[34] M. Wun-Fogle, H. T. Savage, A. E. Clark, Sensitive, wide frequency range magnetostrictive strain gauge, Sensors Actuators 12 (1987) 323-331.

[35] W. Y. Du, Resistive, Capacitive, Inductive, and Magnetic Sensor Technologies, CRC Press, Boca Raton, FL, 2014.

[36] J. W. Dally, W. F. Riley, Experimental Stress Analysis, third ed., McGraw-Hill, New York, NY, 1991.

[37] W. Lu, M. Zu, J. H. Byun, et al., State of the art of carbon nanotube fibers: opportunities and challenges, Adv. Mater. 24 (2012) 1805-1833.

[38] C. Jayasinghe, W. Li, Y. Song, et al., Nanotube responsive materials, MRS Bull. 35 (2010) 682-692.

[39] J. L. Abot, Y. Song, M. Sri Vatsavaya, et al., Delamination detection with carbon nanotube thread in self-sensing composite materials, Compos. Sci. Technol. 70 (2010) 1113-1119.

[40] J. L. Abot, J. C. Anike, J. H. Bills, et al., Carbon nanotube yarn sensors for precise monitoring of damage evolution in laminated composite materials: latest experimental results and in-situ and post-testing validation, in: Proceedings of the 32nd American Society for Composites Conference, West Lafayette, IN, 2017.

[41] X. Ma, Y. Dong, R. Li, Monitoring technology in composites using carbon nanotube yarns based on piezoresistivity, Mater. Lett. 188 (2017) 45-47.

[42] J. L. Abot, K. Wynter, S. P. Mortin, et al., Localized detection of damage in laminated composite materials using carbon nanotube yarn sensors, J. Multifunct. Compos. 2 (2014) 217-226.

[43] J. C. Anike, J. L. Abot, J. Bills, et al., Integrated structural health monito-

ring of composite laminates using carbon nanotube fibers: static/dynamic loading and validation, in: Proceedings of the 21st International Conference on Composite Materials, Xian, China, 2017.

[44] K. Liu, Y, Sun, R. Zhou, et al., Carbon nanotube yarns with high tensile strength made by a twisting and shrinking method, Nanotechnology 2 (2010) 045708.

[45] J. C. Anike, Carbon nanotube yarns: Tailoring their Piezoresistive response towards sensing applications, PhD Dissertation, Department of Mechanical Engineering, The Catholic University of America, Washington, DC, USA, 2018.

[46] A. S. Wu, X. Nie, M. C. Hudspeth, et al., Carbon nanotube fibers as torsion sensors. Appl. Phys. Lett. 100 (2012) 201908.

[47] K. Suzuki, K. Yataka, Y. Okumiya, et al., Rapid – response, widely stretchable sensor of aligned MWCNT/elastomer composites for human motion detection, ACS Sens. 1 (2016) 817–825.

[48] T. Yamada, Y. Hayamizu, Y. Yamamoto, et al., A stretchable carbon nanotube strain sensor for human–motion detection, Nat. Nanotechnol. 6 (2011).

[49] M. K. Shin, J. Oh, M. Lima, et al., Elastomeric conductive composites based on carbon nanotube forests, Adv. Mater. 22 (2010) 2663–2667.

[50] J. Foroughi, G. M. Spinks, S. Aziz, et al., Knitted carbon – nanotube – sheath/spandex – core elastomeric yarns for artificial muscles and strain sensing, ACS Nano 10 (2016) 9129–9135.

[51] L. Cai, L. Song, P. Luan, et al., Super – stretchable, transparent carbon nanotube – based capacitive strain sensors for human motion detection, Sci. Rep. 3 (2013).

[52] T. Takahashi, K. Takei, A. G. Gillies, et al., A. Javey, Carbon nanotube active–matrix backplanes for conformal electronics and sensors, Nano Lett. 11 (2011) 5408–5413.

[53] S. Ryu, P. Lee, J. B. Chou, et al., Extremely elastic wearable carbon nanotube fiber strain sensor for monitoring of human motion, ACS Nano 9 (2015) 5929–5936.

[54] S. Park, M. Vosguerichian, Z. Bao, A review of fabrication and applications of carbon nanotube film–based flexible electronics, Nanoscale 5 (2013) 1727–1752.

[55] Q. Cao, J. A. Rogers, Ultrathin films of single–walled carbon nanotubes for

electronics and sensors: a review of fundamental and applied aspects, Adv. Mater. 21 (2009) 29–53.

[56] L. Cai, P. Luan, Q. Zhang, et al., Highly transparent and conductive stretchable conductors based on hierarchical reticulate single-walled carbon nanotube architecttre, Adv. Funct. Mater. 22 (2012) 5238–5244.

[57] K. L. Jiang, J. P. Wang, Q. Q. Li, Superaligned carbon nanotube arrays, films, and yarns: a road to applications, Adv. Mater. 23 (2011) 1154–1161.

[58] C. L. Wang, R. Cheng, L. Liao, et al., High performance thin film electronics based on inorganic nanostructures and composites, Nano Today 8 (2013) 514–530.

[59] M. E. L. DeVolder, S. H. Tawfick, R. H. Baughman, et al., Carbon nanotubes: present and future commercial applications, Science 339 (2013) 535–539.

[60] D. J. Lipomi, M. Vosgueritchian, B. C. Tee, et al., Skin-like pressure and strain sensors based on transparent elastic films of carbon nanotubes, Nat. Nanotechnol. (12) (2011) 788–792.

[61] B. L. Liu, C. Wang, J. Liu, et al., Aligned carbon nanotubes: from controlled synthesis to electronic applications, Nanoscale 20 (2013) 9483–9502.

[62] C. Wang, K. Takei, T. Takahashi, et al., Carbon nanotube electronics: Moving forward. Chem. Soc. Rev. (7) (2013) 2592–2609.

[63] L. B. Hu, D. S. Hecht, G. Gruner, Carbon nanotube thin films: fabrication, properties, and applications, Chem. Rev. 10 (2010) 5790–5844.

[64] J. L. Abot, C. Y. Kiyono, G. P. Thomas, et al., Strain gauge sensors comprised of carbon nanotube yarn: parametric numerical analysis of their piezoresistive response, Smart Macer. and Struct. 24 (2015) 075018.

[65] J. L. Abot, C. Y. Kiyono, J. C. Anike, et al., Foil strain gauges using piezoresistive carbon nanotube yarn: fabrication and calibration, Sensors (2) (2018) 464.

[66] A. L. Window, Strain Gauge Technology, second ed., Elsevier Applied Science, London, England, 1992.

[67] C. Liu, Piezoresistive sensors, in: Foundations of MEMS, second ed., Prentice Hall, Upper Saddle River, NJ, 2012.

[68] J. S. Bulmer, A. Lekawa-Raus, D. G. Rickel, et al., Extreme magneto-transport of bulk carbon nanotubes in sorted electronic concentrations and aligned high performance fiber, Sci. Rep. -UK 7 (2017) 12193.

［69］ A. Lekawa-Raus, J. Patmore, L. Kurzepa, et al. , Electrical properties of carbon nanotube based fibers and their future use in electrical wiring, Adv. Funct. Mater. 24 （2014） 3661-3682.

［70］ X. Zhang, Q. Li, Y. Tu, et al. , Strong carbon-nanotube fibers spun from long carbon-nanotube arrays, Small 3 （2007） 244.

［71］ J. Vavro, J. M. Kikkawa, J. E. Fischer, Metal-insulator transition in doped single-wall carbon nanotubes, Phys. Rev. B 71 （2005） 155410.

［72］ K. Yanagi, H. Udoguchi, S. Sagitani, et al. , Transport mechanisms in metallic and semiconducting single-wall carbon nanotube networks, ACS Nano 4 （2010） 4027.

［73］ A. B. Kaiser, G. Dusberg, S. Roch, Heterogeneous model for conduction in carbon nanotubes, Phys. Rev. B 57 （1998） 1418.

［74］ Steinmetz, M. Glerup, M. Paillet, et al. , Production of pure nanotube fibers using a modified wet-spinning method, Carbon 43 （2005） 2397.

［75］ S. Badaire, V. Pichot, C. Zakri, et al. , Correlation of properties with preferred orientation in coagulated and stretch-aligned single-wall carbon nanotubes, J. Appl. Phys. 96 （2004） 7509.

［76］ S. K. Kahng, T. S. Gates, G. D. Jefferson, Strain and temperature sensing properties of multiwalled carbon nanontube yarn composites, in: NASA Technical Report, 2008.

［77］ Z. Zhu, L. Garcia-Gancedo, A. J. Flewitt, et al. , Design of carbon nanotube fiber microelectrode for glucose biosensing, J. Chem. Technol. Biotechnol. 87 （2012） 256-262.

［78］ C. Jiang, L. Li, H. Hao, Carbon nanotube yarns for deep brain stimulation electrode, IEEE Trans. Neural Syst. Rehabil Eng. 19 （2011） 612-616.

［79］ A. C. Schmidt, X. Wang, Y. Zhu, et al. , Carbon nanotube yarn electrodes for enhanced detection of neurotransmitter dynamics in live brain tissue, ACS Nano 7 （2013） 7864-7873.

［80］ Z. Zhu, W. Song, K. Burugapalli, et al. , Nano-yam carbon nanotube fiber based enzymatic glucose biosensor, Nanotechnoloy 21 （2010） 165501.

［81］ Z. Zhu, L. Garcia-Gancedo, A. J. Flewitt, et al. , A critical review of glucose biosensors based on carbon nanomaterials: carbon nanotubes and graphene, Sensors 12 （2012） 5996-6022.

［82］ M. Bourourou, M. Holzinger, F. Bossard, et al. , Chemically reduced electrospun polyacrilonitrile‒carbon nanotube nanofibers hydrogels as electrode material for bioelectrochemical applications, Carbon 87 （2015） 233‒238.

［83］ H. H. Kim, C. S. Haines, N. Li, et al. , Harvesting electrical energy from carbon nanotube yarn twist, Science 357 （2017） 773‒778.

［84］ J. A. Lee, Y. T. Kim, G. M. Spinks, et al. , All‒solid‒state carbon nanotube torsional and tensile artificial muscles, Nano Lett. 14 （2014） 2664‒2669.

［85］ M. S. Nisha, D. J. Greety, D. Singh, Design and development of nanocomposite with enhanced thermal and electrical property for electromagnetic interference ［EMI］ shielding in aircraft's cockpit walls, Mater. Today: Proc. 5 （2018） 8147‒8151.

第10章 基于碳纳米管纱线的超级电容器

Qiufan Wang[a], Sufang Chen[b], Daohong Zhang[a]

[a] 中南民族大学催化转化与能源材料化学教育部重点实验室 &
催化材料科学湖北省重点实验室, 武汉, 中国

[b] 武汉理工大学克莱恩化学过程教育部重点实验室, 武汉, 中国

10.1 引言

10.1.1 电化学电容器

近几十年来, 能源一直是最重要和最活跃的研究课题之一。化石燃料的日益枯竭和与其消耗相关的环境污染促进了清洁和可持续能源的发展。由电池驱动的电动汽车和便携式消费电子产品的快速发展激发了对高功率密度、能量密度和灵活储能系统的需求。具有高效、灵活、通用等特点的电化学储能装置正发挥着越来越重要的作用。在不同的电化学储能系统中, 超级电容器 (SC) 和电池是Ragone 棋盘上最成功的参与者, 并在学术界和工业界得到广泛研究[1-6]。SC 和电池之间的根本区别在于它们的电荷存储机制及其材料和结构[7-11]。SC, 也称为超级电容器和电化学电容器, 具有弥合传统电容器和电池之间能量密度差距的优势 (图 10.1)[12-15]。它们比电池具有更高的功率密度, 比传统电容器具有更高的能量密度, 同时具有长循环使用寿命[16]。

通常, SC 由两个电极和夹在它们之间的隔膜组成。夹层状电极/隔膜/电极装置结构浸入水性或有机电解质中。隔膜防止两个电极直接接触, 同时允许电解质离子自由通过。为了保持设备中足够的功能性液体电解质不发生泄漏, 同时也防止电解质对我们的生活环境造成有害, 整个系统需要封装在一个诸如盒状或纽扣状的包装容器中。

SC 可以根据其电能存储机制的不同分为两种主要类型, 即电化学双层电容器 (EDLCs) 和赝电容器[17]。前一种类似于传统的电容器, EDLCs 的作用机理源自电

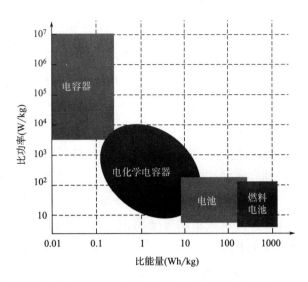

图 10.1　常见电能存储设备的比功率与比能量（Ragone 图）[16]。

极/电解质界面形成的双电层中的电荷积累；但是，EDLCs 的比电容要比传统电容器高几个数量级。由于包括活性炭、介孔碳、CNT 以及石墨烯等在内的碳材料具有大的表面积和低的基质电阻率，因而成为 EDLCs 典型的电极材料[18-19]。另外，赝电容器是基于快速和可逆的氧化还原反应，也称为法拉第（Faradaic）电荷转移反应，即在包括过渡金属氧化物（如 MnO_2、NiO、RuO_2 以及 V_2O_5）、过渡金属硫化物（如 MoS_2）、具有含氧和含氮表面官能团的碳材料以及导电聚合物（如聚苯胺、聚噻吩、聚吡咯及其衍生物）等电活性物质的表面电荷传递[20a]。研究发现某些金属氧化物/氢氧化物/硫化物等的电化学行为是一个半无限扩散限制反应过程，其电化学行为遵循当前电流峰值（i_p）与扫描速率的平方根（$v^{1/2}$）的线性关系[20b]。这些涉及典型扩散限制氧化还原反应的电极材料可以更严格地归类为电池而不是 SC。一般来说，根据 EDLCs 机理，赝电容器的比电容比碳材料的比电容更高。

10.1.2　活性材料

10.1.2.1　金属有机框架

金属有机框架材料（MOFs），也称为多孔配位聚合物，由于其多样化的结构、高度多孔框架和可以在分子水平上调节的化学成分，在电化学储能领域受到越来越多的关注[21-22]。MOFs 可以从相对便宜的前驱体中获得，如无机盐（硝酸盐、硫酸盐和氯化物）都是典型的金属离子前驱体。其有机链接头通常是多齿有机配体，如羧酸盐、唑类或腈类。溶剂热合成、微波辅助合成以及表面活性剂辅助合成等都是制备 MOFs 的常用方法[23-24]。当应用于饱和甘汞电极（SCE）时，Ni 基 MOFs 表现出赝电容行为，在 0.32V 和 0.17V 处有两个氧化还原峰[25]。可以将 Zn 掺杂引入 MOFs 中，可在 0.25A/g 的扫描速率下实现高达 1620F/g 的比电容[26]。

10.1.2.2　共价有机框架

共价有机框架（COFs）为一种新型共价多孔晶聚合物，它能够将有机构建块以原子精度整合到有序结构中[27]。在 COFs 中，有机构建单元通过强共价键结合在一起，如 B—O、C—N、B—N 和 B—O—Si[28-29]。与 MOFs 类似，COFs 具有高表面积、可控孔径和高度灵活的分子结构。为了快速有效地合成 COFs，采用微波和溶剂热反应大规模制备 COFs[30-31]。含有吡啶的 COF（TaPa-Py COF）在 1M H_2SO_4 电解质中表现出可逆的电化学过程[32]。在 20mV/s 下可以获得 180.5F/g 的 TaPa-Py COF 电容。在 0.5A/g 的电流密度下，具有 209F/g 的电容，结合了源自吡啶单元和 TaPa-Py COF 的有序多孔结构的法拉第电容和双层电容。TaPa-Py COF 在 6000 次充放电循环后仍然显示出优异的循环稳定性，电容保持率为 92%。

10.1.2.3　MXene

MXenes 是最近发现的一种二维过渡金属碳化物和碳氮化物，自 2011 年以来受到越来越多的关注[33]。MXenes 由 $M_{n+1}X_n$ 层组成，其中 M 是早期过渡金属，X 是碳和/或氮，$n=1$、2 或 3。它们表现出各种独特的特性（如高导电性、良好的力学性能以及亲水性），使其在储能应用领域具有吸引力。肼处理的基于 Ti_3C_2 的 MXene 在酸性电解质中具有 250F/g 的高电容[34]。$PPy/Ti_3C_2T_x$ 复合材料具有高电容（416F/g），且循环稳定性高达 25000 次[35]。

10.1.2.4　金属氧化物

金属氧化物的赝电容源于法拉第氧化还原反应和电极/电解质界面处离子的电化学吸附与解吸。因此，金属氧化物通常比基于 EDLCs 的碳材料具有更高的电容。各种金属氧化物（如 RuO_2、IrO_2、MnO_2、V_2O_5、NiO、Co_3O_4、SnO_2 和 Fe_2O_3）和一些氢氧化物［如 Co$(OH)_2$、Ni$(OH)_2$ 及其复合物］已作为赝电容电极材料而被广泛研究[36-37]。Wang 等[38] 基于 Fe_2O_3/RuO_2 中空纳米棒制备了不对称 SC，其表现出优异的电化学性能，即 4.9F/cm³ 的电容、1.5mW·h/cm³ 的能量密度和 9.1mW/cm³ 的功率密度。该器件还具有高的循环稳定性，在 5000 次充电/放电循环后，电容保持率为 97%。因为其低成本和高理论电容（$1100\sim1300F/g$），MnO_2 被认为是一种很有前途的 SC 电极材料[39]。Cheng 等[40] 报道了通过石墨烯片和 α-MnO_2 纳米线的溶液相组装制造的 MnO_2 纳米线/石墨烯复合材料。在中性 Na_2SO_4 溶液中，基于 MnO_2/石墨烯/石墨烯的不对称 SC，在 $0\sim2V$ 的高电压区域可逆循环时，能量密度为 $30.4Wh/kg$。Guo 等[41] 合成的分层多孔 V_2O_5 核壳纳米线在 $10mV/s$ 的扫描速率下表现出 $128.5F/cm^2$ 的高速率面积电容。

镍基和钴基二元和三元材料因其法拉第反应的高电容而被用作 SC 的电极材料[42]。Wang 等[42] 使用两个支撑在泡沫镍上的 $NiCo_2O_4$ 纳米线阵列作为电极，以 PVA/KOH 为电解质设计了柔性 SC。制造的 SC 在 $1mA/cm^2$ 下显示出 $161mF/cm^2$ 的高面积电容。在镍箔上生长多孔掺钒的锌镍钴三元氧化物（VZnNiO），用于柔性 SC[43]。它的电容为 $590mF/g$，是基于 $NiCo_2O_4$/$NiCo_2O_4$ 基的 SC 的四倍和基于 Zn-NiCo/ZnNiCo 基的 SC 的两倍。这种电容响应的显著增加归因于所有离子的协同氧化还原反应和独特的多孔纳米结构在柔性集电器上的直接生长，从而为高电化学活性表面积提供优异的离子扩散效率。该器件的面积电容为 $0.463mF/cm^2$，能量密度为 $0.93mWh/cm^2$，功率密度为 $75mW/cm^2$。

10.1.2.5　金属氮化物

金属氮化物，如氮化钛（TiN）和氮化钒（VN），由于其优异的导电性而成为一类新兴的高性能 SC 电极材料[44]。Xiao 等[45] 在 CNT 上制备了灵活的独立式 VN 纳米线。SC 装置基于 H_3PO_4-PVA 电解质中的独立 VN/CNT 混合电极构建，在 $0.025A/cm^3$ 的电流密度下表现出 $7.9F/cm^3$ 的高体积电容，以及 $0.54mW \cdot h/cm^3$ 的能量密度和 $0.4W/cm^3$ 的功率密度。该器件在 10000 次充放电循环中显示出 82% 的容量保持率，并表现出出色的灵活性，在不同弯曲条件下循环伏安图（CV）形状几乎没有变化。Ma 等[46] 开发了一种基于 Mo_2N 纳米带和 rGO 片材的独立电极，通过将 Mo_2N/rGO 混合电极与 PVA/H_3PO_4—硅钨酸（SiWA）凝胶电解质组装在一起来制造 SC。该器件的体积电容高达 $15.4F/cm^3$，能量密度和功率密度分别为 $1.05mW \cdot h/cm^3$ 和 $0.035W/cm^3$。Lu 等[47] 证明了在 PVA/KOH 凝胶电解质中 TiN 纳米线的电化学循环稳定性。由于聚合物凝胶电解质抑制了电极表面的氧化反应，基于 TiN 纳米线的 SC 表现出超凡的稳定性，可高达 15000 次循环且能量密度为 $0.05mWh/cm^3$。

10.1.2.6　导电聚合物

包括聚乙炔（PA）、聚吡咯（PPy）、聚苯胺（PANI）和聚（3,4-亚乙基二氧噻吩）（PEDOT）在内的导电聚合物，被认为是有前途的赝电容电极材料。它们通过氧化还原反应提供电容行为，氧化还原反应不仅发生在表面上，而且发生在整个本体中。PANI 和 PPy 是最有前途的导电聚合物，因为它们成本低且合成工艺简单。Guo 等[48a] 合成了 PANI 水凝胶电极，在 1A/g 时表现出 750F/g 的高电容。Wang 等[48b] 通过原位聚合工艺将高度有序的 PANI 纳米线沉积在 CNT 纱线上，从而 SC 的面积电容高达 38mF/cm^2。Huang 等[49] 将 PPy 沉积在可拉伸的不锈钢网上，其在 0.5A/g 下的电容高达 170F/g。Wang[50] 制造了基于 NiCo$_2$O$_4$@PPy 负极的线状非对称 SC，该器件将稳定电压窗口从 0~1.0V 扩展到 0~1.7V，并具有 5.18mWh/cm^3 的高能量密度和高的柔性。为了提高导电聚合物的循环稳定性，Wang 等[51] 在碳基布上合成钴基 MOF 并用 PANI 沉积，该电极在 10mV/s 下表现出 2.1F/cm^2 的面积电容，高于 PANI 电极的面积电容（727mF/cm^2）。

10.1.3　电解质

电解质对超级电容器的性能起着至关重要的作用，良好的电解质提供宽电压窗口、高电化学稳定性、高离子浓度和电导率、低黏度和低毒性。常见的电解质可分为三种类型：水性、有机液体和离子液体。水性电解质（如 H$_2$SO$_4$ 和 KOH 等）溶于水，具有高离子电导率和低内阻，水性电解液的最大工作电压为 1.23V。有机电解液和离子电解液可以提供更宽的工作电压窗口（如高于 2V），但它们往往具有更高的内阻。用于可穿戴电子设备的小尺寸轻量柔性储能设备需要固体聚合物电解质，无须庞大的包装也不会泄漏。在实践中，固态聚合物电解质通常是由电解质溶液与聚合物基质混合制成，如聚乙烯醇（PVA）、聚环氧乙烷（PEO）和聚偏二氟乙烯（PVDF）。固体聚合物电解质的最大工作电压由所使用的电解质溶液决定，水溶液基电解质最大工作电压低于 1.23V，有机溶液和离子液体基电解质最大工作电压高于 2V。

10.1.4　SC 的性能评估

材料电容测量的常用方法是将所选材料涂在惰性电极表面上，然后使用电化学循环伏安法在所选电解质中测量该电极并记录循环伏安图，从中可以计算出电容。

当两个电容为 C_p 的正极和电容为 C_n 的负极电极组合成一个超级电容器时，整个电池的总电容 C_T 为：

$$\frac{1}{C_T} = \frac{1}{C_P} + \frac{1}{C_n} \tag{10.1}$$

如果两个电极相同，即 $C_p = C_n$，则超级电容器是对称的；如果 $C_p \neq C_n$，则超级电容器是不对称的，在这种情况下，C_T 由具有较小电容的电极主导。SC 电池的比电容可以用下式所示的 CV 曲线积分的伏安电荷来计算：

$$C_{cell} = \frac{Q}{2m\Delta V} = \frac{\int I dV}{2mv\Delta V} \tag{10.2}$$

式中：C_{cell} 为电池的比电容；Q 为通过在 CV 曲线中对正负电极扫描积分获得的总电荷；m 为两个电极中活性材料的质量；v 为扫描速率；ΔV 为两个电极之间的电位窗口。

电池电容也可以由下式所示的恒电流充放电曲线计算：

$$C_{cell} = \frac{I \times \Delta t}{m \times \Delta V} \tag{10.3}$$

式中：I 为放电电流；m 为两个电极中活性物质的总质量；ΔV 为外加电压；Δt 为放电时间。

能量密度和功率密度是 SC 的两个关键性能指标。它们可以用下式所示的放电曲线予以计算：

$$E = \frac{1}{2} C_{cell} \times \Delta V \tag{10.4}$$

$$P = \frac{E}{\Delta t} \tag{10.5}$$

式中：E 为能量密度；P 为功率密度；C_{cell} 为比电容；ΔV 为外加电压；Δt 为放电时间。

对于一维（线状）和二维（薄膜或织物）超级电容器，有时使用面积和长度比电容、能量和功率比重量相应指标更为方便。

10.2　CNT 的电化学性能

CNT 可以被认为是卷曲的石墨烯片，其碳原子彼此之间通过 sp^2 杂化形成共价键合。根据石墨烯片的管壁数，它们被分为 SWNTs 和 MWNTs。CNT 由于其独特的结构、高表面积（通常超过 $1500m^2/g$）、低质量密度、出色的化学稳定性和优异的电子导电性，已被用作传统 SC 的电极材料[52-55]。它们还广泛用作具有液体电解质和聚合物凝胶电解质的柔性 SC 中的电极材料。CNT 在 SC 中有许多优点，CNT 比传统的碳材料更有效地渗透活性颗粒；它们通常被制成多孔网状结构，使离子更容易扩散到活性部分的表面；它们有助于缓解充放电过程中的体积变化，从而提高循环性能。对于裸 CNT，报道的其比面积为 $120 \sim 500 m^2/g$，电容范围为 $5 \sim 200F/g$。由于电解质离子在多孔网状结构中的扩散更为有效，CNT 电极显示出比活性炭更低的等效串联电阻（ESR），因此即使在极高的充电速率下，它们也显示出可接受的电容性能。例如，以铝片为集流体的有序排列的 MWNT 片，在 $200A/g$ 的极高电流密度下产生 $10 \sim 15F/g$ 的放电容量，而在相同条件下常用的活性炭电极却没有放电容量[56]。对于 SWNTs，在 $7W \cdot h/kg$ 的能量密度下具有 $180F/g$ 的比电容和 $20kW/kg$ 的功率密度[57]。

CNT 可以直接刷/喷涂在柔性纳米导电基材上作为电极和集电器[58-61]，或用作电极的柔性导电基材[62]。在这方面，Kaempgen 等[58] 报道了在聚对苯二甲酸乙二醇酯（PET）薄膜上使用喷涂 SWNTs 作为电极和电荷收集器的可印刷薄膜 SC。为了使设备完全可印刷，使用凝胶电解质（PVA/H_3PO_4）将隔膜和电解质组合成单层。CNT 极和凝胶电解质夹在一起，形成薄膜 SC，其比电容为 $\sim 36F/g$。除了塑料薄膜外，其他用 CNT 沉积的低成本轻质基材也被用作柔性 SC 中的电极。例如，Kang 等[61] 使用真空过滤工艺将 CNT 沉积到细菌纳米纤维素基材上，所得薄膜具有高柔韧性、大比表面积和良好的化学稳定性。组装的全固态柔性 SC 在 $0.1V/s$ 的扫描速率下表现出 $46.9F/g$ 的高比电容以及出色的稳定性，在 $10A/g$ 的大电流密度下经 5000 次充放电循环后电容损失小于 0.5%。在水凝胶和有机液体电解质中的独立式 SWNT 膜电极已有研究报道[63]。水凝胶电解质由 PVA/H_3PO_4 电解质组成，有机液体电解质由 1M $LiPF_6$ 的碳酸亚乙酯/碳酸二乙酯（质量比为 $1:1$）组成，它们的电容在 $90 \sim 120F/g$ 的所有水性电解质中均具有可比性。然而，$LiPF_6EC:DEC$ 电解质的电容相对较低，尤其是在较高电流密度下测量时。

CNT 还可用作纤维支架、集电器和电极的活性材料。近年来，关于 CNT 基 SC 的研究逐渐增多。Ren 等[64] 是最早在具有加捻结构的纤维状 SC 中使用 CNT 并实现相对较低的比电容（$0.006mF/cm$）的研究小组之一。通过与 CNT 纤维混合的导电 PANI 产生的赝电容效应，单个电极的比电容提高到 $294F/g$ 或 $282mF/cm$[65]。Jiang 等利用在硅晶片上生长的垂直排列的 $80\mu m$ 高的 CNT 簇制造了双层对称 SC，其电容为 $428\mu F/cm^2$[66]。Lee 等[67] 使用双卷曲方法生产快速离子传输纱线电极，如图 10.2（a）和（b）所示，其中数百个渗透有导电聚合物的 MWNT 层被卷成约

20μm 厚的纱线。对于液体和固体电解质，其合股纱 SC 的放电电流随电压扫描速率线性增加至 80V/s 和 20V/s，得到的纤维状 SC 表现出较高稳定性。当电容器弯曲 ［图 10.2（d）］ 或编织到手套上 ［图 10.2（e）］ 时，其电容变化很小。为了增加 CNT 基 SC 的比电容，将功能团和缺陷引入而使 CNT 功能化并提供赝电容；它们与其他碳材料结合形成分层的三维结构，并与金属氧化物和导电聚合物等赝电容材料集合。

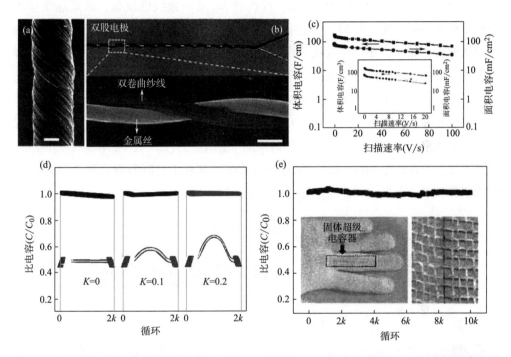

图 10.2　（a）−37°偏角双卷曲纱线的 SEM 图，比例尺为 10μm；（b）与 25μm Pt 金属丝合股的 PEDOT/MWCNT 双卷曲纱线的 SEM 图，比例尺为 40μm；（c）体积电容与扫描速率曲线；（d）柔性的聚对苯二甲酸乙二醇酯薄膜弯曲（k 是以 mm^{-1} 为单位的曲率）；（e）将 5cm 长纱线 SC 编织成手套[67]。

　　将 CNT 与活性材料结合是改善 CNT 基 SC 电化学性能的有效方法。CNT 纱线通常由 CNT 阵列拉制的柔性导电 CNT 纤维网制备，并在加捻之前填充大量纳米活性材料以改善离子和电子传输。例如，MnO_2[68]、PEDOT[69]、PANI[70]、RGO[71] 和 TiO_2[72] 已与 CNT 薄膜掺杂混合并进一步卷成复合 CNT 纱线。Liu 等[73] 构建了具有平面配置的非对称 SC，电极加载有垂直排列的 CNT 和 MnO_2。基于 CNT 纱线电极和 PVA/H_3PO_4 电解质的可弯曲/可编织 SC 也已经制备出来[74-75]，它们的准矩

形 *CV* 曲线显示出理想的 EDLC 电容性能。

10.3　丝线状超级电容器的架构

丝线状 SC 的基本组件与传统电容器相同，它由两个通过电解质导电连接的独立电极组成。与传统的平面 SC 相比，丝线状 SC 是一种线性设备，因此通常尺寸更小，重量更轻。丝线状 SC 采用四种类型配置中的一种：平行层、加捻层、同轴和串联配置。通常，平行层线状 SC 由两个分离的线性电极组成，这些电极通过凝胶电解质连接，凝胶电解质也用作隔膜［图 10.3（a）］。加捻绞合丝线状 SC 是通过将两个线性电极与渗透电解质的隔膜扭合在一起而构成的，或者是凝胶聚合物电解质作为隔膜和电解质［图 10.3（b）］。同轴螺纹状 SC 是通过用外电极层包裹凝胶电解质涂层的核心电极组装而成的［图 10.3（c）］，在串联线状 SC 中，两个非接触电极以端到端的方式配置在公共线性基板上，凝胶聚合物电解质的连续涂层提供两个电极之间的电连接［图 10.3（d）］。

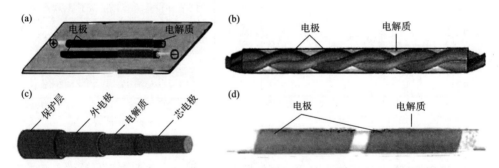

图 10.3　不同丝线状 SC 架构示意图[65]。（a）平行股线；（b）加捻股线；（c）同轴型；（d）串联型。

10.4　对称和非对称（或混合）丝线状超级电容器

10.4.1　对称丝线状超级电容器

对称器件由两个具有相同质量、相同结构和相同材料的电极制成。碳材料表现出优异的性能，包括导电性、柔韧性、低成本等，这使其成为对称 SC 应用的理想选择。CNT[76-77] 和石墨烯[78] 是近年来广泛研究的两类新型碳电极材料。CNT 具有独特的一维结构和良好的导电性，有利于电荷的快速传输，还具有机械强度高和重量轻等特性[79]。基于 CNT 纱线的丝线状 SC，因其在未来便携式和可穿戴电子产品中的巨大潜力而备受关注。Dalton 等[80] 可能是第一个报道由两根 CNT/PVA 复合纤维组成的丝线状 SC，该丝线状 SC 通过浸入 PVA/磷酸水溶液（质量分数为 19% 的磷酸和 4% 的 PVA）单独涂覆电解质后，加捻扭合在一起然后重新涂覆电解液。这种丝线状 SC（直径为 100μm）在 1V 下具有 5F/g 的电容和 0.6Wh/kg 的储能密度，与大型商业化 SC 的值相当，其性能在 1200 次充放电循环后保持不变。CNT 线状 SC 被编织成织物，用于导电纺织品。Gao 等[81] 采用同轴湿纺方法连续旋转聚电解质包裹的石墨烯/CNT 芯鞘纤维，可直接用作双层丝线状 SC 中的安全电极。使用液体和固体电解质的线状 SC 的电容在 117~269mF/cm^2，能量密度在 3.84~5.91μWh/cm^2。

Ren 等通过加捻两条涂有 PVA/H$_3$PO$_4$ 凝胶电解质的 MWNT 纱线组装了一个丝线状 SC[82]。由于 MWNT 纤维的比表面积低，该装置显示出 6μF/cm 的低电容。他们通过将 MWNT 纤维缠绕在金属线周围来增强 CNT 电极的导电性，从而获得低内阻、更快的电荷传输和更高的电容。Zhang 等[74] 使用一步连续纺丝方法制备出一种芯鞘结构的 CNT 纱线结构（图 10.4）。在芯鞘结构的纱线中，CNT 在高导电金属丝芯周围形成薄的表面层作为集电器，使活性材料上产生的电荷沿着超级电容器的长度有效传输，从而电化学性能显著改善且超级电容器长度放大，同时超级电容器足够坚固和灵活，可以编织成细管［图 10.4（c）］。

另一种结合金属集电器的方法是将金属丝与 CNT 纱线加捻结合以形成两层电极［图 10.5（a）］[83]，图示结构使用了诸如铂、金、银、铜和合金等不同的金属丝。作为电荷（电子和离子）转移速率的反映，在引入金属丝后，SC 的 ESR 从 1300Ω 降低到 36~91Ω［图 10.5（b）］。然而，由于酸性电解质表面氧化产生额外的贡献，导致了可考虑的赝电容；因此，金属/CNT 复合 SC 电容的改善并不遵循金属丝类的电导性顺序。尽管 Pt 和 Au 细丝的电导率高于 Cu 及其合金，但源自 Cu+CNT 以及 PtCu+CNT 电极 SC 的电容比其他电极高 400% 以上。进一步的实验表明，对称 SC Cu+CNT 的电化学电位窗口可以从 1V 扩展到 1.4V。图 10.5（c）和（d）所示为 SC 在 1V、1.2V 和 1.4V 下的 CV 和充放电曲线。重量电容显示，随着电位窗口从 1V 扩展到 1.4V，电容值增加了 20%，如图 10.5（e）所示。图 10.5（f）中的 Ragone 曲线则显示由于电位窗口的扩展，能量密度和功率密度都有显著增加，

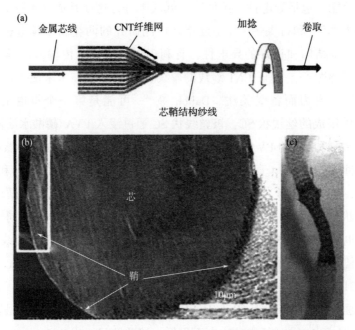

图10.4 （a）芯鞘结构纱线形成示意图；（b）由聚焦粒子束光刻技术粗制形成的 Pt/CNT/PANI 芯鞘结构纱线的横截面；（c）包含 Pt/CNT/PANI 超级电容器和尼龙单丝的针织管状织物[74]。

其中能量密度增加134%，功率密度增加729%。

  另一种基于 CNT 纱线的丝线状 SC 电容的提高策略是加入电化学活性成分，尤其是赝电容材料。对于在 CNT 纱线上原位聚合有序 PANI 纳米线的扩展工作[48b]，Wang 等[84] 制备了一种金属长丝增强 CNT 复合纱线，该复合纱线与聚苯胺纳米线进一步原位聚合后作为电极 ［图10.6（a）］。Pt 长丝和 CNT 纱线的组合提供了高电解质可及性、高效电荷传输以及强大结构主干的两股复合纱线 SC。在加捻的 Pt/CNT 纱线表面原位聚合的 PANI 纳米线，成为工作电极的主要电化学活性材料。图10.6（b）所示为直径约为 25μm 的初纺纯 CNT 纱线的 SEM 图。图10.6（c）所示为原位沉积在加捻 Pt/CNT 纱线基材表面上的 PANI 纳米线。PANI 纳米线直径均匀，并在 CNT 纱线表面形成多孔层。预制的 SC 具有 91.67mF/cm^2 的面积电容和12.68μWh/cm^2 的能量密度 ［图10.6（d）］。高能量密度归因于 CNT 纱线表面上的 PANI 纳米线网，它提供了电解质中离子吸收的较大有效比表面积和电极中金属长丝的高效电荷传输效率。单独合成的 PANI 纳米线溶液也可以涂覆在与金属长丝结合的 CNT 纱线上，以提高电容器性能。例如，由涂有 PANI 纳米线的 Pt/CNT 芯鞘纱制成的超级电容器表现出 86.2F/g 的电容和高达 10.69W/kg 的功率密度[74]。

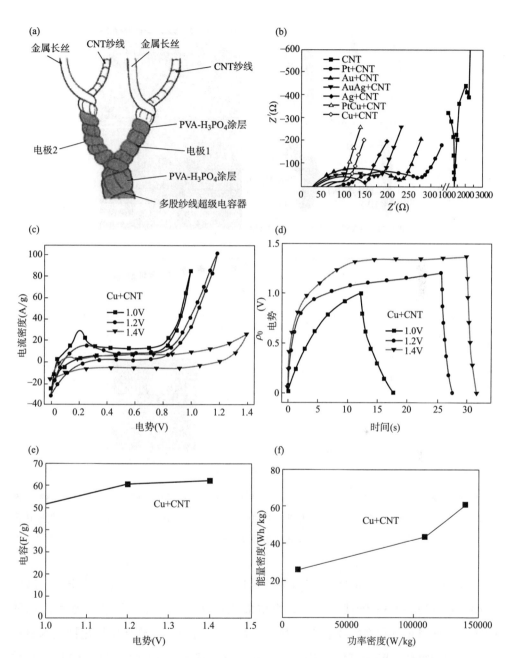

图 10.5　(a) CNT 电极与金属线复合的丝线状 SC 示意图；(B) EIS 测试，复合对称 SC Cu+ CNT 的电化学性质；(c) 100mV/s 扫描速率下的 CV 曲线；(d) 3.57A/g 电流密度下的恒电流充放电曲线；(e) 不同电位窗口的电容；(f) 能量比较图显示的能量密度和功率密度之间的关系[83]。

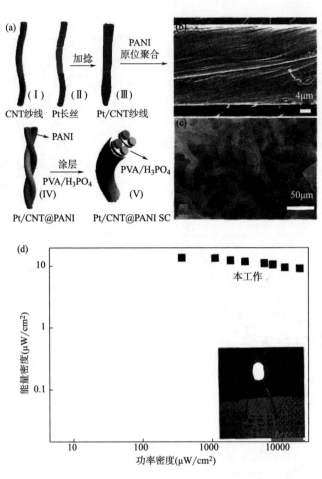

图 10.6 （a）SC 制造过程示意图；（b）CNT 纱线；（c）在 Pt/CNT 纱线上进行 PANI 纳米线网原位聚合；（d）器件的能量比较图，插图为由两个 Pt/CNT@PANI 纳米复合纱线 SC 串联连接供电驱动的 LED 指示灯[84]。

　　像 Co_3O_4、NiO 和 MnO_x 等过渡金属氧化物赝电容材料，也可以使用简单的电沉积工艺沉积在 CNT 纱线上[75,85]。金属氧化物纳米粒子不仅沉积在纱线表面的 CNT 上，而且也沉积在纱线表面下方的 CNT 上，增加了过渡金属氧化物纳米材料在电极中的负载。Wang 等[86] 报道了一种平行线状 SC，集成了两个用 $NiCo_2O_4$ 纳米线装饰的 Cu/CNT 纱线电极。$NiCo_2O_4$ 纳米线使用水热法在与铜丝交织的 CNT 纱线表面原位生长。由于 $NiCo_2O_4$ 纳米线和 CNT 纱线的高电化学性能以及作为集电器的 Cu 长丝的高电荷传输效率，SC 表现出高达 277.3mF/cm^2 的比表面积、

$35.76\mu Wh/cm^2$ 的能量密度以及 $0.154mW/cm^2$ 的功率密度。

目前已开发出的可伸缩电子设备，包括晶体管、聚合物发光二极管、聚合物太阳能电池以及有源矩阵显示器等，可以在高度变形（高达 40%应变）条件下保持其电子性能。Yang 等[87] 提出了一种丝线状 SC 设计，它以 CNT 片材为有源材料，以弹性纤维为支撑基材。有序排列的 CNT 片材依次包裹在具有聚合物凝胶电解质的弹性橡胶纤维上 [图 10.7（a）]。所用的有序排列 CNT 片材具有高柔韧性、高导电性、良好的拉伸强度以及机械稳定性。SC 的 *CV* 曲线（图 10.7（b）]即使在 75%的应变下也能保持不变，而其比电容在应变高达 75%的 100 次拉伸循环中仍然维持超过 95%的应变，而且没有任何明显的结构损坏 [图 10.7（c）]。所得的 SC 具有 20F/g 的电容、0.515Wh/kg 的能量密度和 421W/kg 的功率密度。由于弹性纤维基材和凝胶电解质的可拉伸性能，丝线状 SC 具有柔韧性且易于拉伸，而且不会明显降低结构的完整性。

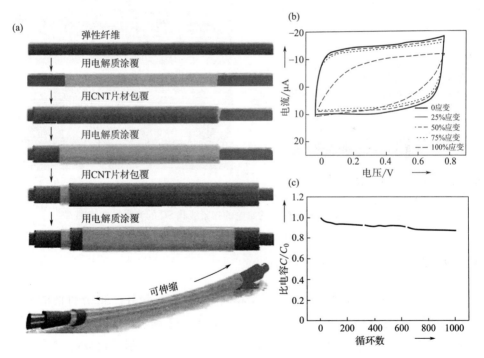

图 10.7　（a）同轴结构高度可伸缩丝线状 SC 的制造说明；（b）应变从 0 增加到 100%时丝线
状 SC 的 *CV* 曲线；（c）75%应变下比电容与拉伸循环数的对应关系[87]。

Xu 等[88] 报道了一种使用附着在氨纶上 MWNT 纤维的加捻不对称超级电容器

[图 10.8（a）和（b）]。由垂直排列的 CNT 阵列纺成的原始 MWNT 纤维作为一个电极，另一条用纳米结构的 MnO_2 颗粒沉积的 MWNT 纤维作为第二电极。两个电极与 PVA/H_2SO_4 电解质缠绕在一起以产生不对称的 SC。然后使用额外的凝胶电解质作为黏合剂将伸直纤维 SC "黏合" 在预应变的氨纶上。释放氨纶上的预应变后，由于氨纶而形成具有拉伸性能的正弦屈曲纤维 SC。MnO_2/CNT 对称 SC 的电容为 4.28mF/cm^2（11.4F/cm^3），功率密度为 0.493mW·h/cm^2（1.32W/cm^3），能量密度为 0.226μW·h/cm^2（0.6mW·h/cm^3）。超级电容器能够承受 100% 的大循环拉伸应变。

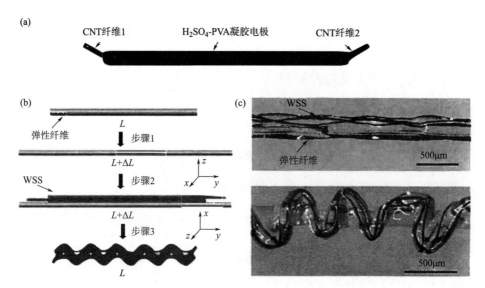

图 10.8　（a）和（b）分别为丝线状 SC 结构和可拉伸丝线状 SC 制造过程示意图；（c）含预应变氨纶的丝线状 SC 和带有松弛的氨纶的扣紧线状 SC 的光学显微镜图[88]。

10.4.2　非对称丝线状超级电容器

大多数丝线状 SC 多为基于具有两个相同电极的对称设计。SC 器件的能量密度（E）由电容（C）和工作电压（V）根据式 $E=CV^2/2$ 确定。尽管通过使用高性能赝电容材料增加了电池电容，但对称器件中的电池电压限制了超级电容器的最大能量密度。基于水性电解质的超级电容器的最大工作电压约为 1.2V；其他电解质如基于离子液体的电解质，可以将工作电压窗口扩大至高达 2.7V[89]。

扩大工作电压窗口的另一种有效方法是使用混合或异步超级电容器。在非对称超级电容器中，对称赝电容装置的负极被 EDLC 电极取代以达到更负的电位。基于这种方法，Su 和 Miao[90] 用 CNT 纱线 EDLC 电极和由涂有高性能赝电容材料 MnO_2 的 CNT 纱线制成的不可极化电极构建了非对称超级电容器。此举将电容从 4F/g 增加到 12.5F/g，工作电压从 1V 增加到 2V 以上，能量密度从 2.1Wh/kg 增加到 42Wh/kg。Zhang 等[91] 开发了一种使用 CNT@ZnO-NWS@MnO_2 纤维作为正极和 CNT 纤维作为负极的加捻丝线状不对称 SC，组装后的 SC 的电压窗口加宽到 1.8V，并且该器件在 $10\mu A/cm^2$ 的电流密度和 $13.25\mu Wh/cm^2$ 的高能量密度下显示出 $31.15mF/cm^2$ 的最大比电容。图 10.9（a）所示为集成到机织物中的丝线状 SC 的光学照片。五个丝线状 SC 表现出高度的灵活性［图 10.9（b）］。图 10.9（c）和（d）所示为三个串联和并联的 SC，串联和并联 SC 的电化学性能分别如图 10.9（e）和（f）所示。

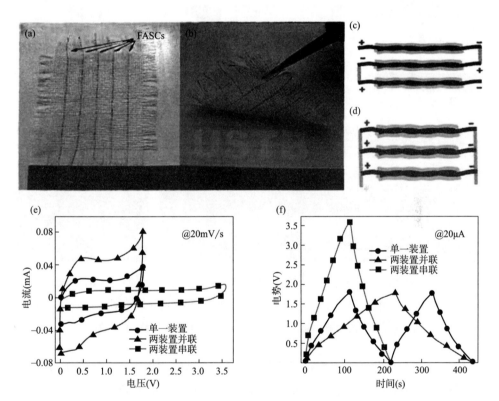

图 10.9　（a）和（b）为嵌入丝线状 SC 的机织物照片；（c）和（d）为丝线状 SC 串联及并联示意图；（e）CV 曲线；（f）两个丝线状 SC 以串联及并联方式连接的 GCD 曲线[91]。

考虑到两股纱线配置通常会使电解质和电极之间的接触面积变小，一些研究已经转向同轴纤维 SC 的开发[92]。Chen 等[92] 用有序排列的 CNT 纤维制造了非对称同轴丝状 SC，该纤维涂有聚合物凝胶，之后用 CNT 片包裹 [图 10.10 （a）和（b）]。内部 CNT 纤维和 CNT 包裹物形成了非对称超级电容器的两个电极。这种器件结构降低了两个电极之间的接触电阻，如 Nyquist 图中所显示的较低的内阻 [图 10.10 （c）]。SC 达到 59F/g 的较高的容量 （32.09F/cm^3，29μF/cm 或者 8.66mF/cm^2），比其对应的双股 CNT 纱线超级电容器 （4.5F/g）要高 12 倍，同轴 SC 表现出高达 1.88Wh/kg 的能量密度和 755.9W/kg 的功率密度。

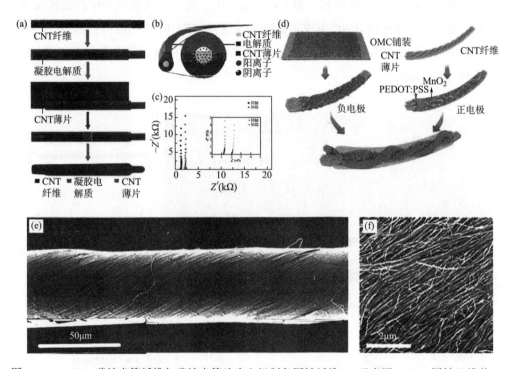

图 10.10 （a）碳纳米管纤维与碳纳米管片为电极制备同轴纤维 SC 示意图；（b）同轴丝线状 SC 中横截面结构和电荷存储机制示意图；（c）具有同轴和加捻结构的 SC 的 Nyquist 图[92]；（d）丝线状不对称 SC 的制造示意图；（e）和（f）为裸 CNT 纱线 SEM 图像[93]。

Chen 等[93] 还开发了一种新型的丝线状不对称 SC，使用 CNT 纤维作为柔性和导电基材可获得更高的体积能量密度。图 10.10 （d）所示为制造过程示意图。正极是通过在导电聚合物包覆的 CNT 纤维上生长 MnO$_2$ 纳米片制成的，而负极是有序的微孔碳/CNT 混合纤维。两个电极捻在一起形成两股纱线 SC。图 10.10 （e）和（f）所示为裸 CNT 纤维的 SEM 图。这种丝线状 SC 实现了高达 1.8V 的工作电压和高达 11.3Wh/cm 的能量密度。

　　Yu 等首先用 CNT@PPy 复合膜包裹凝胶电解质涂覆的 CNT@MnO$_2$ 芯纤维，然后过度加捻超级电容器[94] 制成可拉伸的非对称 SC。所得的可拉伸非对称丝线状 SC 在 10mV/s 的扫描速率下表现出 60.435mF/cm^2 的比电容，并且在重复拉伸至 20% 应变期间电容性能仍然保持良好。由于其高的比电容以及 1.5V 的扩展电压窗口，可拉伸 SC 实现了 18.88μWh/cm^2 的能量密度。Patil[95] 提出了一种柔性同轴丝线状 SC，它是由 MnO$_2$/CNT-卷筒纸（阴极）包裹 PVA/LiClO$_4$ 凝胶电解质涂层的 Fe$_2$O$_3$/CFs 芯（阳极）构建。MnO$_2$/CNT-网/PVA-LiClO$_4$/Fe$_2$O$_3$/CFs 同轴 SC 显示出 0.43mWh/cm^3 的高体积能量密度和良好的循环使用稳定性。

10.5　自充电超级电容器

　　太阳能作为世界上使用最广泛、可再生、环境友好的资源，其每年向地球排放的能量估计约为 $3×10^{24}$J，是人类能源消耗率的 10^4 倍。光伏发电是世界电力行业中增长第二快的发电方式。太阳能充电或者照片—SC 包括聚合物太阳能电池、染料敏化太阳能电池（DSSCs）、量子点太阳能电池和最近开发的钙钛矿太阳能电池。在 DSSC 基相片—SC 中，当染料分子被光子撞击时，DSSC 在有光的情况下充当电子贡献者，受辐射的电子通过外部电路从 DSSC 转移并存储在 SC 的储存器中，照片—SC 的充电和放电过程模仿了单独 SC 的工作原理，利用太阳能来启动光电子的产生而不是通过电源产生电能，这是相片—SC 概念与普通 SC 的显著区别。

　　Chen 等[96] 报道了一种由 DSSC 和 SC 组成的高性能丝线状"集成能量线"。在钛线上径向生长的二氧化钛纳米管被用作太阳能电池和 SC 的核心电极，CNT 纤维缠绕在钛线上，在涂上电解质后作为太阳能电池的顶部电极 [图 10.11（a）和（b）] 和 SC [图 10.11（c）]。如图 10.11（d）所示，该集成器件中的 SC 在光照射下被快速充电至接近 DSSC 的开路电压。整个能量转换和存储效率高达 1.5%。Zhang 等[97] 开发了一种同轴自供电"能量纤维"，其中包含聚合物太阳能电池和基于 CNT 的 SC。"能量纤维"将光伏转换和储能元件的功能串联在一根普通的改性钛丝上。

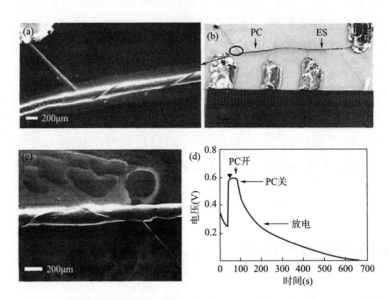

图 10.11　（a）PC 端由光电转换和储能组成的丝线状集成能量线的 SEM 图；（b）整个集成丝线状装置照片；（c）ES 端部 ES 的 SEM 图；（d）丝线状集成能量线的充电放电曲线，放电电流为 0.1μA。

10.6　潜在应用和未来前景

丝线状超级电容器的独特优点，包括快速供电、卓越的低温操作、轻便、灵活以及高达一百万次循环的能力，使其成为各种可穿戴电子产品、智能服装、电子皮肤和植入式医疗器械强有力的候选者。本章回顾了电荷存储机制、活性材料、电解质、线状 SC、基于 CNT 的 SC（对称和非对称 SC）以及自充电 SC 的设计的最新进展。CNT 纱线由于其表面积大、导电性高、机械柔韧性好和电化学性能优异，已被广泛用作可穿戴 SC 的电极材料和/或集电器。由于它们的结构多样性和适用于智能电子产品，柔性、可拉伸和可穿戴的基于 CNT 纱线的 SC 近年来一直是研究热点。

尽管基于 CNT 纱线的超级电容器的设计和制造取得了令人兴奋的进展，但仍然面临一些重大挑战。①基于 CNT 的丝线状 SC 独特的一维结构缩短了离子在两个电极之间移动的距离，从而实现了高的电化学性能。为了进一步提高它们的性能，我们需要更好地了解储能机制，尤其是 CNT 纱线与电解质之间的界面电化学反应，以及原位表征以提供电化学活性的直接实验证明。②CNT 纱线已被广泛用作储能装置中的活性材料和集电器以利用其优异的强度、柔韧性和导电性。然而，CNT 纱线具有相对较低的电容。为了显著增加 CNT 基超级电容器的电容，纳米结构赝电容材料如金属氧化物/硫化物/氮化物、导电聚合物和其他新型高性能赝电容材料，被结合到 CNT 纱线中。MOFs 和 COFs 是两种具有巨大潜力的超级电容器材料。③在不牺牲功率密度和循环寿命的情况下，制造具有高能量密度的超级电容器仍然是一个具有挑战性的课题。适当设计的具有平衡正负极的非对称超级电容器为具有宽工作电压窗口的高能量密度器件开辟了道路，新型固体电解质，如有机电解质或离子液体，为实现工作电压高于 2.5V 的高能量密度和功率密度超级电容器提供了另一条途径。④开发集成其他可穿戴功能的 CNT 纱线基超级电容器，如电致变色、自修复、驱动、传感等。

致谢

感谢国家自然科学基金（51702369、51873233）、湖北省自然科学基金（2018CFA023）、湖北省重大科技创新项目（2017AAA131）的资助。

参考文献

［1］ N. A. Kyeremateng, T. Brousse, D. Pech, Microsuper capacitors as miniaturized energy-storage components for on-chip electronics, Nat. Nanotechnol. 12 （2017） 7-15.

［2］ H. Sun, Y. Zhang, J. Zhang et al., Energy harvesting and storage in lD devices, Nat. Rev. Mater. 2 （2017） 17023.

［3］ Z. Liu, J. Xu, D. Chen, et al., Flexible electronics based on inorganic nanowires, Chem. Soc. Rev. 44 （2015） 161-192.

［4］ D. Yu, Q. Qian, L. Wei, et al., Emergence of fiber supercapacitors, Chem. Soc. Rev. 44 （2015） 647-662.

［5］ H. He, Y. Fu, T. Zhao, et al., All-solid-state flexible self-charging power cell basing on piezo-electrolyte for harvesting/storing body-motion energy and powering wearable electronics, Nano Energy 39 （2017） 590-600.

［6］ D. Qi, Y. Liu, Z. Liu, et al., Design of architectures and materials in in-plane micro - supercapacitors: current status and future challenges, Adv. Mater. 29

（2017）1602802.

［7］F. Wang, X. Wu, X. Yuan, et al., Latest advances insupercapacitors: from new electrode materials to novel device designs, Chem. Soc. Rev. 46 （2017） 6816-6854.

［8］E. Gibney, Reuse water pollutants, Nature 528 （2015） 26-28.

［9］X. Pu, L. Li, M. Liu, et al., Wearable self-charging power textile based on flexible yarn supercapacitors and fabric nanogenerators, Adv. Mater. 28 （2016） 98-105.

［10］F. R. Fan, W. Tang, Z. L. Wang, et al., Flexiblena nogenerators for energy harvesting and self-powered electronics, Adv. Mater. 28 （2016） 98-105.

［11］T. Q. Trung, N. E. Lee, Flexible and stretchable physical sensor integrated platforms for wearable human-activity monitoring and personal healthcare, Adv. Mater. 28 （2016） 4338-4372.

［12］D. P. Dubal, O. Ayyad, V. Ruiz, et al. Hybrid energy storage: the merging of battery and supercapacitor chemistriesm Chem. Soc. Rev. 44 （2015） 1777-1790.

［13］K. Naoi, S. lshimoto, J. Miyamotoad, et al., Second generation "nanohybrid supercapacitor": evolution of capacitive energy storage devices, Energy Environ. Sci. （2012） 9363-9373.

［14］F. Wang, S. Xiao, Y. Hou, et al., Electrode materials for aqueous asymmetric supercapacitors, RSC Adv. 3 （2013） 13059-13084.

［15］J. W. Long, D. Belanger, T. Brousse, et al., Asymmetric electrochemical capacitors: Stretching the limits of aqueous electrolytes, MRS Bull 36 （2011） 513-522.

［16］P. Wang, W. Mai, Flexible solid - state electrochemical supercapacitors, Nano Energy 8 （2014） 274-290.

［17］P. Simon, Y. Gogotsi, Materials for electrochemical capacitors, Nat. Mater. 7 （2008） 845-854.

［18］J. Chmiola, G. Yushin, Y. Gogotsi, et al., Anomalous increase in carbon capacitance at pore sizes less than l nanometer, Science 313 （2006） 1760-1763.

［19］D. N. Futaba K. Hata, T. Yamada, et al., Shape - engineerable and highly densely packed single-walled carbon nanotubes and their application as super-capacitor electrodes, Nat. Mater. 5 （2006） 987-994.

［20］（a）C. Peng, S. W. Zhang, D. Jewell, et al., Carbon nanotube and conducting polymer composites for supercapacitors, Nat. Sci. 18 （2008） 777-788.

（b）Y. G. Wang, Y. F. Song, Y. Y. Xia, Electrochemical capacitors: mechanism, materials, systems, characterization and applications, Chem. Sov. Rev. 45 (2016) 5925.

［21］Y. Wang, B. Chen, Y. Zhang, et al. , egoSlider: visual analysis of egocentric network evolution, elecrrochim. Acta 213 (2016) 260-269.

［22］W. Xia, A. Mahmood, R. Zou, et al. , Metal-organic frameworks and their derived nanostructures for electrochemical energy storage and conversion, Energy Environ. Sci. 8 (2015) 1837-1866.

［23］D. Y. Hong, Y. K. Hwang, C. Serre, et al. , Adv. Funct. Mater. 19 (2009) 1537-1552.

［24］Y. Zhao, J. Zhang, B. Han, et al. , Metal-organic framework nanospheres with well-ordered mesopores synthesized in an ionic liquid/CO_2/surfactant system, Chem. Int. Ed. 50 (2011) 636-639.

［25］J. Yang, P. Xiong, C. Zheng, et al. , Metal-organic frameworks: a new promising class of materials for a high performance supercapacitor electrode, J. Mater. Chem. A 2 (2014) 16640-16644.

［26］J. Yang, C. Zheng, P. Xiong, et al. , Zn-doped Ni-MOF material with a high supercapacitive performance, J. Mater. Chem. A 2 (2014) 19005-19010.

［27］X. Feng, X. Ding, D. Jiang, Covalent organic frameworks, Chem. Soc. Rev. 41 (2012) 6010-6022.

［28］S. S. Han, J. L. Mendoza-Cortes, W. A. Goddard Ⅲ, Recent advances on simulation and theory of hydrogen storage in metal-organic frameworks and covalent organic frameworks, Chem. Soc. Rev. 38 (2009) 1460-1476.

［29］P. J. Waller, F. Gandara O. M. Yaghi, Chemistry of covalent organic frameworks, Chem. Res. 48 (2015) 3053-3063.

［30］M. Dogru, A. Sonnauer, A. Gavryushin, et al. , Covalent organic framework with 4 nm open pores, Chem. Commun. 47 (2011) 1707-1709.

［31］P. Kuhn, M. Antonierti, A. Thomas, Angew. Chem. Int. Ed. 47 (2008) 3450-3453.

［32］A. M. Khattak, Z. A. Ghazi, B. Liang, et al. , J. Mater. Chem. A 4 (2016) 16312-16317.

［33］B. Anasori, C. Shi, E. J. Moon,, Nanoscale Horiz. 1 (2016) 227-234.

［34］O. Mashtalir, M. R. Lukasskaya A. I. Kolesnikov, et al. , The effect of hydrazine intercalation on the structure and capacitance of 2D titanium carbide (MXene),

Nanoscale 8（2016）9128-9133.

[35] M. Boota, B. Anasori, C. Voigt, et al., Pseudocapacitive electrodes produced by oxidant-free polymerization of pyrrole between the layers of 2d titanium carbide (MXene), Adv. Mater, 28（2016）1517-1522.

[36] H. Choi, H. Yoon, Nanostructured electrode materials for electrochemical capacitor applications, Nano 5（2015）906-936.

[37] S. Faraji, F. N. Ani, Microwave-assisted synthesis of metal oxide/hydroxide composite electrodes for high power supercapacitors - A review, J. Power Sources 263（2014）338-360.

[38] Q. F. Wang, X. Liang, Y. Ma, et al., Dalton Trans. 47（2018）7747-7753.

[39] W. Wei, X. Cui, W. Chen, et al., Manganese oxide - based materials as electrochemical supercapacitor electrodes, Chem. Soc. Rev. 40（2011）1697-1721.

[40] Z. S. Wu, W. C. Ren, D. W. Wang, et al., High-energy MnO_2 nanowire/graphene and graphene asymmetric electrochemical capacitors, ACS Nano 10（2010）5835-5842.

[41] Y. Guo, J. Li, M. D. Chen, et al., Facile synthesis of vanadium pentoxide @ carbon core-shell nanowires for high-performance supercapacitors, Power Sources 273（2015）804-809.

[42] Q. F. Wang, X. F. Wang, B. Liu, et al., J. Mater. Chem. A（1）（2013）2468-2473.

[43] B. D. Boruah, A. Misra, J. Mater. Chem. A 4（2016）17552-17559.

[44] P. Pande, P. G. Rasmussen, L. T. Thompson, Charge storage on nanostructured early transition metal nitrides and carbides, Power Sources 207（2012）212-215.

[45] X. Xiao, X. Peng, H. Jin, et al., Adv. Mater 25（2013）5091-5097.

[46] G. Ma, Z. Wang, B. Gao, et al., J. Mater. Chem. A 3（2015）14617-14624.

[47] X. Lu, G. Wang, T. Zhai, et al., Nano Lett. 12（2012）5376-5381.

[48]（a）H. T. Guo, W. N. He, Y. Lu, et al., Self-crosslinked polyaniline hydrogel electrodes for electrochemical energy storage, Carbon 92（2015）133-141.

（b）K. Wang, Q. Meng, Y. Zhang, et al., High-performance two-ply yarn supercapacitors based on carbon nanotubes and polyaniline nanowire arrays, Adv. Mater. 25（2013）1494-1498.

[49] Y. Huang, J. Y. Tao, W. J. Meng, et al., Super-high rate stretchable poly-

pyrrole-based supercapacitors with excellent cycling stability, Nano Energy 11（2015）518-525.

［50］Q. F. Wang, Y. Ma, Y. L. Wu, et al., ChemSusChem 10（2017）1427-1435.

［51］1. Wang, X. Feng, L. T. Ren, et al., Flexible solid-state supercapacitor based on a metal-organic framework inter-woven by electrochemically-deposited PANI, Chem. Soc. 137（2015）4920-4923.

［52］X. Sun, H. Sun, H. Li, et al., Adv. Mater. 25（2013）5153-5157.

［53］J. Di, X. Zhang, Z. Yong, et al., Adv. Mater. 28（2016）10529.

［54］X. Wang, X. Lu, B. Liu, et al., Flexible energy-storage devices: design consideration and recent progress, Adv. Mater. 26（2014）4763.

［55］L. Li, Z. Lou, D. Chen, et al., Small（2017）1702829.

［56］D. Tashima, K. Kurosawttsu, M. Uota et al., Space charge distributions of an electric double layer capacitor with carbonnanotubes electrode, Thin Solid Films 515（2007）4234-4239.

［57］K. H. An, K. K. Jeon, W. S. Kim, et al., Characterization of supercapacitors using single walled carbon nanotube electrodes, J. Korean Phys. Soc: 39（2001）511-517.

［58］M. Kaempgen, C. K. Chan, J. Ma et al., Printable thin film supercapacitors using single-walled carbon nanotubes, Nano Lett. 9（2009）1872-1876.

［59］L. Hu, M. Pasta, F. L. Mantia, et al., Nano Lett. 10（2010）708-714.

［60］Y. J. Kang, H. Chung, C. H. Han, et al., All-solid-state flexible supercapacitors based on papers coated with carbonnanotubes and ionic-liquid-based gel electrolytes, Nanotechnology 23（2012）065401.

［61］Y. J. Kang, S. J. Chun, S. S. Lee, et al., ACS Nano 6（2012）6400-6406.

［62］C. Huang, P. S. Grant, One-step spray processing of high power all-solid-states upercapacitors, Sci. Rep. 3（2013）2393-2401.

［63］M. Kaempgen, C. K. Ma J. Chan, et al., Printable thin film supercapacitors using single-walled carbon nanotubes, Nano Lett. 9（2009）1872-1876.

［64］J. Ren, L. Li, C. Chen, et al., Twisting carbon nanotube fibers for both wire-shaped micro-supercapacitor and micro-battery, Adv. Mater. 25（2013）1155-1159.

［65］Z. Cai, L. Li, J. Ren, et al., Flexible, weavable and efficient microsupercapacitor wires based on polyaniline composite fibers incorporated with aligned carbon nanotubes, Chem. A (1) (2013) 258-261.

［66］Y. Q. Jiang, P. B. Wang, J. Zhang, et al. , 3D supercapacitor using nickel electroplated vertical aligned carbon nanotube array electrode 2010 IEEE 23rd International Conference on, IEEE; 2010. 1171-1174.

［67］J. A. Lee, M. K. Shin, S. H. Kim, et al. , Nat. Commun. 4 (2013) 1970-1977.

［68］C. Choi, K. M. Kim, K. J. Kim, et al. , Improvement of system capacitance via weavable superelastic biscrolled yarn supercapacitors, Nat. Commun. 7 (2016) 13811.

［69］J. A. Lee, M. K. Shin, S. H. Kim, et al. , Ultrafast charge and dischargebiscrolled yarn supercapacitors for textiles and microdevices, Nat. Commun. 4 (2013) 1970.

［70］J. A. Lee, M. K. Shin, S. H. Kim, et al. , Hybrid nanomembranes for high power and high energy density supercapacitors and their yam application, ACS Nano 6 (2012) 327-334.

［71］G. Sun, X. Zhang, R. Lin, et al. , Weavable, high-performance, solid-state supercapacitors based on hybrid fibers made of sandwiched structure of MWCNT/rGO/MWCNT, Adv. Electron. Mater. 2 (2016) 1600102.

［72］M. D. Lima, S. Fang, X. Lepro, et al. , Biscrolled carbon nanotube composite yarns for multifunctional applications in energy conversion and storage, Science 331 (2011) 51-55.

［73］C. C. Liu, D. S. Tsai, W. H. Chung, et al. , Electrochemical micro-capacitors of patterned electrodes loaded with manganese oxide and carbon nanotubes, Power Sources 196 (2011) 5761-5768.

［74］D. H. Zhang, M. Miao, H. T. Niu, et al. , Core-spun carbon nanotube yam supercapacitors for wearable electronic textiles, ACS Nano 8 (2014) 4571-4579.

［75］F. Su, X. Lv, M. Miao, Small 11 (2015) 854-861.

［76］Y. J. Kang, S. J. Chun, S. S. Lee, et al. , All-solid-state flxible supercapacitors fabricated with bacterial nanocellulose papers, carbon nanotubes, and triblockcopolymer ion gels, ACS Nano 6 (2012) 6400-6406.

［77］T. Chen, H. Peng, M. Durstock, et al. , High-performance transparent and stretchable all-solid supercapacitors based on highly aligned carbon nanotube sheets, Sci. Rep. 4 (2014) 3612.

［78］F. Miao, C. Shao, X. Li, et al. , Flexible solid-state supercapacitors based on freestanding nitrogen-doped porous carbon nanofibers derived from electrospun polyacrylonitrile@ polyaniline nanofibers, Chem. A 4 (2016) 4180-4187.

[79] S. T. Senthilkumar, Y. Wang, H. T. Huang, et al., Advances and prospects of fiber supercapacitors, Chem. A 3 (2015) 20863.

[80] A. B. Dalton, S. Collins, E. Munoz, et al., Super-tough carbon-nanotube fibres, Nature 423 (2003) 703.

[81] L. Kou, T. Q. Huang, B. N. Zheng, et al., Nat. Commun. 5 (2014) 3754.

[82] J. Ren, L. Li, C. Chen, et al., Batteries: Twisting carbon nanotube fibers for both wire-shaped micro-supercapacitor and micro-battery, Adv. Mater. 25 (2013) 1155-1159.

[83] D. Zhang, Y. Wu, T. Li, et al., High performance carbon nanotube yarn supercapacitors with a surface - oxidized copper current collector, ACS Appl. Mater. Interfaces 7 (2015) 25835-25842.

[84] Q. F. Wang, Y. L. Wu, T. Li, et al., J. Mater. Chem. A 4 (2016) 3828-3834.

[85] F. Su, X. Lyu, C. Liu, et al., Shape based virtual screening and molecular docking towards designing novel pancreatic lipase inhibitors, Electrochim. Acta (2015) 535-542.

[86] Q. F. Wang, D. H. Zhang, Y. L. Wu, et al., Fabrication of supercapacitors from $NiCO_2O_4$ nanowire/carbon-nanotube yam for ultraviolet photodetectors and portable electronics, Energy Technol. 5 (2017) 1449-1456.

[87] Z. Yang, J. Deng, X. Chen, et al., A highly stretchable, fiber-shaped supercapacitor, Chem. Int. Ed. 52 (2013) 13453-13457.

[88] P. Xu, T. Gu, Z. Cao, et al., Carbon nanotube fiber based stretchable wire-shaped supercapacitors, Adv. Energy Mater. 4 (2014) 1300759.

[89] X. Lyu, F. H. Su, M. Miao, Two-ply yarn supercapacitor based on carbon nanotube/stainless steel core-sheath yam electrodes and ionic liquid electrolyte, Power Sources 307 (2016) 489-495.

[90] F. H. Su, M. Miao, Asymmetric carbon nanotube-MnO two-ply yarn supercapacitors for wearable electronics, Nanotechnology 25 (2014) 135401.

[91] Y. Li, X. Yan, X. Zheng, et al., Fiber-shaped asymmetric supercapacitors with ultrahigh energy density for flexible/wearable energy storage, Mater. Chem. A 4 (2016) 17704-17710.

[92] X. Chen, L. Qiu, J. Ren, et al., Novel electric double-layer capacitor with

a coaxial fiber structure, Adv. Mater. 25 (2013) 6436-6441.

[93] X. L. Chen, J. Zhang, J. Ren, et al., Design of a hierarchical ternary hybrid for a fiber-shaped asymmetric supercapacitor with high volumetric energy density, J. phys. Chem. C 120 (2016) 9685-9691.

[94] J. L. Yu, W. B. Lu, J. P. Smith, et al., Adv. Energy Mater. 7 (2017) 1600976.

[95] B. Patil, S. Ahn, S. Yu, et al. Carbon 134 (2018) 366-375.

[96] T. Chen, L. Qiu, Z. Yang, et al., Inside Cover: An integrated "energy wire" for both photoelectric conversion and energy storage, Angew Chem. Int. Ed. 51 (2012) 11977-11980.

[97] Z. Zhang, X. Chen, P. Chen, et al., Integrated polymer solar cell and electrochemical supercapacitor in a flexible and stable fiber format, Adv. Mater. 26 (2014) 466-470.

拓展阅读

[98] R. R. Salunkhe, C. Young, J. Tang, et al., A high-performance supercapacitor cell based on ZIF-8-derived nanoporous carbon using an organic electrolyte, Chem. Commun. 52 (2016) 4764-4767.

[99] N. L. Torad, R. R. Salunkhe, Y. Li, et al., Electric double-layer capacitors based on highly graphitized nanoporous carbons derived from ZIF-67, Chem. -Eur. J. 20 (2014) 7896-7900.

[100] R. R. Salunkhe, Y. Kamachi, N. L. Torad, et al., J. Mater. Chem. A 2 (2014) 19848019854.

[101] Z. Cai, L. Li, J. Ren, et al., Flexible, weavable and efficient microsupercapacitor wires based on polyaniline composite fibers incorporated with aligned carbon nanotubes, Chem. A (1) (2013) 258-261.

[102] X. Chen, H. Lin, J. Deng, et al., Electrochromic fiber-shaped supercapacitors, Advanced Materials. Adv. Mater. 26 (2014) 8126-8132.

[103] J. A. Lee, M. K. Shin, S. H. Kim, et al., Nat. Commun 4 (2013) 1970.

[104] M. Miao, S. C. Hawkins, J. Y. Cai, et al., Effect of gamma-irradiation on the mechanical properties of carbon nanotube yarns, Carbon 49 (2011) 4940.

[105] M. Miao, Electrical conductivity of pure carbon nanotube yams, Carbon 49 (2011) 3755.

第11章 基于碳纳米管纱线的执行器

Xiaohui Yang[a], Menghe Miao[b]

[a] 贵州民族大学海洋科学与工程学院,贵阳,中国

[b] 澳大利亚联邦科学与工业研究组织,吉朗,维多利亚州,澳大利亚

11.1 引言

执行器是一种在外部刺激(如 pH、电流、压力、温度、湿度、光等)下在一个组件中发生可逆地收缩、膨胀或旋转响应的材料结构或装置[1],执行器的应用通常是将应变引入系统中,以产生运动、改变形状或补偿干扰振动等[2],执行器的功能类似于肌肉。对于许多研究人员来说,术语"柔性执行器"可以与"人造肌肉"互换。

通过材料响应将电能或其他形式的能量直接转换为机械能,对于机器人技术、光纤开关、光学显示器、假肢设备、声纳投影仪和微型泵等多种需求至关重要[3]。

许多材料已被开发用于制造执行器[4],包括压电陶瓷[5]、形状记忆合金[6]、聚合物[即形状记忆聚合物、导电聚合物(CPs)等][7-10]、石墨烯[11] 和 CNT[12]。在上述应用中,CNT 由于其独特的结构、高机械强度、耐腐蚀和抗氧化性以及导电和导热性而成为研究最多的材料[13]。

基于 CNT 的执行器被制成不同的形式,如片材[3,14-16]、薄膜[17]、气凝胶[18] 和纱线[19-20]。与其他形式相比,CNT 纱线可以在不发生结构破坏的情况下加捻、弯曲和打结,并且可以通过机织、针织以及编织等方式进一步加工成不同类型的纺织品[21]。基于 CNT 纱线的执行器旨在利用 CNT 纤维和纱线的卓越柔韧性、不同的能量转换机制和活性材料,由于其多功能性,基于 CNT 纱线的执行器在广泛的应用中显示出巨大的潜力,如用于软机器人、假肢和智能纺织品。

11. 2　超高捻度导致的纱线变形

尽管本节中讨论的扭转性能是基于由纺织纤维制成的纱线，但相关的结论也适用于加捻 CNT 纱线的扭转行为，但在某些情况下需要注意一些事项。

11. 2. 1　加捻引起的纵向收缩

最常用的加捻纱线的几何模型由一系列同轴螺旋组成。根据该模型，所有纤维共同轴与纱线轴重合并遵循完美的螺旋线。纤维在纱线表面的螺旋角（θ）与捻度（T，单位长度的加捻圈数，加捻一圈的纱线长度为 $h = 1/T$）和纱线的半径 r 有关，如下式所示：

$$\tan\theta = 2\pi rT \tag{11.1}$$

这意味着纤维螺旋角将随着纱线半径的增加而增加，而纱线捻度 T 保持恒定。

显然，所有的纤维螺旋路径都比相应的纱线轴线长度要长。平均而言，纤维长度与纱线长度之比如下式所示：

$$R_t = \sec^2(\theta/2) = 2/(1 + \cos\theta) \tag{11.2}$$

该比率表示当将捻度 T 引入初始捻度为零的纱线时纱线的缩短，并且被称为纱线的捻度回缩[22]。需注意的是 R_t 是根据加捻纱线长度中的平均纤维长度计算的，而不是纱线表面上的长度，式（11.2）中纱线的捻回收缩只与纱线表面纤维的螺旋角有关，称为纱线的捻度角。

11. 2. 2　加捻纱线中的扭矩

加捻纱线中产生的扭矩取决于组成纤维在拉伸、扭转和弯曲中的机械状态[23]。由于纤维直径比传统纺织纤维的纱线直径小一个数量级，并且纤维横截面的惯性矩与纤维直径的四次方成正比，因此纤维扭转和弯曲对总纱线扭矩的贡献相当小。Postle 等[24] 研究表明，由于纤维拉伸应力（Q_t）引起的纱线扭矩是纱线扭矩产生的主要原因，可以占到纱线总扭矩的 90% 以上[25]。由纤维张力引起的纱线扭矩可以用下式表示：

$$Q_t = \frac{\pi r^3}{2} E_f \varepsilon_\gamma \tan\theta \tag{11.3}$$

式中：E_f 为纤维的拉伸模量；ε_γ 为纱线的拉伸应变；θ 为纱线的表面螺旋角

（捻度角）；r 为纱线半径。对于 CNT 纱线，CNT 的直径比纱线直径小大约三个数量级，因此可以认为纱线扭矩完全来自纳米管的张力。

11.2.3 由过度加捻的纱线形成的圆柱形线圈或缠结

在纺织加工过程中常见的捻度下，纱线轴保持一条直线。当纱线中的捻度增加，由此纱线扭矩相对于施加在纱线上的张力变得过高时，就会发生局部不稳定，从而使直纱线轴跳跃成弯曲形状，这种现象称为局部扭曲[26]。这种扭曲的纱线结构在纺织工业中通常称为缠结。

根据引入纱线的捻度和施加在纱线上的张力大小，可以形成两种类型的缠结：在相对较低的捻度和张力下形成的更常见的缠结类型是侧向缠结，其形式为垂直于原纱轴的两股纱线线圈［图 11.1（a）］；另一种纱线缠结采用弹簧连杆圆柱形线圈，平行于原纱轴线的方向，如图 11.1（b）所示，圆柱形的涡流形成的扭曲和张力比侧面的涡流高得多。尽管特意制造的缠结可以成为时尚服装的外观特征[27]并且也被用作加捻—假捻变形热塑性长丝纱[28]，但是缠结通常被认为是纺织品加工过程中产生的缺陷，因为它们会阻碍纱线顺利通过织机。

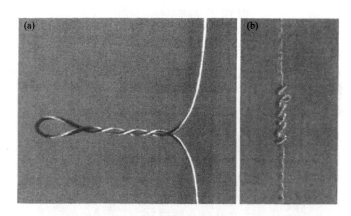

图 11.1　纱线过度加捻时产生的缠结。（a）侧向缠结；（b）纵向缠结呈现弹簧状圆柱形线圈[22]。

许多研究人员已经对扭曲的弹性杆和纱线发生侧缠结的条件进行了研究，即在材料力学中称为扭转不稳定或在扭结理论中称为扭动[26,29-36]。Heade 与 Yegin[37]以及 Ghatak 与 Mahadevan[38] 研究了形成圆柱形盘绕绞缠的机械条件，这与下文中讨论的人造肌肉密切相关。这些研究集中于预测缠结的开始，即由于引入过多的捻度而触发直纱跳动以形成卷曲的条件。开始后，通过继续向纱引入捻线，可以形成无限长的圆柱形纱线线圈。

研究发现圆柱形缠结或弹簧状线圈作为收缩执行器特别有用，通常被称为"人造肌肉"。在扭结理论术语中，纱线线圈的每一圈代表一个"翻转"（1-sinα）[39] 单位，其中，α 为线圈螺旋的上升角。纱线中的加捻和线圈的翻转数量称为加捻纱线的捻纱圈数。

11.2.4　合股纱

在两股纱线中，两根单纱的轴线为两条独立的螺旋路径，具有相同的螺旋角，由两股捻度和单股的直径决定，如图 11.2 所示。对于无扭矩的两股纱线，合股捻度与单股捻度方向相反，每米捻度的比率为 $1/\sqrt{2}$ [40]。

图 11.2　两股纱线示意图。

显然，可以将多根单纱组合起来形成无扭矩的多股纱线。卷曲纱线（圆柱缠绕）也可以反捻成无扭矩的多股纱线。图 11.3 所示为由 CNT 单纱和线圈形成的不同结构。

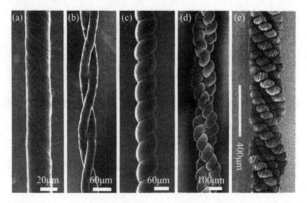

图 11.3　（a）单股加捻纱；（b）两股加捻纱；（c）单股卷曲纱；（d）两股卷曲纱[41]；（e）五股左手向卷曲纱的 SEM 图[42]。

11.3　执行器架构

11.3.1　拉伸执行器——加捻纱线

由 SWCNT[3] 和填充有电解质的 MCNTs[14] 制成的电极可以用于产生收缩，如图 11.4 所示。改变施加电压将电荷注入到 CNT 电极上，由电解质离子补偿在纳米管—电解质界面处形成所谓的双电层。电荷注入或由量子化学和双层静电效应引起的 C—C 键长的变化在 CNT 片上产生的应变非常小，约为 0.2%。

当 CNT 片被加捻的 CNT 纱线代替时，高达 0.5% 的应变可以获得响应于 2.5V 的施加电位[43]。如式（11.1）和式（11.2）所示，如果我们将加捻纱线的两端以这样的方式系在一起，即允许纱线的一端可以滑动而不会失去其捻度（即 T 是常数），然后使纱线膨胀（即纱线半径 r 增加），捻角 θ 将增加，纱线长度收缩，导致驱动应变增加。

尽管驱动应变很小，但由于 CNT 结构的高模量，产生的应力可能很大。

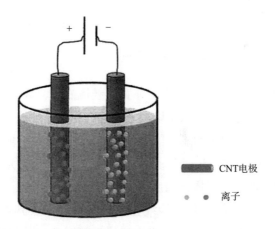

CNT电极

离子

图 11.4　施加电压时相反电荷的离子被吸引到电解质中的 CNT 电极上使 C—C 键长度和驱动发生变化[43]。

11.3.2　扭转执行器——加捻纱线

如果在加捻纱线的两端系绳，那么纱线的总捻数和纱线长度都将保持不变，纱线膨胀，则捻角会增加，纱线中的张力会增加以补偿由于捻角的增加而导致的纱线收缩，因此，根据式（11.3），纱线中的扭矩将增加。

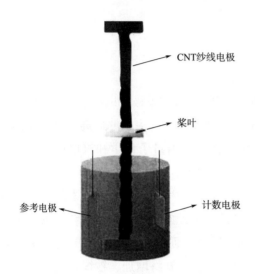

图 11.5　CNT 纱线两端系住后产生的扭转力[44]。

在图 11.5 中，将加捻 CNT 纱线的两端系住，纱线的一半浸入电解质中[44]，该装置的输出是通过连接到纱线中间的桨叶来实现的。与离子插入相关的内部压力驱动加捻纱线发生收缩，导致浸入部分的扭矩高于未浸入部分的扭矩，这种不平衡扭矩导致纱线两部分中的捻度重新分配，从而导致中间的桨叶发生旋转，未浸入部分的扭矩增加。桨叶的惯性意味桨叶的旋转将继续，即使电流被切断并且浸入部分中的纱线扭矩减小，未浸入部分中扭矩（和储存的能量）的积累还将继续，直到桨叶最终发生允许范围内的转动。接着是通过释放存储在未浸入部分中的能量来驱动桨叶沿相反方向旋转。然后，通过对浸入的纱线部分充电，开始另一个桨叶的旋转循环[44]。

11.3.3　拉伸执行器——盘绕的 CNT 纱线

由高度加捻的响应纤维纱线形成的弹簧状线圈在受到刺激时可以产生拉伸行为。我们之前已经讨论过，纱线的加捻抵消仅与捻度角（纱线表面纤维的角度）有关。对于恒定的捻度 T，如果纱线直径（$2r$）由于纤维直径的增大而增加，则捻角 θ 也将增加，纱线长度将进一步回缩。如果线圈直径 D 和上升角 α（图 11.6）保持恒定，纱线回缩将减小弹簧线圈的长度，导致弹簧线圈收缩。

弹簧线圈收缩的另一部分是由纱线在受到刺激而扩大其直径并变硬引起的。这导致线圈中纱线的张力、扭矩和弯矩之间的重新平衡，并导致线圈直径 D 的增加。由于驱动不会增加纱线长度（如上所述实际上纱线长度有一定的减少），线圈中的翻转数（即扭动）将随着线圈直径的增加而减少，导致弹簧线圈缩短，这有助于纵向收缩[22]。

弹簧状纱线线圈的机械解释如图 11.6 所示。由受力分析表明，提升力 F 被加捻纱线中产生的扭矩 Q 平衡，如下式：

$$F = \frac{2Q}{D} \tag{11.4}$$

结合式（11.3）和式（11.4），我们可以看到加捻纱线线圈的提升力（F）随着纱线半径（r）的三次幂以及纱线张力和纱线捻度角的增加而增加。

通过改变纱线股数、纱线方向和组装结构，可以获得由加捻 CNT 纱线形成的更为复杂的结构。例如，Shang 等[45] 将两根垂直纱、一根垂直纱和一根卷曲纱、一根卷曲纱分别加捻成双螺旋结构，在拉伸测试期间观察到单根纱线螺旋结构的双螺旋 CNT 纱线的两阶段加载行为。由于处于高度加捻状态，其中一个纱线成分在张力下过早断裂，而第二根纱线会产生更大的拉伸应变并显著延长该过程直至最终断裂。Chen 等[42] 通过改变纺丝方向来调整 CNT 纤维的手性。左旋或右旋的 CNT 纤维平行地集束在一起，并通过稳定一端同时旋转另一端过度扭曲成弹簧状纤维。在这些弹簧状纤维的松弛状态下未观察到缠结或解捻。

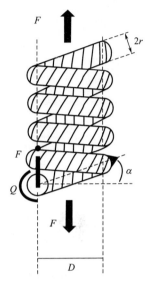

图 11.6　CNT 加捻纱线圈
执行器[22] 力学图。

11.3.4　织物执行器

机织和针织是两种最常见的纺织品加工方法。机织物由两个相互垂直的单线系统组成，即经线和纬线，它们紧密接触并形成刚性织物。Chen 等[46] 构建了分层排列的螺旋纤维（HHFs），通过有序排列的 CNT 的分层和螺旋组装对溶剂和蒸汽形成响应。然后将 HHFs 编织成智能纺织品 ［图 11.7（a）］。一个质量为智能纺织品的 100 多倍的 240mg 铜球，在智能纺织品上喷洒乙醇后几毫秒内被提升了 4.5mm。

在针织加工过程中，纱线通过线圈保持在一起，从而易于变形。在某实验例证中，CP 聚吡咯（PPy）被用作响应电刺激而变形的活性材料[48]。Foroughi 等[47] 基于氨纶/CNT 复合纱线编织成针织纺织品 ［图 11.7（b）］。氨纶长丝被 CNT 气凝胶薄片连续包裹，从而形成高度可拉伸和导电的纺织品执行器。执行器利用氨纶橡胶共聚物链段的热塑性来产生收缩位移和相关的拉伸力，纺织执行器的电热加热会产生大的拉伸收缩（高达 33%），并在收缩过程中产生高达 0.64kJ/kg 的重力机械功，该值远远超过哺乳动物的骨骼肌所具有的能力。

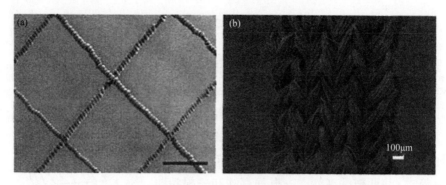

图 11.7　（a）卷曲 CNT 纱线（比例尺为 500μm）制成的机织物的 SEM 图[46]；（b）CNT/SPX 针织纺织品（比例尺为 100μm）[47] 执行器的 SEM 图。

11.4　能量转换机制

任何可以产生体积变化的刺激（如电、溶剂、加热、电化学等）都可以用于执行器的驱动。用于驱动基于 CNT 纱线执行器的能量转换机制总结如下。

11.4.1　机电

当受到几微安培的直流电时，加捻 CNT 纱线会沿轴向发生收缩，沿相反方向的两端发生旋转产生扭矩（图 11.8）。Guo 等[49] 用安培定律解释了螺旋排列的 CNT 之间电磁力的形成。

图 11.8　电流通过时 CNT 纱线纵向收缩和旋转扭转示意图[49]。

11.4.2　溶剂及蒸汽溶胀

由溶剂和蒸汽激活的 CNT 基纱线执行器可分为两种：一种是纯 CNT 纱线（或改性 CNT 纱线）；另一种是渗透有活性材料的 CNT 纱线。

由于溶剂和蒸汽通过毛细管力渗透，可以实现纯 CNT 纱线执行器的驱动[50]。在 CNT 纱线中的 CNT 之间形成的通道提供了溶剂和蒸汽渗透的能力。当溶剂和蒸汽与改性 CNT 间的接触角远低于 90°时，CNT 纱线可以快速润湿。收缩和旋转驱动的能量来源于润湿过程中释放的表面自由能，其中气固界面迅速被液固界面取代，由此产生的动能可以用下式表示：

$$W_k = -\Delta G = \gamma_{vs} + \gamma_{vl} - \gamma_{ls} \tag{11.5}$$

其中：ΔG 为润湿过程中吉布斯自由能的变化；γ_{vs}、γ_{ls} 和 γ_{vl} 分别为气—固、液—固和气—液界面的表面自由能（表面张力）[46]。

对于填充有活性材料的 CNT 纱线，执行器的驱动取决于 CNT 纱线中活性材料对溶剂响应的体积膨胀[51]。例如，用硅橡胶渗透的加捻和卷绕 CNT 纤维的驱动机制是在暴露于非极性溶剂期间的橡胶膨胀。当吸收己烷和乙醚等溶剂时，硅橡胶渗透的 CNT 纱线驱动可以在收缩期间产生大的拉伸行为（高达 50%）[52]。类似地，水驱动的执行器也已通过吸水聚合物（如聚二烯丙基二甲基氯化铵，PDDA）的渗透得以证实。PDDA/CNT 执行器在收缩期间提供高达 78%的拉伸和高达 2.17kJ/kg 的高重力机械功，为相同重量下人体肌肉的 50 倍以上[53]。

11.4.3　焦耳热膨胀

虽然纯 CNT 纱线也提供各向异性的热膨胀，但这种尺寸变化很小，只有当纱线在极端温度范围内加热时才能产生有用的驱动。将 CNT 纱线改性或者与体积膨胀组分结合是将大的各向同性膨胀转化为各向异性纱线膨胀，从而产生驱动的有效方法。CNT 纱线可以作为焦耳热源。

例如，可以在 CNT 纱线中引入相变材料（PCM）作为客体材料并以此制造复合纱线，将在温度变化时引起体积膨胀。Suh 等[54] 制造了一种执行器，可以利用二十碳烷 PCM 的剧烈体积变化将环境温度变化转化为一种有用的机械功形式。导电的 CNT 纱线充当加热器以诱导 PCM 的熔化。Shang 等[55] 报道了一种由焦耳加热驱动的螺旋形填充 CNT 纱线执行器。施加 2V 电源时就能产生大的变形（90%拉伸收缩）。

聚合物丝线也可以与 CNT 纱线结合制成复合纱线，可以在温度变化时引起体积膨胀。例如，Inoue 等[56] 制造的热驱动无金属软性体执行器由聚对苯二甲酸乙二醇酯（PET）纱线和 CNT 纱线组成。由于执行器中的均匀热分布，在其横截面轮廓中包含均匀排列的 PET 纱线和 CNT 纱线的执行器具有最高的执行性能。

11.4.4　电化学

电解质填充的 CNT 纱线可用作电极。当对纱线施加电压时，在 CNT 纤维—电极界面处形成双电层[3]。双电层的厚度为一到几十纳米，可以从 Debye 长度进行估计（K-1），它与电解质物质的量浓度的平方根成反比。双电层在带电表面之间产生排斥力，其作用距离与 Debye 长度相当[1]。在 CNT 纱线中，双层的形成导致纱线直径的增加，由此转化为扭转和线性驱动[57]。

11.5　执行器的性能指标

由于实验中采用了不同的光纤和执行器几何结构，不同出版物中用于表征执行器性能的一些指标并不总是具有可比性的。例如，执行器可以举起"x 倍于自身重量"的陈述传达的有用信息很少，因为它忽略了执行器的长度和行程。通过将这样的执行器切成两半，它的重量会减半，但仍然能够举起相同的重量，因此可以任意将公制尺度增加一倍，可比较的指标不应随执行器的长度或重量而变化。本节讨论了一些用于测量执行器性能的常用指标。

11.5.1　输出应变（ε）

定义：被激发时长度的变化归一化为执行器的初始长度，如下式所示：

$$\varepsilon = \frac{\Delta L}{L_1} \times 100\% \tag{11.6}$$

式中：ΔL 为被激发时的长度变化（m）；L_1 为执行器的初始长度（m）。

在限制范围内，卷绕纱线执行器的长度变化可以随着施加到执行器的预应变而增加。这是因为在低张力下，相邻线圈之间的空间很小甚至没有空间，因此执行器收缩的空间很小或没有空间。预应变增加了相邻线圈之间的间隙，以便执行器可以更大程度地收缩[22]。

对于扭转执行器，被激发时的输出应变是角运动，通常归一化为执行器的初始长度（如度/毫米、弧度/英寸或转数/毫米），而不是归一化为执行器整个长度上初始扭转的数量。显然，增加执行器中的捻度和纱线上的张力可以增加输出扭转应变。

11.5.2　输出应力（G）

定义：被激发时产生的最大力归一化为执行器的初始横截面积（工程应力，σ_E）或激发态的横截面面积（实际应力，σ_T），如下式所示：

$$\sigma_E = \frac{F}{S} \tag{11.7}$$

式中：F 为激发时产生的最大力（N）；S 为执行器的初始横截面面积（m²）。对于卷绕纱线执行器，应使用筒状线圈的横截面面积（图 11.6 中的直径 $D+2r$），而不是纱线的横截面面积（图 11.6 中的直径 $2r$）。

对于线圈执行器，如果增加纱线应变（ε_γ），如通过悬挂更重的重量，由式（11.3）可知纱线扭矩 Q 也将增加。因此，根据式（11.4）提升力 F 将增加。这意味着在这些线圈中获得的最大收缩应力取决于初始条件，特别是在实验开始时施加在线圈上的预应变或载荷。Shang 等[55] 对拉伸到大范围拉伸应变的螺旋纱线的机电驱动进行了系统研究，研究发现应力随着预应变的增加而增加，最高可达 50%，然后在更大的应变（50%~130%）时逐渐降低。

11.5.3　能量密度或功密度（E）

定义：执行器在被激发时产生的输出功归一化为执行器的质量或体积。输出功密度（E）可以使用下式予以计算：

$$E_m(J/g) = \frac{W}{m_2} \text{ 或 } E_v(J/m^3) = \frac{W}{v_2} \tag{11.8}$$

式中：W、m^2 和 v^2 分别为执行器被激发时产生的输出功（J）、执行器质量（kg）和执行器体积（m³）。

测试线性收缩执行器的输出功最简单的方法是悬挂重物并测量它们在激发时可以提升多高，然后可以使用下式计算其收缩输出功（W_c）：

$$W_c(J) = m_1 gh \tag{11.9}$$

式中：m_1、g 和 h 分别为执行器提升的物体质量（kg）、重力加速度（m/s²）和执行器的收缩长度（m）。

11.5.4　功率密度（P）

功率密度是指能量（功）密度的时间导数。功率密度可能与驱动发生的速度有关，如果忽略惯性效应，可以假设其与拉伸驱动速率相匹配，如下式所示：

$$P = \frac{\mathrm{d}E_{\mathrm{m}}}{\mathrm{d}t} = Fv \tag{11.10}$$

式中：$F = mg$ 为提升力，v 为悬重实验中物体的瞬时速度。执行器的平均功率密度（P）可以使用下式计算：

$$P_{\mathrm{m}}(\mathrm{W/g}) = \frac{E_{\mathrm{m}}}{t} \text{ 或 } P_{v}(\mathrm{W/m^3}) = \frac{E_{v}}{t} \tag{11.11}$$

式中：t 为驱动时间（s、min 或 h）；E_{m} 和 E_{v} 来自式（11.8）。

11.5.5 效率（η）

定义：输出功与输入能量之比，如下式所示：

$$\eta = \frac{W_{\mathrm{out}}}{W_{\mathrm{in}}} \times 100\% \tag{11.12}$$

式中：W_{out}、W_{in} 为对应输出功（J）和输入功（J）。输入的能量可以是电、热、辐射等形式。

11.5.6 其他指标

带宽是指执行器可以连续激发的频率范围。循环寿命是指执行器在发生失效前可以使用的循环次数。

表 11.1 所示为一些 CNT 基纱线的执行器的性能指标。

表 11.1 CNT 基纱线执行器示例[46]

性能	加捻 CNT[49]	加捻 CNT[44]	卷绕 CNT[58]	卷绕 CNT/蜡[20]	加捻 CNT/石蜡[59]	卷绕 CNT[46]	卷绕 CNT/橡胶[52]	氨纶/ CNT[47]
刺激	电	电化学	电化学	电热	热	乙醇吸收	有机溶剂吸收	电热
刺激幅度	0~5mA	2V	3.25	80~210℃	30~70℃	由干到湿	由干到湿	室温~70℃
媒介	空气，溶剂，电	电	电	空气	空气	空气	空气	空气
输出应变（%）	2	1 (88MPa)	16.5 (25MPa)	9.5 (5.5MPa)	330 (2.75MPa)	<65 (无载荷)	50 (2MPa)	33
输出应力（MPa）	10	88 (1%时)	60 (4.5%时)	84 (33%时)	3.9 (3.7%、6V时)	1.5	45	
工作密度	>430 kJ/m³	1.1kJ/kg	2.2kJ/kg	1.36kJ/kg (在84MPa)			1.2kJ/kg	0.64 kJ/kg

续表

性能	加捻 CNT[49]	加捻 CNT[44]	卷绕 CNT[58]	卷绕 CNT/蜡[20]	加捻 CNT/石蜡[59]	卷绕 CNT[46]	卷绕 CNT/橡胶[52]	氨纶/ CNT[47]
功率密度 （W/kg）		920	<15	27900			4400	1280
应变输出 速率（%/s）		1	≪1	120			80	
扭转行程 （度/mm）		250		16		738		
扭转速率 （r/min）		<590		<11500		<6500		
扭矩（Nm/kg）		1.85		8.2				
效率（%）	>10	<10	5.4	<2			4.3	
带宽（Hz）		1（测试）	0.5	20（测试）			1	
循环寿命	>10³	<5000	3000 （3%）	1.4×10⁶ （3%）		50	1600（2%）	>10⁴

11.6　潜在应用和未来前景

11.6.1　潜在应用

　　CNT 基纱线凭借其卓越的驱动性能，其驱动器已被建议用于制造各种智能设备。需要注意的是，刺激的类型和幅度（如电流、溶剂、热等）对于为特定应用选择最合适的执行器是很关键的。

　　智能窗户是研究人员最喜欢的演示示例。由经过亲水处理的单股和合股加捻CNT 纱线制成的执行器可以通过吸水激活。这种固定在窗框背面的执行器可用于打开和关闭窗户 ［图 11.9 （a）］[50]。在可逆的水致旋转驱动的驱动下，窗户打开；随后在吸收和蒸发水后关闭。智能窗可根据天气变化有效运行：晴天开窗，下雨自动关闭；等雨停了再打开。类似地，Kim 等[53] 展示了一个基于卷曲亲水性CNT 纱线的自主、水分驱动的通风系统的原型 ［图 11.9 （b）］，其上挡板固定在顶板上，下挡板连接到卷纱执行器的末端。当纱线表面出现露水或 RH 增加时，由于自动水驱动 CNT 纱线执行器收缩，下部挡板向上移动。

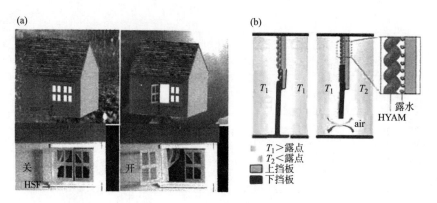

图 11.9　CNT 纱线执行器应用示例。（a）智能窗在关闭与打开状态下的方案和照片。HSF 由 10 根 HPF 纤维加捻而成[50]；（b）基于 HYAM 冷凝驱动收缩的自动控制装置的示意图[53]。

Lee 等[60] 展示了一种由 CNT 基纱线扭转执行器驱动的生物分子传感器。硼酸是一种可逆的葡萄糖传感材料，与源自透明质酸生物聚合物的纳米凝胶结合，用作 CNT 纱线的客体材料。纳米凝胶可以根据周围的葡萄糖浓度产生可逆的溶胀/消溶胀（图 11.10），从而驱动扭转致动以提供葡萄糖变化相关的传感。

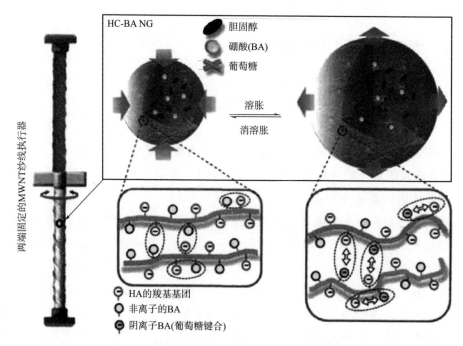

图 11.10　共轭硼酸玻尿酸/胆固醇纳米凝胶沉积用于葡萄糖传感检测的自供电 MWNT 纱线执行器示意图[60]。

结合适当的泵和阀门，有机溶剂激励执行器可用于各种领域，如机器人、假肢和医疗设备等[52]。电化学激励执行器也可以用作机械能收集器，通过将执行器浸入海水中可从海洋中收集波浪能[57]。

11.6.2　未来前景

已经报道的基于 CNT 纱线的执行器的性能指标，包括力功率密度、峰值应变、带宽、循环寿命和效率等，已超过生物肌体所呈现的指标。与功能性客体材料的结合为 CNT 纱线基执行器提供了一个平台，可以满足广泛的潜在应用需求。然而，目前 CNT 纱线的高成本限制了其商业应用。一些基于 CNT 纱线的执行器设备含有液体或凝胶电解质，或环境不稳定甚至有毒的成分，用户使用时会存在安全隐患。对基于 CNT 纱线的执行器的进一步研究应致力于解决其实际应用问题。

参考文献

［1］S. M. Mirvakili, I. W. Hunter, Artificial muscles：mechanisms, applications, and challenges, Adv. Marer. 30（6）（2018）.

［2］U. Kosidllo, M. Omastová, M. Micusik, et al., Nanocarbon based ionic actuators：a review, Smart Mater. Strucr. 22（2013）104022.

［3］R. H. Baughman, C. Cui, A. A. Zakhidov, et al., Carbon nanotube actuators Science 284（5418）（1999）1340–1344.

［4］R. H. Baughman, Playing nature's game with artificial muscles, Science 308（5718）（2005）63–65.

［5］T. G. King. M. E. Preston. B. J. M. Murphy. D. S. Cannell. Piezoelectric ceramic actuators：a review of machinery applications, Precis. Eng. 12（3）（1990）131–136.

［6］W. Huang, On the selection of shape memory alloys for actuators, Mater. Des. 23（1）（2002）11–19.

［7］Y. Liu, H. Lv, X. Lan, et al., Review of electro–active shape–memory polymer composite, Compos. Sci. Technol. 69（13）（2009）2064–2068.

［8］C. S. Haines, M. D. Lima, N. Li, et al., Artificial muscles from fishing line and sewing thread, Science 343（6173）（2014）868–872.

［9］S. M. Mirvakili, I. W Hunter, Multidirectional artificial muscles from nylon,

Adv. Mater（2016）.

［10］ J. Rivnay, S. Inat, B. A. Collins, et al. , Structural control of mixed ionic and electronic transport in conducting polymers, Nat. Conunun. 7 (2016) 11287.

［11］ H. Cheng, Y. Hu, F. Zhao, et al. , Moisture activated torsional graphene fiber motor, Adv. Mater. 26 (18) (2014) 2909-2913.

［12］ R. H. Baughman, A. A. Zakhidov, W. A. de Heer, Carbon nanotubes: The route toward applications, Science 297 (5582) (2002) 787-792.

［13］ A. A. Balandin, Thermal properties of graphene and nanostructured carbon materials, Nat. Mater. 10 (2011) 569.

［14］ M. Hughes, G. M. Spinks, Multiwalled carbon nanotube actuators, Adv. Mater. 17 (4) (2005) 443-446.

［15］ T. H. Kim, C. H. Kwon, C. Lee, et al. , Bio-inspired hybrid carbon nanotube muscles, Sci. Rep. 6 (2016) 26687.

［16］ P. Zhou, L. Chen, L. Yao, M. Weng, et al. , Humidity-and light-driven actuators based on carbon nanotube-coaced paper and polymer composite, Nanoscale 10 (18) (2018) 8422-8427.

［17］ C. Wang, Y. Wang, Y. Yao, et al. , A solution processed high temperature, flexible, thin film actuator, Adv. Mater. 28 (39) (2016) 8618-8624.

［18］ A. E. Aliev, J. Oh, M. E. Kozlov, et al. , Giant-stroke, superelastic carbon nanotube aerogel muscles, Science 323 (5921) (2009) 1575-1578.

［19］ Y. Bar-Cohen, T. Mirfakhrai, M. Kozlov, et al. , Carbon nanotube yarns: sensors, actuators, and current carriers, Proc. SPIE 6927 (2008) 692708.

［20］ M. D. Lima, N. Li, M. Jung de Andrade, et al. , Electrically, chemically, and photonically powered torsional and tensile actuation of hybrid carbon nanotube yarn muscles, Science 338 (6109) (2012) 928-932.

［21］ J. Di, X. Zhang, Z. Yong, et al. , Carbon-nanotube fibers for wearable devices and smart textiles, Adv. Mater. 28 (47) (2016) 10529-10538.

［22］ X. Yang, W. Wang, M. Miao, Moisture-responsive natural fiber coil-structured artificial muscles, ACS Appl. Mater. Interfaces 10 (38) (2018) 32256-32264.

［23］ M. M. Platt, WG. Klein, W. J. Hamburger, Mechanics of elastic performance of textile materials: pare XⅢ: torque development in yarn systems: singles yarn, Text. Res. J. 28 (1) (1958) 1-14.

[24] R. Postle, P. Burton, M. Chaikin, The torque in twisted singles yarns, J. Textile Inst. 55 (9) (1964) 448–461.

[25] J. M. Bennett, R. Postle, A study of yarn torque and its dependence on the distribution of fibre tensile stress in the yarn, part I: theoretical analysis, J. Text. Inst. 70 (4) (1979) 121–132.

[26] J. M. T. Thompson, A. Champneys, From helix to localized writhing in the torsional post buckling of elastic rods. Proc. R. Soc. Lond. A 452 (1944) (1996) 117–138.

[27] R. H. Gong, R. M. Wright, Fancy Yarns: Their Manufacture and Application, Elsevier, 2002.

[28] M. Denton, Translated paper: The structural geometry and mechanics of false-twist-textured yarns, J. Text. Inst. 66 (2) (1975) 80–86.

[29] J. Hearle, A. Yegin, 32-The snarling of highly twisted monofilaments. Part I: the loadelongation behaviour with normal snarling, J. Text. Inst. 63 (9) (1972) 477–489.

[30] E. Belov, S. V. Lomov, N. Truevrzev, et al., Study of yarn snarling. Pare I: critical parameters of snarling, J. Text. Inst. 93 (4) (2002) 341–365.

[31] W. Fraser, G. van der Heijden, On the theory of localised snarling instabilities in false-twist yarn processes, J. Eng. Math. 61 (1) (2008) 81–95.

[32] A. Gent, K. C. Hua, Torsional instability of stretched rubber cylinders, Int. J. Nonlin. Mech. 39 (3) (2004) 483–489.

[33] J. Coyne, Analysis of the formation and elimination of loops in twisted cable, IEEE J. Ocean. Eng. 15 (2) (1990) 72–83.

[34] P. Jaswal, S. Sinha, The empirical modeling of snarling in staple yarn, J. Inst. Eng. India: Ser. E. 95 (2) (2014) 81–87.

[35] D. Stump, W. Fraser, K. Gates, The writhing of circular cross-section rods: undersea cables to DNA supercoils, Proc. R. Soc. Lond. Ser. A 454 (1998) 2123–2156.

[36] J. T. Thompson, G. M. van der Heijden, et al., Supercoiling of DNA plasmids: mechanics of the generalized ply, Proc. R. Soc. Lond. Ser. A 458 (2002) 959–985.

[37] J. Heade, A. Yegin, The snarling of highly twisted monofilamencs. Part II: cylindrical snarling, J. Text. Inst. 63 (9) (1972) 490–501.

[38] A. Ghatak, L. Mahadevan, Solenoids and plectonemes in stretched and twisted elastomeric filaments, Phys. Rev. Lett. 95 (5) (2005) 057801.

[39] C. S. Haines, N. Li, G. M. Spinks, et al., New twist on artificial muscles,

Proc. Natl. Acad. Sci. 113（2016）11709-11716.

［40］H. Gu, M. Miao, Optimising fibre alignment in twisted yarns for natural fibre composites, J. Compos. Mater. 48（24）（2014）2993-3002.

［41］J. A. Lee, Y. T. Kim, G. M. Spinks, et al., All-solid-state carbon nanotube torsional and tensile artificial muscles, Nano Lett. 14（5）（2014）2664-2669.

［42］P. Chen, S. He, Y. Xu, et al., Electromechanical actuator ribbons driven by electrically conducting spring-like fibers. Adv. Mater. 27（34）（2015）4982-4988.

［43］T. Mirfakhrai, J. Oh, M. Kozlov, et al., Electrochemical actuation of carbon nanotube yarns, Smart Mater. Struct. 16（2）（2007）243.

［44］J. Foroughi, G. M. Spinks, G. G. Wallace, et al., Torsional carbon nanotube artificial muscles, Science 334（6055）（2011）494-497.

［45］Y. Shang, Y. Li, X. He, et al., Highly twisted double-helix carbon nanotube yarns, ACS Nano 7（2）（2013）1446-1453.

［46］P. Chen, Y. Xu, S. He, et al., Hierarchically arranged helical fibre actuators driven by solvents and vapours, Nat. Nanotechnol. 10（2015）1077-1084.

［47］J. Foroughi, G. M. Spinks, S. Aziz, et al., Knitted carbon – nanotube – sheath/spandex-core elastomeric yarns for artificial muscles and strain sensing, ACS Nano 10（10）（2016）9129-9135.

［48］A. Maziz, A. Concas, A. Khaldi, et al., Knitting and weaving artificial muscles. Sci. Adv. 3（1）（2017）1600327.

［49］W. Guo, C. Liu, F. Zhao, et al., A novel electromechanical actuation mechanism of a carbon nanotube fiber, Adv. Mater. 24（39）（2012）5379-5384.

［50］S. He, P. Chen, L. Qiu, et al., A mechanically actuating carbon-nanotube fiber in response to water and moisture, Angew. Chem. 127（49）（2015）15093-15097.

［51］G. Zhou, J. H. Byun, Y. Oh, et al., Highly sensitive wearable textile – based humidity sensor made of highstrength, single walled carbon nanotube/poly（vinyl alcohol）filaments, ACS Appl. Mater. Interfaces 9（5）（2017）4788-4797.

［52］M. D. Lima, M. W. Hussain, G. M. Spinks, et al., Efficient, absorption powered artificial muscles based on carbon nanotube hybrid yarns, Small 11（26）（2015）3113-3118.

［53］S. H. Kim, C. H. Kwon, K. Park, et al., Bio-inspired, moisture-powered hybrid carbon nanotube yarn muscles, Sci Rep. 6（2016）23016.

［54］ D. Suh, T. K. Truong, D. G. Suh, et al. , Torsional actuator powered by environmental energy harvesting from diurnal temperature variation, ACS Sustain. Chem. Eng. 4（12）（2016）6647-6652.

［55］ Y. Shang, X. He, C. Wang, et al. , Large deformation, multifunctional artificial muscles based on single walled carbon nanotube yarns, Adv. Eng. Mater. 17（1）（2015）14-20.

［56］ H. Inoue, T. Yoshiyama, M. Hada, et al. , High performance structure of a coil-shaped soft-actuator consisting of polymer threads and carbon nanotube yarns, AIP Adv. 8（7）（2018）075316.

［57］ S. H. Kim, C. S. Haines, N. Li, et al. , Harvesting electrical energy from carbon nanotube yarn twist, Science 357（6353）（2017）773-778.

［58］ J. A. Lee, N. Li, C. S. Haines, et al. , Electrochemically powered, energy-conserving carbon nanotube artificial muscles, Adv. Mater. 29（2017）.

［59］ H. Kim, J. A. Lee, H. J. Sim, et al. , Temperature responsive tensile actuator based on multi-walled carbon nanotube yarn, Nanomicro Lett. 8（3）（2016）254-259.

［60］ J. Lee, S. Ko, C. H. Kwon, et al. , Carbon nanotube yarn based glucose sensing artificial muscle, Small 12（15）（2016）2085-2091.